みんなの高校地学

おもしろくて役に立つ、地球と宇宙の全常識

鎌田浩毅
蜷川雅晴　著

ブルーバックス

カバー装幀｜五十嵐 徹（芦澤泰偉事務所）
カバーイラスト｜ヤギワタル
本文ＤＴＰ｜西田岳郎
本文デザイン・本文図版｜齋藤ひさの
本文図版｜株式会社ＫＰＳプロダクツ

まえがき

地学とは、地球を対象とした科学の一分野です。日本では高校理科の科目名として「地学」があり、大学の講義名として「地球科学」という呼び名が一般的に使われています。「地を学ぶ」と書くように、地学はわれわれ人類が生きている基盤を知るための学問です。具体的には、硬い岩盤(がんばん)のある地球(「固体地球」)、水や空気が流れている海洋と大気(「流体地球」)がどうしてできたのかを学びます。さらに、固体地球や流体地球を取り囲む太陽系の成り立ちを考え、その先は銀河系、宇宙へと広がっていきます。

トピックも非常に多様で、気象、地震や火山の災害、鉱産資源、エネルギー資源など、身近な題材に事欠きません。そして学問の分野としては、地質学、鉱物学、地球物理学、地球化学、古生物学、自然地理学、気象学、海洋学、天文学、宇宙論などを含んでいます。

その結果、地学は人間を取り巻く自然界のすべてを扱う極めて幅の広い学問となりました。われわれの生活基盤のメカニズムにも関連するものですから、老若男女を問わず、必ず興味を持ってもらえる内容になっていると思います。

近年、日本列島で大きな話題となっている「地震」もその一部です。

２０２４年の元日、石川県の能登半島を震源とする大きな地震が発生し、輪島市と志賀町で最大震度７が記録されたほか、広い範囲で強い揺れが観測されました。同年８月８日には、南海トラフ震源域の西端である宮崎県の日向灘を震源とする最大震度６弱の地震が発生し、「南海トラフ地震臨時情報（巨大地震注意）」が初めて発令されました。国外に目を向けると、４月３日に台湾で震度６強の大地震が発生し、多くの被害が出ています。

いずれも記憶に新しい出来事だと思います。頻発する地震に不安を感じる人も少なくないのではないでしょうか。本文で説明するように、２０１１年に起きた東日本大震災を境として、日本列島は千年ぶりの「大地変動の時代」に突入しました。具体的には、マグニチュード９の巨大地震によって地盤が東に５ｍほど引き延ばされ、不安定な状態が続いています。

それが元に戻っていく過程で、地震や火山の噴火がしばらくのあいだ増えるのです。地学の専門家のなかには、巨大地震に関連する長期変動のひとつとして、近い将来、「南海トラフ巨大地震」と「首都直下地震」が起きると予想している人も数多くいます。

こうした超弩級の地震が発生すると、火山の噴火を誘発することが経験的に知られています。たとえば、富士山をはじめとして日本列島に１１１ヵ所もある活火山です。今後数十年のあいだ、日本列島では引き続いて地震や津波、噴火に見舞われる可能性が高いのです。

このように書くと、絶望的に思われるかもしれませんが、過度に恐れる必要はありません。地下の動きと地球環境に対する知識があれば、いざという時に適切な行動が取れるようになります。それを身につける一番手っ取り早い手段が、「高校地学」を学習することなのです。

最初にエッセンスを身につけて、それから専門知識を渉猟（しょうりょう）していくのが最も効率の良い学習法です。そのため本書は、学生からビジネスパーソンまで、多くの人に知っておいてもらいたい地学の教養を網羅すべく、構成を工夫して作りました。なかでも読者の関心が高いと思われる「日本列島に迫る巨大地震と大噴火」については、冒頭の序章で解説しています。学び方のコツから知りたいという方は、先に「おわりに」から読んでいただくとよいでしょう。

地学には「過去は未来を解く鍵」というフレーズがあります。過去に発生した現象をくわしく解析することによって、確度の高い将来予測を行うという意味です。とはいえ、自然が引き起こす巨大災害を、人が完全に防ぐことは不可能でしょう。われわれは災害をできるかぎり減らすこと、すなわち「減災（げんさい）」しかできません。

では、最も効果的な「減災」の手段とは何でしょうか。結論から言えば、それはやはり「地学を勉強すること」だと言えます。地学はあなたの身を守る「実用知（じつようち）」なのです。近い将来、必ず対応を迫られることになる地球温暖化問題についても、その基礎知識を身につけるという意味で、それは間違いなく役に立つでしょう。

もうひとつ、地学の教育のねらいとして、自然現象に関する基本的な法則や概念を得ることにとどまらず、自然界の多様性を理解することが挙げられます。これは、他の自然科学、すなわち数学、物理、化学、生物などとは一線を画す特徴と言えます。

それに加えて、私たち筆者が地学を通じて学んでほしいと願う最大のテーマは、「人類の存立基盤について知ってもらうこと」です。これを一言で表すと、「我々はどこから来たのか 我々は何者か 我々はどこへ行くのか」を知ること、となるでしょう。

このフレーズは、フランス・ポスト印象派の画家ポール・ゴーギャンが1897~98年に描いた大作絵画のタイトルで、地球科学者が最も好きな文句でもあります。46億年におよぶ「地球の歴史」のなかに、自分たち人類を位置づけて物事を考えることが非常に大切だからです。

重要なことは、われわれの暮らす地球にまつわる自然現象をどのように見るかであり、その過程で科学的に考える作業が必須になります。つまり、地球や宇宙について、個々の現象を暗記するのではなく、こうした現象がどのように、なぜ起きるかを複眼的、多面的に把握することが大事なのです。本書は、そのための良き道案内役になるはずです。

「まえがき」の最後に、本書の執筆者を紹介します。

鎌田は、京都大学で24年間にわたって地球科学を研究するほか、「科学の伝道師」として地

まえがき

『我々はどこから来たのか 我々は何者か 我々はどこへ行くのか』
(ポール・ゴーギャン、1897〜98)

学のアウトリーチ(啓発・教育活動)も精力的に行ってきました。「世界一受けたい授業」「情熱大陸」などにも出演し、京大の講義は毎年数百人を集める人気で教養科目1位の評価を得てきました。現在は京都大学名誉教授・京都大学経営管理大学院客員教授・龍谷大学客員教授として、研究・教育・社会活動を遂行しています。

これまで鎌田は高校地学の「応援団」として、『地球は火山がつくった』(岩波ジュニア新書)、『地学のツボ』(ちくまプリマー新書)、『地学ノススメ』(講談社ブルーバックス)、『やりなおし高校地学』(ちくま新書)、『地震はなぜ起きる?』(岩波ジュニアスタートブックス)などの入門書を刊行してきました。それというのも、地学を学ぶ機会のなかった大学生や社会人が効率よく知識をキャッチアップするための教材が不足していることを痛感してきたからです。

蜷川は、東京大学大学院修士課程修了後に地学教育を志し、現在は代々木ゼミナールの地学講師として大学入試対策を指導しています。何千人もの受講生に地学を教えてきただけでなく、『激変する地球の未来を読み解く　教養としての地学』（PHP研究所）などの啓発書を書いています。

本書には、こうした2人が持つ地球科学に関する最新情報と地学のエッセンスを、初学者にも分かりやすく盛り込みました。具体的には、本格的な高校地学の入門書でありつつ、暮らしやビジネスに活かせる実用性も兼ね備えた解説を心がけています。特に、ビジネスパーソンにとって、世界標準からみて必須と思われる知識を網羅するように構成しました。そのため、地学で扱うテーマのなかでも、地球科学の諸現象、宇宙・惑星探査について、とりわけ詳細かつ最新の解説を加えている点が、類書にない特色といえるでしょう。

本書を活用して、日本列島に暮らす多くの方が地学に関する最先端の知識を得ること、そして将来の豊かな人生設計を立て、「大地変動の時代」を賢く乗り切ることを願っています。

では、高校地学から地球と宇宙の不思議を知る壮大な旅にでかけてみましょう。

鎌田浩毅・蜷川雅晴

目次

『みんなの高校地学　おもしろくて役に立つ、地球と宇宙の全常識』

第1章 地球の姿としくみ 39

第2章 46億年の地球史 125

第3章 地球をめぐる大気と海洋 183

第4章 はてしなき宇宙の構造 255

序章

日本列島と巨大災害

東日本大震災による津波被害。宮城県石巻市、2011年9月撮影

写真：egadolfo/Getty Images

なぜ日本では地震や噴火が多く発生するのでしょうか？　序章では、地学分野のなかでも特に読者の関心が高いと思われる、日本列島における地震や噴火による災害のメカニズムと未来予測について取り上げ、防災対策についても考えてみたいと思います。

0・1 なぜ日本列島には地震が多い？

日本列島の地下には、４枚の**プレート**（岩板）があります（図０－１－１）。太平洋側には「海のプレート（海洋プレート）」である**太平洋プレート**と**フィリピン海プレート**が、また日本海側には「陸のプレート（大陸プレート）」である**北米プレート**と**ユーラシアプレート**があります。

海のプレートは陸のプレートの下に沈み込んでおり、その境界には深い溝状の地形がありま す。その中でも、一般的に水深が６０００ｍよりも深く急峻な地形を**海溝**、それよりも浅く幅広い地形を**トラフ**（trough）と呼びます。具体的には、**日本海溝**や**南海トラフ**、**相模トラフ**、**駿河トラフ**がそれに当たります（図０－１－１）。

このようなプレート境界ではしばしば大きな地震が発生し、大津波を伴うこともあります。

0-1　なぜ日本列島には地震が多い？

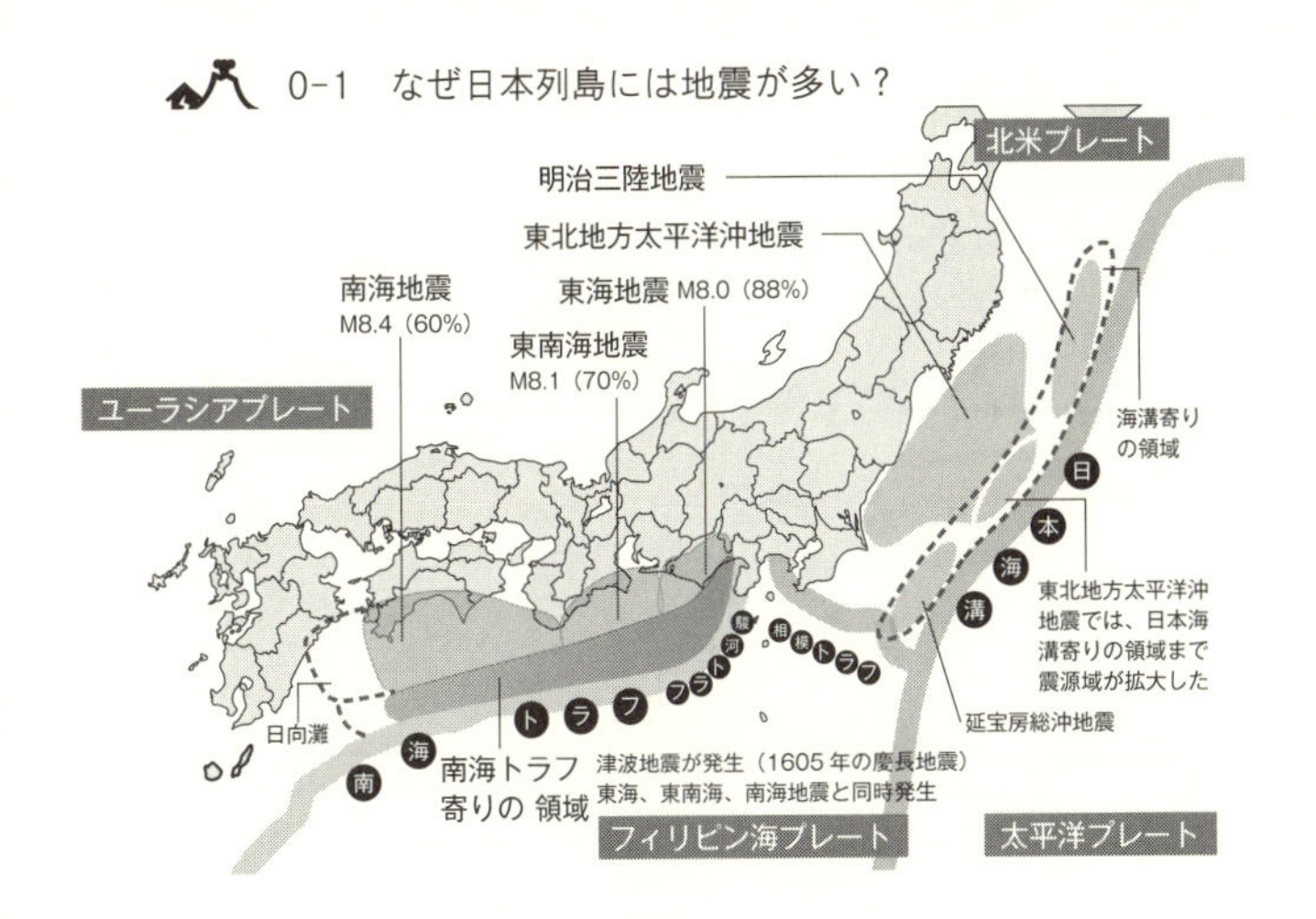

図0-1-1　**日本列島の地下にあるプレートと主な震源域**
数字は地震調査委員会による

すなわち、地震による揺れと津波というふたつの自然災害を起こしてきたのです。

日本列島で起きる地震は発生場所やメカニズムによって、大きく**海溝型地震**と**内陸地震**（すなわち直下型地震）に分けられます（その他の分類については1-8を参照）。近年、日本各地で頻発しているのは内陸地震で、地表から20km以浅で起きています。その原因は2011年の**東日本大震災**（東北地方太平洋沖地震）です。これはプレートの沈み込みによって発生した海溝型地震で、869年の**貞観地震**以来、約1000年ぶりのマグニチュード（以下、Mと略記）9クラスの巨大地震でした。なお、**マグニチュード**とは、地震で放出されるエネルギーの大きさを表します（1-7参照）。

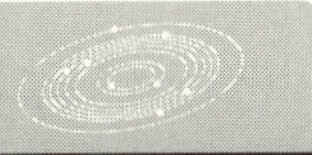

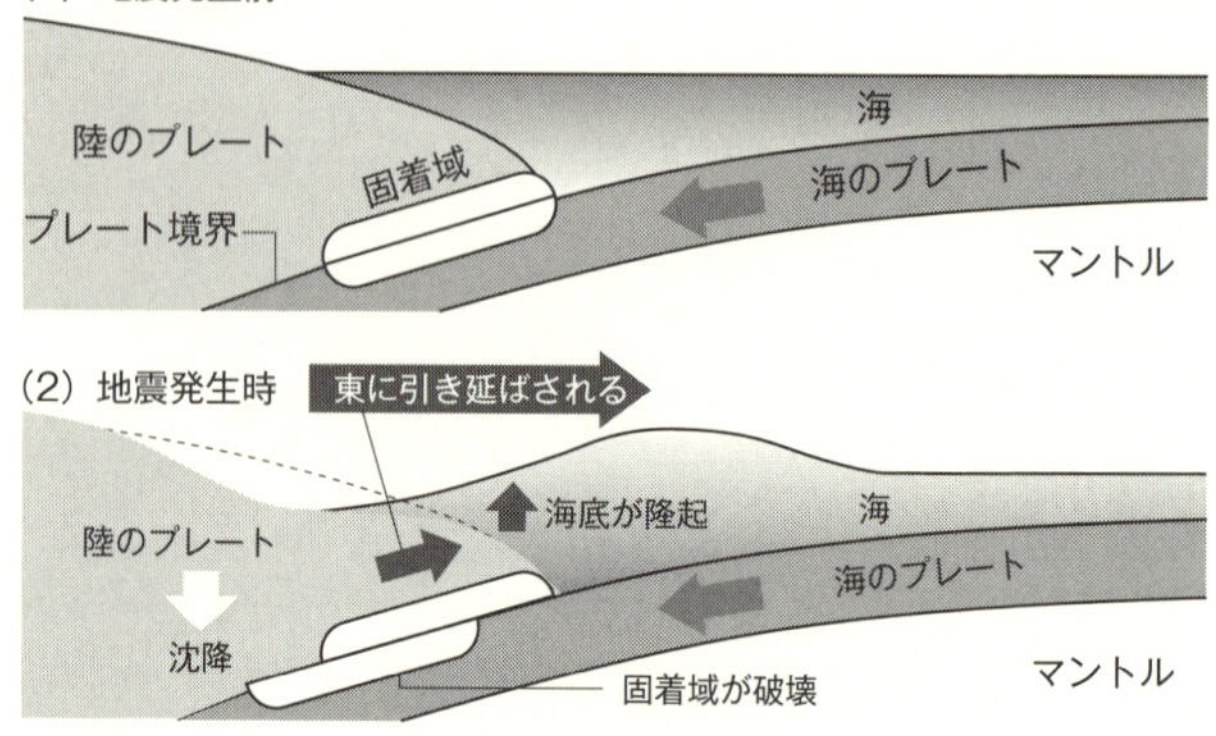

図0-1-2 東日本大震災発生前後のプレートの動き

東日本大震災によって、日本列島が含まれる大陸プレートにかかる力が変わってしまいました。それまでは海洋プレート（太平洋プレート）が大陸プレート（北米プレート）の下に沈み込むことで、陸のプレートには押される力が強くかかっていました。その力関係が、M9・0の巨大地震によってプレート間の固着域（プレートどうしがずれ動かない領域）が破壊されたことで、急変したのです（図0－1－2）。

大陸プレートの先端が跳ね返って海側に引き延ばされた結果、日本列島の海岸線は最大5・3mも太平洋側に移動しました。日本の陸地面積も0・9km²ほど拡大しています。また海岸沿いの地盤は最大1・14m沈降し、陸のプレートの先端で生じたひずみを解消しようとして、内部の岩盤の弱い部分が割れ、内陸地震が起きはじめたのです。

その結果、M3～6規模の地震の数は年間で震災前の約5倍に増加しました。少なくとも今後数十年は、このペースで内陸地震が続くものと考えられます。

地震によって地下の岩盤が破壊されることで、**断層**ができます。東日本大震災により始まった「大地変動の時代」では、日本列島に2000以上ある**活断層**（くり返しずれ動いて地震を発生させる断層）の活動度が上昇します。最大の懸念は、約4000万人が暮らす首都圏の地下で19ヵ所の震源域が想定されている「首都直下地震」です。

ところが、現在の地震学では、直下型地震の短期予知はまったく不可能とされています。よって、首都直下地震をはじめとして内陸地震は日本中の「どこでいつ起きてもおかしくない」と考え、速やかに地震防災対策を策定する必要があるのです。

0・2 南海トラフ巨大地震のメカニズム

頻発する内陸地震のもうひとつの懸念が、2030年代に発生が予想されている**南海トラフ**

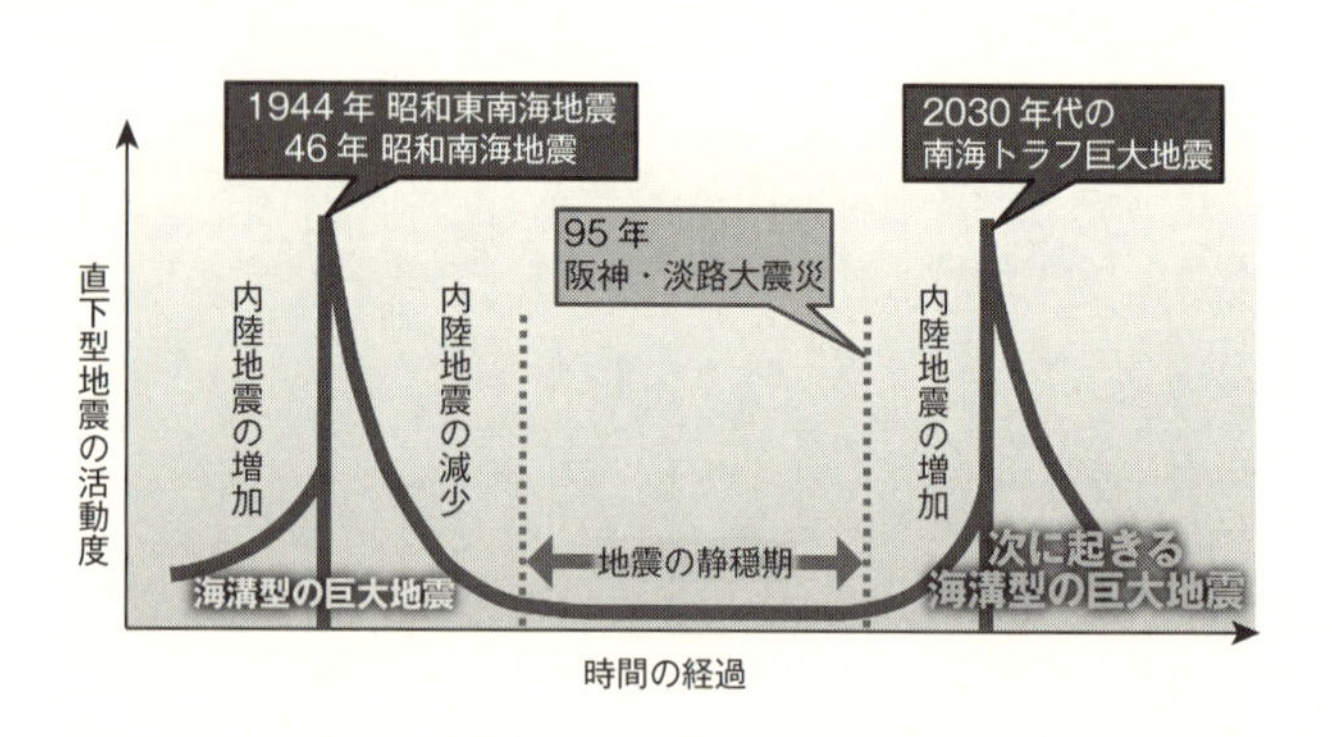

図0-2-1 南海トラフ巨大地震を挟む直下型地震の活動期と静穏期

巨大地震です。西日本の太平洋側は約100年おきに海溝型の巨大地震に襲われていて、その発生前後に内陸地震を活発化させるのです。過去に起きた地震を詳しく調べると、南海トラフ地震の発生を挟んで内陸地震の「活動期」と「静穏期」が交互にやってくることがわかります（図0-2-1）。

南海トラフ巨大地震は東から**東海地震**、**東南海地震**、**南海地震**という3つの部分で構成され、次回は約300年に1度の頻度で三地震が連動するタイミングに当たります。さらに宮崎県沖の**日向灘の震源域**が加わった四連動地震となる可能性も高いのです（図0-1-1）。その結果、東日本大震災（M9.0）を超えるM9.1の巨大地震が発生すると予測されています。

内閣府の被害想定では、九州から関東までの広い範囲に震度6弱以上の大揺れをもたらし、10県にわたり震度7となる地域が広がります。中央防災会議の想定

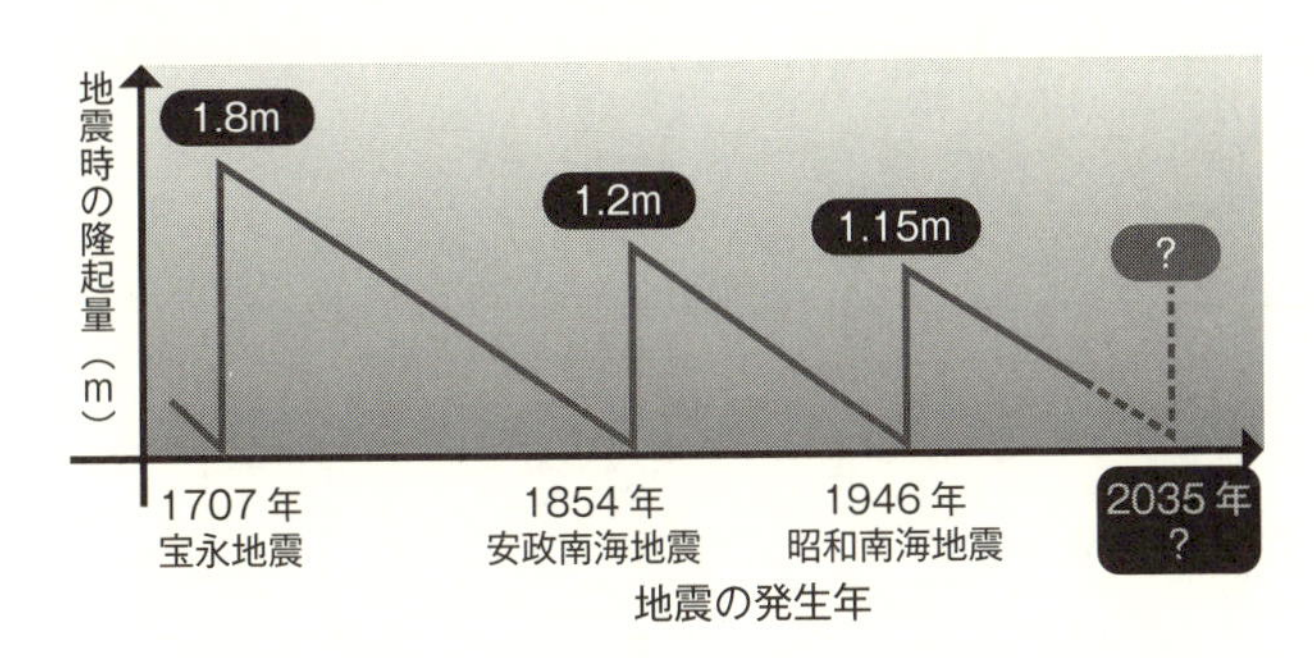

図0-2-2　高知県・室津港で観測された南海地震時の隆起量（単位：メートル）

では、死者・行方不明者の総数は32万人超、全壊する建物238万棟、津波で浸水する面積は1000km²に及びます。すなわち、死者・行方不明者が2万人以上にのぼった東日本大震災よりもさらに1桁大きい巨大災害になると見込まれるのです。

また、南海トラフ巨大地震は、日本経済の中核を担う太平洋ベルト地帯を直撃することが確実で、経済被害は220兆円を超えると試算されています。東日本大震災の被害総額20兆円の10倍以上です。ちなみに、220兆円は政府の1年間の租税収入（65兆円）の3倍超に相当します。さらに地震発生後20年間で最大1410兆円の経済損失が予測され（土木学会試算）、日本経済は「沈没」しかねない状況に陥ってしまいます。

実は、南海トラフ巨大地震の発生時期はある程度予測が可能です。海域で起こる巨大地震によって陸の地盤が規則的に上下する現象から導くことができるのです。室戸岬に近い高知県の室津港で観測された地震前後の上下変位量を見ると、1707年の地震では1・8m、1854年には1・2m、1946年には1・15m、それぞれ隆起しました（図0－2－2）。

この現象は、海溝型地震による地盤沈下からの**リバウンド隆起**と呼ばれています。1回の地震で大きく隆起すればするほど次の地震までの時間が長くなる規則性があって、それを元に次の地震が起きる時期を予測すると、2035年ごろとなるのです。ただし、先ほど述べた内陸地震と同様に、現在の地震学では海溝型地震の発生年月を特定することは不可能です。そこで、この中央値に前後5年の誤差を見込んで、2030～2040年には確実に起きると地球科学者は予測しています。

南海トラフ地震が発生する約40年前から発生後10年程度までの期間は、活断層が動き内陸地震の発生数が多くなります。現在は次の巨大地震発生前の活動期に入っており、1995年の**阪神・淡路大震災**は、この活動期に入って最初の大地震だったのです（図0－2－1）。

その後、2005年の福岡県西方地震、2013年の淡路島地震、2016年の熊本地震、2018年の大阪北部地震など、西日本で直下型地震が次々に起きました。今後、日本列島でさらに内陸地震が増えてピークに達したとき、最後の打ち止めとして2030年代に南海トラフ巨大地震が起きると予測されます。

なお、これまでの南海トラフ地震は1707年、1854年、1946年と約100～150年おきに規則正しく発生しています。この履歴を考えれば、次の巨大地震が「パス」することは絶対にありません。

ちなみに、歴史を振り返ると、戦後の日本が高度成長を実現できたのは、1960年代から1991年のバブル崩壊までの約30年間に、たまたま日本列島で直下型地震が少なかったからです。これは日本社会にとってまさに僥倖（ぎょうこう）だったと言っても過言ではないのです。

0・3 誘発される「富士山噴火」

南海トラフ巨大地震についてもうひとつ重要なポイントは、今回は東海地震が確実に連動することです。前回の南海トラフ地震は昭和東南海地震（1944年）と昭和南海地震（1946年）のふたつで、東海地震の震源域だけは動かず、その分のエネルギーが地下で溜（た）まっています。

もし東海地震が起きると、震源に近い東海地域だけでなく首都圏にも大きな被害が出ます。

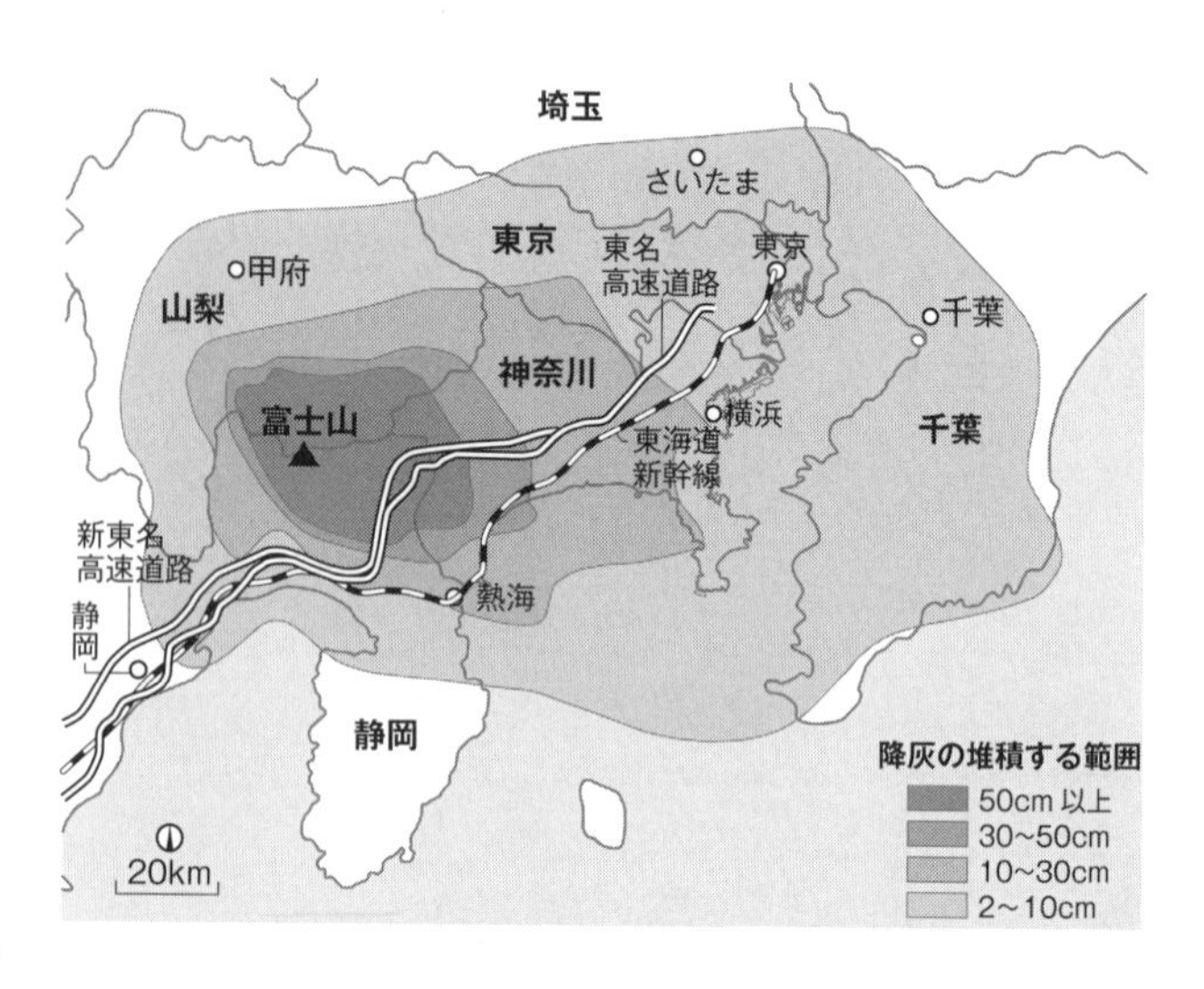

図0-3-1 富士山の1707年宝永噴火と同規模の噴火で降り積もる火山灰の厚さ予測（単位：cm）

さらに日本最大の活火山である**富士山**の**マグマだまり**（地殻内のマグマが溜まっている部分）を刺激し、噴火を誘発する可能性があるのです。実は、南海トラフの東端にある駿河トラフは、北方の活断層である富士川河口断層帯につながっているのです。

現在、富士山は「噴火スタンバイ」の状態にあります。その一因は、東日本大震災がマグマだまりを揺らし、不安定化させたことにあります。日本列島では活火山が111ヵ所認定されていますが、東日本大震災の直後から20ヵ所の火山の地下で地震が発生しています。このうち箱根山や草津白根山は噴火しましたが、富士山は幸い噴火していません。

　現在の富士山はギリギリのところで持ちこたえていますが、次の南海トラフ巨大地震で噴火が誘発される可能性があります。実際、1707年に南海・東南海・東海の三連動でM9クラスの**宝永地震**（ほうえい）が起きた49日後に、富士山は200年ぶりの大噴火（**宝永噴火**）を起こしました（鎌田浩毅著『富士山噴火と南海トラフ』講談社ブルーバックスを参照）。

　なお、それ以来300年間、富士山は噴火していないので、マグマの噴出量は単純計算で5割増しとなる可能性があります。また、最近5600年間の噴火の平均間隔は約30年なので、10回分のマグマが地下で噴火の瞬間を待っているとも考えられます。

　江戸時代の宝永噴火では火山灰が横浜で10㎝、江戸で5㎝積もりました。近い将来の噴火でも同様の状況が予測されています（図0－3－1）。現代の大都市に火山灰が降り積もった場合、首都直下地震と同様に電気・水道・ガスのライフラインはすべて止まることになるでしょう。経済活動はもとより交通・通信も止まり、場合によっては日本発の世界金融危機をもたらす可能性もあります。

　内閣府は宝永噴火と同レベルの噴火で2兆5000億円の被害が発生すると試算しましたが、火山学者の多くはこれを過小評価だと考えています。すなわち、南海トラフ巨大地震と連動すれば、数十兆円の被害が加算される恐れがあるのです。

0・4 「次の大震災」の被害予測

震災後の復旧作業では、必ず大量の災害廃棄物が出ます。環境省の作業チームは、次の南海トラフ巨大地震では東日本大震災（約2000万トン）の16倍に当たる約3億2000万トンの廃棄物が発生すると試算しました。さらに地震発生後の3年間、災害廃棄物の処理のために、船舶25隻および10トントラック5300台が必要になります。しかし、震災後の大混乱のなかでこれだけの数を調達するのは容易ではありません。

もうひとつ、深刻な課題が進行中です。時間の経過とともにインフラの老朽化が進み、以前なら地震に耐えられた建築物でも損傷する恐れが出ています。2021年10月に東京都と埼玉県に震度5強をもたらした直下型地震では、同じ場所で発生した2005年の地震では生じなかった水道管の破裂などのトラブルが多発しました。

すなわち、この15年間でインフラの老朽化が確実に進み、被害が増大したと考えられます。水道管の法定耐用年数は40年と定められており、厚生労働省の試算によると、今後20年間に全国で年間約7000㎞の更新が必要になるといいます。

また、阪神・淡路大震災では、建築基準法の耐震基準が強化された1981年以前の建築物に、甚大な被害が広がりました。このときの被害状況を踏まえて、2000年に、震度5強程度の中規模の地震に対してほとんど損傷が生じないようにすることを目安に耐震基準が改定されました。ところが、現在でもこの基準を満たさない不適格建物は数多く残っているのです。

南海トラフ巨大地震の発生が予測される2030年代まで、まだ5～10年ほどの時間がありますす。よって、この間に準備が進むという意味ではプラス要因ですが、同時に基盤インフラの老朽化が確実に進むことにも注意を向けなければなりません。日本列島の全域で、早急に耐震化を進める必要があるのです。

0・5 盲点だった日本海側の防災対策

2024年元日の**能登半島地震**（M7・6）は、太平洋側だけではなく日本海側でも地震による大きな災害が起きるという事実を、我々にあらためて突きつけました。日本海側の防災対策が十分でなかった理由として、太平洋側のように地震の発生場所とメカニズムに関する、明

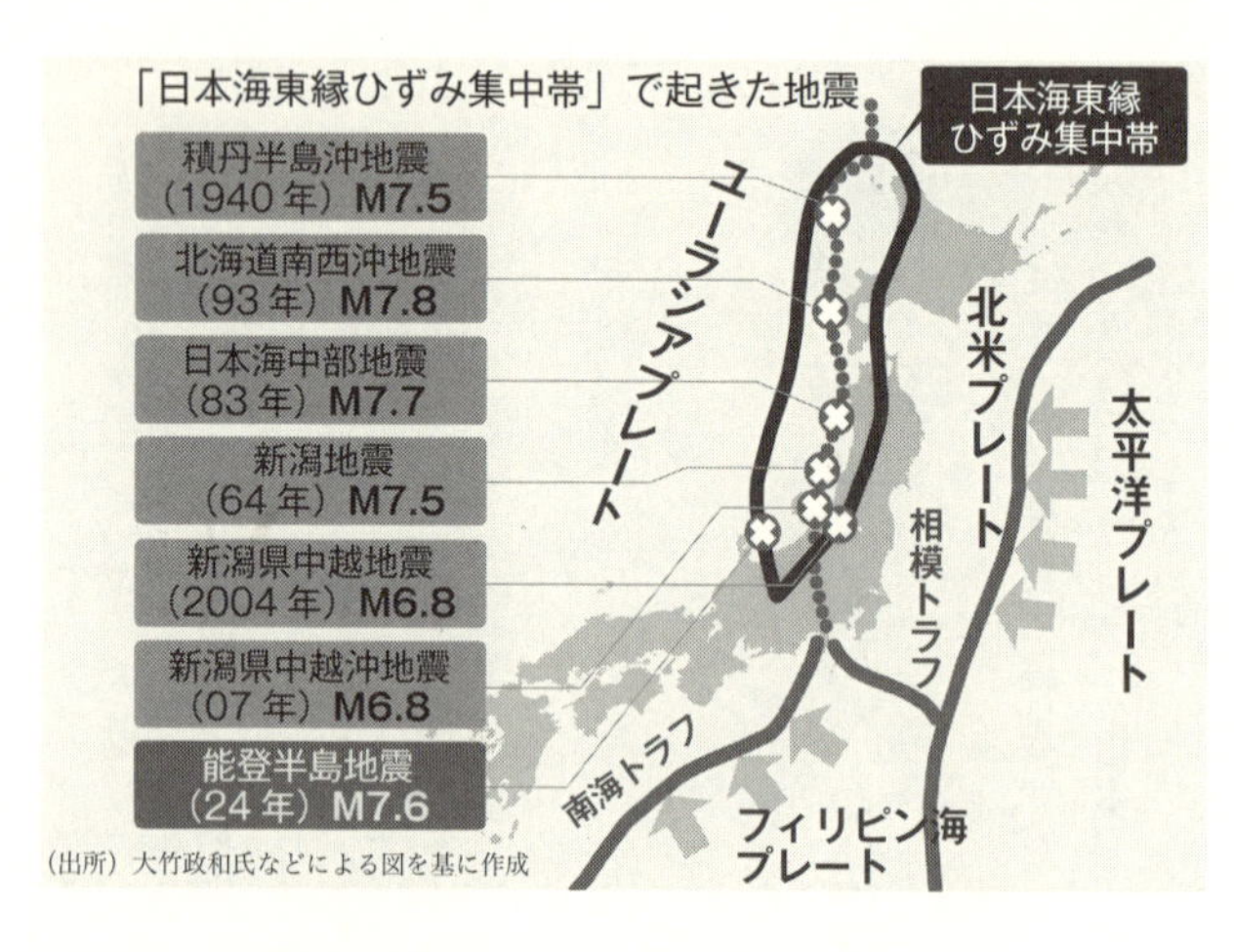

図0-5-1　日本海東縁ひずみ集中帯で起きた地震の震源

確なモデルがなかった点が挙げられます。

すでに述べたように、日本列島は4枚のプレートがひしめき合っています。日本海側には「陸のプレート」である北米プレートとユーラシアプレートがあります（図0-5-1）。そして日本海には両者のプレート境界があり、互いに水平方向に押し合っています。

海のプレートが陸のプレートの下に定常的に沈み込んでいる太平洋側とは異なり、ここでは地震の発生に規則性が見られません。すなわち、沈み込むプレートが跳ね返ることで定期的に起きる海溝型の巨大地震とはメカニズムが異なるのです。

一方、能登半島の東側から北へ伸びて新潟・秋田・北海道沖を通る海底には、南北方向に断層や**褶曲**(しゅうきょく)（波のように曲がりくねった状態、2-4参照）などの地殻変動を表す地形が確認されています。こうした地形は地殻に対して加わるストレスによって生じたので、**日本海東縁**(とうえん)**ひずみ集中帯**と呼ばれています。

ここでは過去に大きな地震とそれに伴う津波が発生しました。具体的には1983年の日本海中部地震（M7・7）、1993年の北海道南西沖地震（M7・8）、2007年の新潟県中越(ちゅうえつ)沖地震（M6・8）などです。いずれも大災害をもたらしました（図0-5-1）。

先述したように、こうした現象には、太平洋側のプレート沈み込みのようにくり返し発生する規則性がありません。したがって、日本海の海底地震はいつどこで起きるのか、予測がまったくといってよいほど不可能なのです。換言すれば、地震現象に再現性がなく、地震を引き起こす地球科学モデルが確立していないため、防災対策が極めて立てにくい状況なのです。

日本海側の地域では、地震の危険性が地域住民へ十分に伝わっていないことが多く、太平洋側とくらべると防災対策が遅れていました。その結果として、2024年能登半島地震で大きな被害が出てしまい、われわれ地球科学者も大きなショックを受けました。

2024年能登半島地震では、M7・6という日本海側では最大級の地震が起きたため、今後も能登半島周囲の活断層では地震が起きやすい状態になっている可能性が高いと考えられます。一方、過去の履歴を見ると日本海側ではM8クラスが最大であり、東日本大震災や南海ト

ラフ巨大地震のようなM９クラスの巨大地震による強震動と大津波は発生しないでしょう。

しかしながら、M７・６でも今回のような大災害が発生することは大きな教訓としなければなりません。今後は日本海での地殻変動を注視し、地震と津波に対して厳重に警戒する必要があります。

0・6 防災対策としての地学

内閣府の試算によると、南海トラフ巨大地震では日本の総人口の半数に相当する６８００万人が被災します。しかし、こうした被害想定は日常生活からかけ離れているので、国民の多くは具体的にイメージできません。

すでに述べたとおり、現在の地震学では地震発生の「日時」を正確に予知することは不可能です。そこで政府の地震調査委員会は、南海トラフ巨大地震が今後30年以内に発生する確率を「70～80％」としています。

ここに大きな問題があります。発生確率で示したのでは緊急性が伝わらないからです。これ

は一般市民だけでなく、我々地球科学の専門家にとっても同じことです。
そこで、メッセージを次の2項目に絞ったらどうでしょうか。

①南海トラフ巨大地震は約10年後に必ず襲ってくる（2030年～2040年）
②その災害規模は東日本大震災より1桁大きい

こちらのほうがずっと伝わりやすいと思います。確率的な表現では人は動きません。たとえば、ビジネスで重要なポイントとなる納期・納品量を伝えるときのように表現したほうが、市民も主体的に動きやすいのではないかと考えるのです。

人々が自発的に避難すれば、津波の犠牲者を最大8割減らすことができ、また建物の耐震化率を引き上げれば全壊も4割減らせます。東日本大震災で大きな問題となった「想定外」をなくすには、まず日常感覚に訴える防災から始めなければなりません。総計6800万人が被災する状況では、「自分の身は自分で守る」ことに徹しなければ、誰も助けに来てくれないからです。

「自発的に動いてもらう」のは、都道府県から市町村に至るまで、すべての自治体にとっても必要なことです。何ヵ月待っていても、国をはじめとして、行政が何もしてくれない事態が生じるでしょう。日本人にはあまり得意なことではないかもしれませんが、個人から大組織まで「自発的」な行動のみが日本を救うのです。

そのためにはアウトリーチ（啓発・教育活動）が不可欠で、すべての世代へ伝える必要があります。その際には、先ほども記したように、人への伝え方にさまざまな工夫が必要です。

地震の発生は物理学者のいう「複雑系」に属するので、発生予測に必ず誤差を伴います。これは免れようがありません。しかし、国が発信しているように「今後30年以内に70～80％の確率で起きる」と警告されても、多くの人は理解できず、準備ができません。災害の時期と被害規模を明確にして発信することで、人々の自発的な防災対策を促せるのです。

「２０３０年から２０４０年までのあいだに必ず起きる、パスは絶対にない」と言い換えたほうが、自分事になって準備する意識が芽生える――これはとても重要なので、くり返し述べたいと思います。

ちなみに、「南海トラフ巨大地震」という名称にも再考の余地があります。たとえば「西日本大震災」と呼べば、東日本大震災と同規模の揺れが襲ってくると想像しやすいでしょう（鎌田浩毅著『西日本大震災に備えよ』ＰＨＰ新書で初めて表記しました）。その上で「西日本大震災は東日本大震災より１桁大きな被害が出るのだ」と理解してもらうのです。

「大地変動の時代」に入った現在、日本列島に安全地帯はどこにもないと言っても過言ではありません。そのためにも地震発生のメカニズムを知り、自分たちが暮らす地域でどうやって命を守るのか、どのような組織を構築すべきかについて考え始めていただきたいのです。防災の鉄則は、常に「平時にいかに学んでおくか」なのです。

続く第1章では、地震を含む地球の活動について、より深く、科学的に解説していきたいと思います。まずは、「地球の形や大きさはどのようにして明らかになったのか」という話から始めていきましょう。

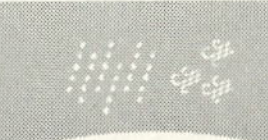

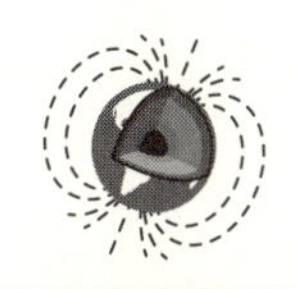

第1章 地球の姿としくみ

アイスランドの地上に現れたプレート境界（ギャオ）
撮影：佐野広記氏

1・1 地球はどんな形をしているか

「地球は丸い」となぜわかる？

私たちは地球儀を見たり、宇宙からの写真を見たりして、地球の形が丸いことを知っていますが、地球の形はいつごろどのようにしてわかったのでしょうか。紀元前330年ごろに、古代ギリシャの哲学者であるアリストテレス（前384～前322）は、月食のときに月に映る地球の影の形が円形であることから、地球が球形であると考えました。月食とは、地球から見て月が太陽と反対側にあるときに、地球の影によって月が欠けて見える現象です。

また、沖から陸に近づいてくる船を海岸から眺めると、船の全体が見えるのではなく、帆の高い部分から見えます。やがて船が近くにくると、船の低いところも見えるようになります。これは地球が球形であるために起こる現象です。このように、身近な現象を観察すると、地球についてわかることがたくさんあるのです。

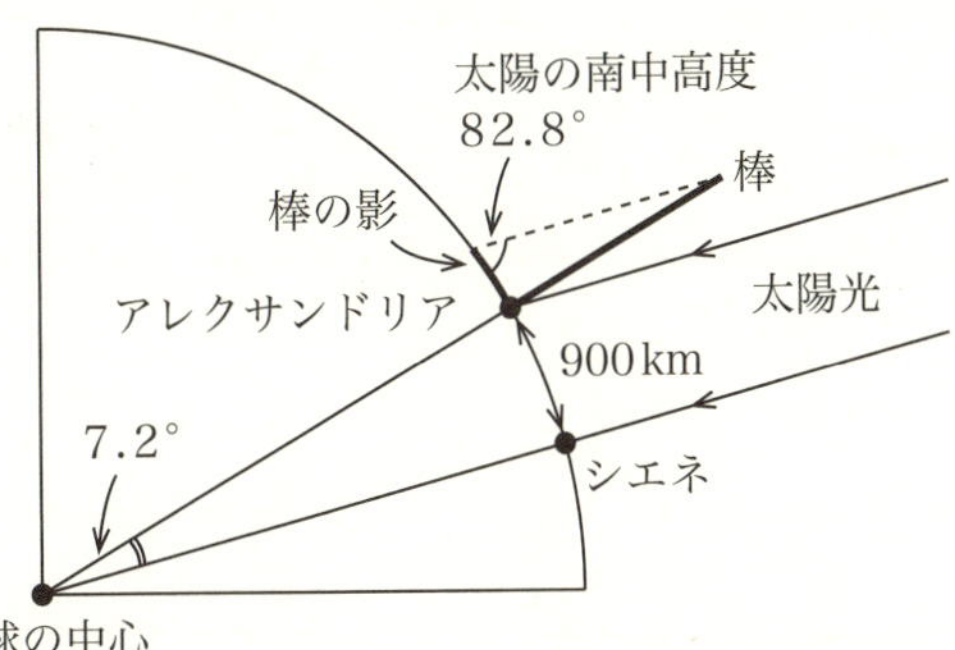

地球の周囲の長さ（中心角360°に対する円弧の長さ）をLとすると、
7.2°：900km ＝360°：L
これより、L ＝45000km

図1-1-1　**エラトステネスによる地球全周の計算**

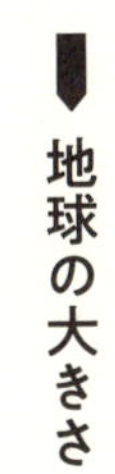

地球の大きさ

アレクサンドリア（エジプト）の図書館長だった古代ギリシャ人のエラトステネス（前275〜前194）は、紀元前230年ごろ、次のような方法で地球の周囲の長さを測定しました（図1−1−1）。

エラトステネスは、夏至の日の正午に、エジプトの北側にあるアレクサンドリアと南側にあるシエネ（現在のアスワン）で、太陽の南中（なんちゅう）高度を測定しました。「南中」とは、天体が真南にくる瞬間のことです。シエネでは井戸の底を太陽光が照らすことから、太陽の南中高度は90度であることがわかり、アレクサンドリアでは地面に垂直に立てた棒の影の長さから、太陽の南中高度は82・8度であることがわかりました。地球を球形と考えると、2地点の南中高度の差（90−82・8＝7・2度）は、後述する「緯度の差」と考えられます。

また、アレクサンドリアとシエネは、南北に約900㎞離れています。緯度差7・2度に対する距離が900㎞であり、円弧の長さは中心角に比例することから、地球の周囲の長さは約4万5000㎞と求められます。ただし、アレクサンドリアとシエネは、正確には南北方向に並んでいないため、エラトステネスの計算には誤差がありました。実際には、地球の周囲の長さは約4万㎞です。

回転楕円体

実際の地球の形は、完全な球形ではなく、北極と南極を通る軸のまわりに楕円（だえん）を回転させてできる**回転楕円体**に近い形をしています。この回転楕円体の中心から赤道までの距離（**赤道半径**）は約6378㎞、中心から北極までの距離（**極半径**）は約6357㎞になります。

回転楕円体は球をある方向につぶしたものとみなすこともできます。球に対する回転楕円体のつぶれ度合いを**偏平率**（へんぺいりつ）といいます。偏平率は、回転楕円体の長半径（赤道半径）と短半径

$$偏平率：f=\frac{a-b}{a} \quad \left(\begin{array}{l} a：赤道半径 \\ b：極半径 \end{array}\right)$$

式1-1 偏平率

（極半径）を用いて表されます（式1－1）。

惑星の形が完全な球形であると、赤道半径と極半径が等しいため、偏平率は0となります。一方、惑星が南北方向につぶれて、極半径が0に近い値になると、偏平率は1に近い値となります。すなわち、偏平率は0に近いほど球形に近く、1に近いほど大きくつぶれた形となります。

地球の偏平率は約0・0034です。地球は完全な球形ではありませんが、球に近い回転楕円体といえます。一方、太陽系の惑星のうち、偏平率が最も大きいのは土星です。土星の偏平率は約0・0980です。土星は地球よりも南北方向につぶれた形をしているのです。

緯度

物をつり下げた糸のように、重力の方向を示す線を「**鉛直線**（えんちょくせん）」といいます。地球上のある地点における鉛直線と赤道面のなす角度が**緯度**（いど）です。地球の形が回転楕円体であるため、赤道と両極を除いて、鉛直線は地球の中心を通りません。

地球の周囲の長さを約4万kmとして、これを360で割ると、平均的な緯度差1度あたりの南北方向の距離は約111・1kmと求めることができます。江戸時代に天体の観測や測量を行った伊能忠敬（いのうただたか）（1745～1818）は、緯度差1度あたりの南北方向の距離が28・2里（り）であ

ることを、1801年の奥州街道の測量によって明らかにしました。1里の長さは時代によって異なりますが、1里を明治時代以降に定められた約3・93kmとすると、28・2里は約110・8kmになります。

また、緯度差1度あたりの南北方向の距離は、地球の形が完全な球形であれば、どこでも等しくなりますが、地球の形は赤道方向に膨らんでいるため、場所によって異なっています。18世紀にフランス学士院（フランスの学術団体）が、エクアドル（南緯1・5度）とラップランド（スカンジナビア半島北部・北緯66・3度）で緯度差1度あたりの南北方向の距離を測定したところ、エクアドルでは110・6km、ラップランドでは111・9kmとなりました。

このように、赤道方向に膨らんだ地球では、緯度差1度あたりの南北方向の距離は、高緯度ほど長くなります。

地球にはたらく重力

質量をもつ物体にはお互いに引き合う力がはたらきます。この力を**万有引力**といいます。地球上の物体には、地球の質量による万有引力がはたらいています（図1－1－2）。

万有引力の大きさは物体の質量の積に比例し、物体間の距離の2乗に反比例します（式1－2）。地球の形は赤道方向に膨らんでいるため、地球上の物体と地球の中心との距離は、北極

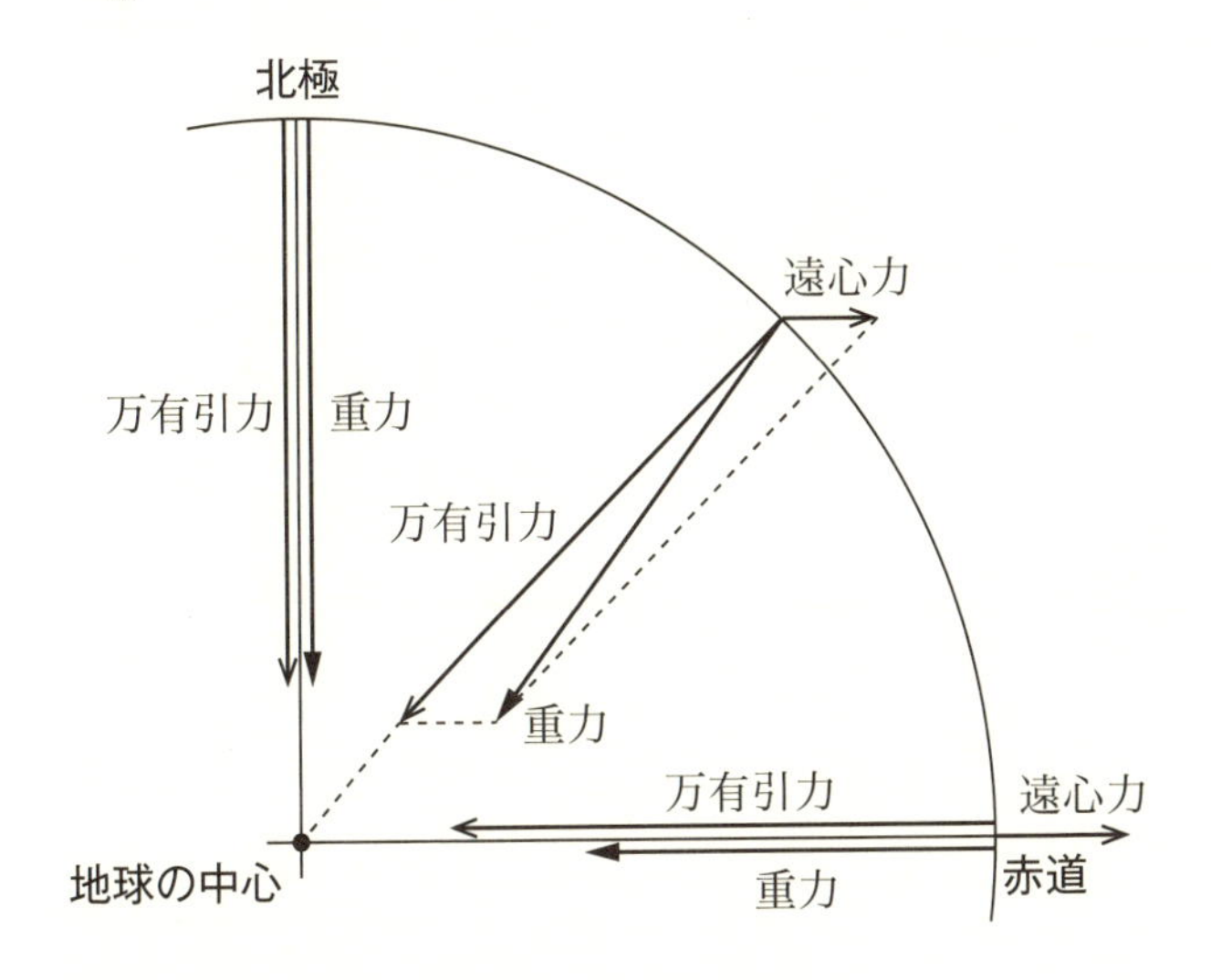

図 1-1-2 **地球上の物体にはたらく重力**
重力の大きさは、赤道で最小、極で最大となる。

万有引力：$F_1 = G\dfrac{Mm}{R^2}$

$\left(\begin{array}{l} M：地球の質量 \\ m：地球上の物体の質量 \\ R：地球の中心との距離 \\ G：万有引力定数 \end{array}\right)$

式 1-2 地球上の物体にはたらく万有引力
万有引力の大きさは、赤道で最小、極で最大となる。

遠心力：$F_2 = mr\omega^2$　$\left(\begin{array}{l} r：回転半径 \\ \omega：地球の自転の角速度 \end{array}\right)$

式1-3　地球上の物体にはたらく遠心力
遠心力の大きさは、赤道で最大、極で最小となる。

よりも赤道のほうが大きくなります。そのため、地球上の物体にはたらく万有引力の大きさは、北極よりも赤道のほうが小さくなります。

地球上の物体には**遠心力**（えんしんりょく）もはたらいています。遠心力は、回転運動している物体に、回転軸に対して外向きにはたらく力です。4-2で後述しますが、地球はおよそ24時間で1回転のペースで**自転**していますので、地球上の物体は自転軸のまわりを回転運動しています。つまり、地球上の物体には、地球の自転による遠心力がはたらいているのです。

遠心力の大きさは、回転半径（自転軸との距離）と回転の角速度（単位時間あたりに回転した角度）の2乗との積に比例します（式1-3）。地球上の物体はどこでも1日に自転軸のまわりを1周しますので、回転の角速度は一定とみなすことができます。したがって、地球上の物体にはたらく遠心力は、自転軸との距離に比例します。地球上の物体にはたらく遠心力の大きさは、自転軸との距離が大きい赤道で最も大きくなり、自転軸との距離が小さい高緯度で小さくなります。自転軸上にある極では、遠心力ははたらきません。

地球上の物体には、地球の質量による万有引力と地球の自転による遠

心力がはたらいています。これらの合力を**重力**（じゅうりょく）といいます（図1-1-2）。赤道上では、万有引力と遠心力が逆向きにはたらくため、重力が最も小さくなります。一方、極では、遠心力がはたらかないため、重力は最も強くなります。

重力の大きさは、**重力加速度**で表すことがあります。重力加速度とは、物体が重力によって落下するときの速度の増加率です。地球上で落下する物体の速度は、1秒間に約9・8m（m／s）増加します。したがって、重力加速度は約9・8m／s^2となります。重力の大きさが緯度によって異なるため、重力加速度の大きさも緯度によって異なり、赤道では約9・78m／s^2、北極では約9・83m／s^2となっています。

ジオイド

海面の高さは常に変化していますが、長期間にわたって平均した海水面を**平均海水面**といいます。この平均海水面で地球を覆った仮想的な面を**ジオイド**（geoid）といいます。水は重力によって高いところから低いところへ流れますので、ジオイドは重力の方向に垂直な面となります（図1-1-3）。

土地の高さを表す**標高**（ひょうこう）は、ジオイドから鉛直方向に測った高さになります。日本では、東京湾の平均海水面の高さを基準にして、標高を測っています。

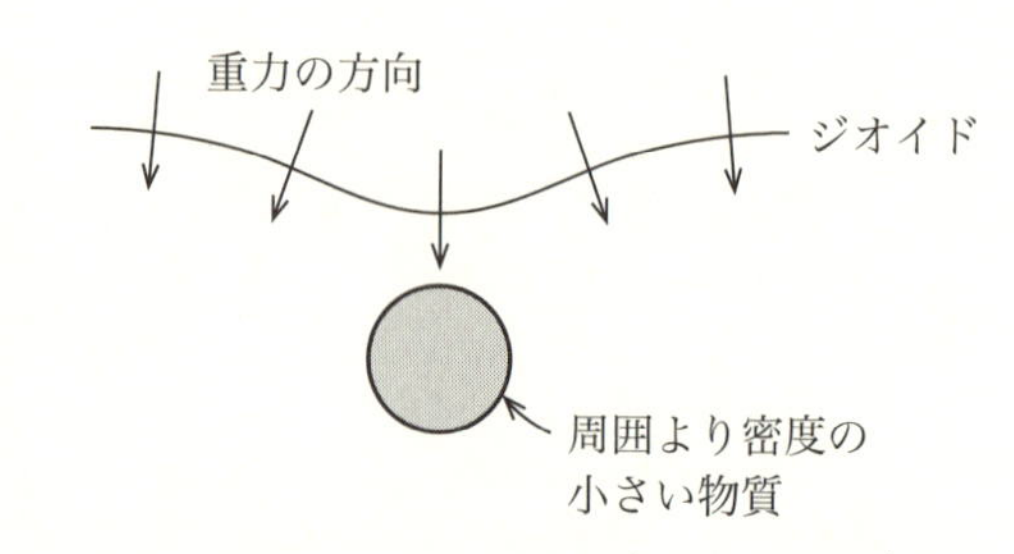

図1-1-3 **地下の密度分布とジオイドの凹凸**

地下に周囲よりも密度の大きい物質があるとジオイドは上に凸、密度の小さい物質があるとジオイドは下に凸となる。

地下に周囲より密度の大きい物質があると、その物質による万有引力によって、重力の方向が密度の大きい物質のほうに傾くため、重力の方向に垂直なジオイドは上に凸となります。一方、地下に密度の小さい物質があると、重力の方向は周囲の物質のほうに傾くため、重力の方向に垂直なジオイドは下に凸となります。

　このように、ジオイドは地下の密度の違いによって凹凸があります。このような起伏のあるジオイドの形に最も近い回転楕円体を**地球楕円体**（だえんたい）といいます。人工衛星による観測では、ジオイドは地球楕円体に対して、インドの南やスリランカでは約100m低く、パプアニューギニアやインドネシアでは約80m高くなっています。

1・2 地球の中身はどうなっている？

手がかりとなる「地震波」

人類が地球内部に掘った穴の深さは、最も深いところで約12㎞になります。地球の半径は約6400㎞もありますので、穴を掘るという方法で地球内部を知ることはとても難しいのです。そこで、地球内部を知るひとつの方法として**地震波**（じしんは）が利用されています。その原理は少々複雑ですが、地球の構造を語るうえで欠かせない知識ですので、以下で詳しく解説していきましょう。

そもそも地震は、地下の岩盤が破壊されて起こります。このとき、最初に地震波が発生したところを**震源**（しんげん）といい、その真上の地表の地点を**震央**（しんおう）といいます。

震源では**P波**と**S波**が同時に発生します。P波はS波よりも速度が速いため、観測点に最初に到達して、**初期微動**（しょきびどう）という小さな揺れを引き起こします。一方、S波はP波よりも遅れて観測点に到達し、**主要動**（しゅようどう）という大きな揺れを引き起こします。

P波は、波の進行方向と観測点の振動方向が「平行」になる縦波です。一方、S波は、波の進行方向と観測点の振動方向が「垂直」になる横波です。また、P波は固体、液体、気体のすべての物質中を伝わりますが、S波は固体中しか伝わることができません。このようなP波とS波の性質を利用して、地球内部を推定することができるのです。

走時曲線

地震波がある観測点に到着するまでの時間を**走時**(そうじ)といいます。縦軸に走時、横軸に震央距離(震央から観測点までの距離)をとったグラフを**走時曲線**(そうじきょくせん)といいます(図1-2-1)。一般に、震央から遠くなると、地震波が到着するのに時間がかかりますので、走時曲線は「右上がり」のグラフとなります。

地表付近を伝わる地震波の速度が一定であれば、地震波が到着するまでにかかる時間は、観測点までの距離に比例すると考えられます。ところが、ある距離よりも遠い地点では、地震波が比例関係となる時間よりも早く到着することがあります。その場合、走時曲線はある距離で傾きが小さくなるように折れ曲がります。一体なぜなのでしょうか?

その疑問を解き明かすべく、地球内部を伝わる地震波の経路を確認してみましょう。地震波は震源からさまざまな方向に伝わっていきます。このうち、地表付近を観測点に向かって伝

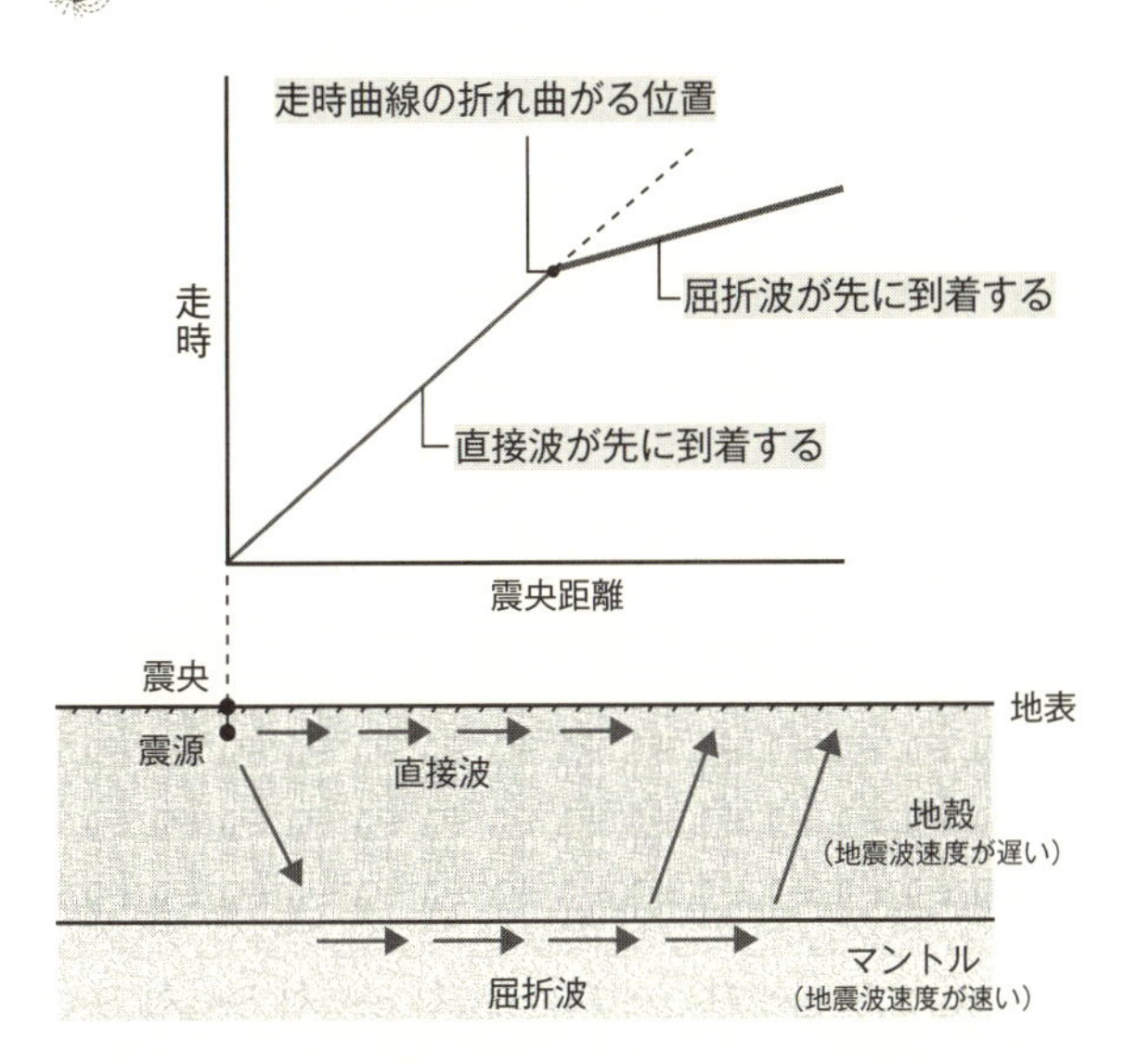

図1-2-1　**走時曲線**

わっていく地震波を**直接波**といいます。また、地球内部のある境界面で屈折して伝わっていく地震波を**屈折波**といいます。

地球内部を伝わる地震波の速度は一定ではなく、地表付近では遅く、深いところでは速くなります。そのため、震央距離が近いところでは直接波が先に到着し、震央距離が遠いところでは屈折波が先に到着します。

みなさんがある目的地に向かうとき、まずは最短距離で行くことを考えると思います。ところが、その経路が人や車などで混雑していたら、遠回りしたほうが早く到着できるこ

とがありますよね。

　地球内部を伝わる地震波もこれと同じように、地表付近では速度が遅いですが、深いところでは速度が速くなりますので、地球内部の深いところを遠回りして伝わったほうが地表の観測点に早く到着できることがあるのです。このようにして、震央距離が遠いところでは、深いところを伝わる地震波（屈折波）のほうが、地表付近を伝わる地震波（直接波）よりも先に到着できるのです。

地殻の構造

　地下数十kmに地震波速度が変化する境界面が存在することは、クロアチアの地震学者アンドリア・モホロビチッチ（1857～1936）によって発見されました。この境界面を**モホロビチッチ不連続面**といいます。また、モホロビチッチ不連続面より上を**地殻**、下を**マントル**（mantle）といいます。地殻を構成している主な元素は、質量比の大きいほうから、酸素（46％）、ケイ素（28％）、アルミニウム（8％）、鉄（5％）となっています。

　地殻は、**大陸地殻**と**海洋地殻**に分けられます。大陸地殻は、厚さが30～60kmあり、その上部は花こう岩質の岩石、下部は玄武岩質の岩石でできています。一方、海洋地殻は、厚さが5～10kmあり、そのほとんどが玄武岩質の岩石でできています。ちなみに、マントルの上部は主に

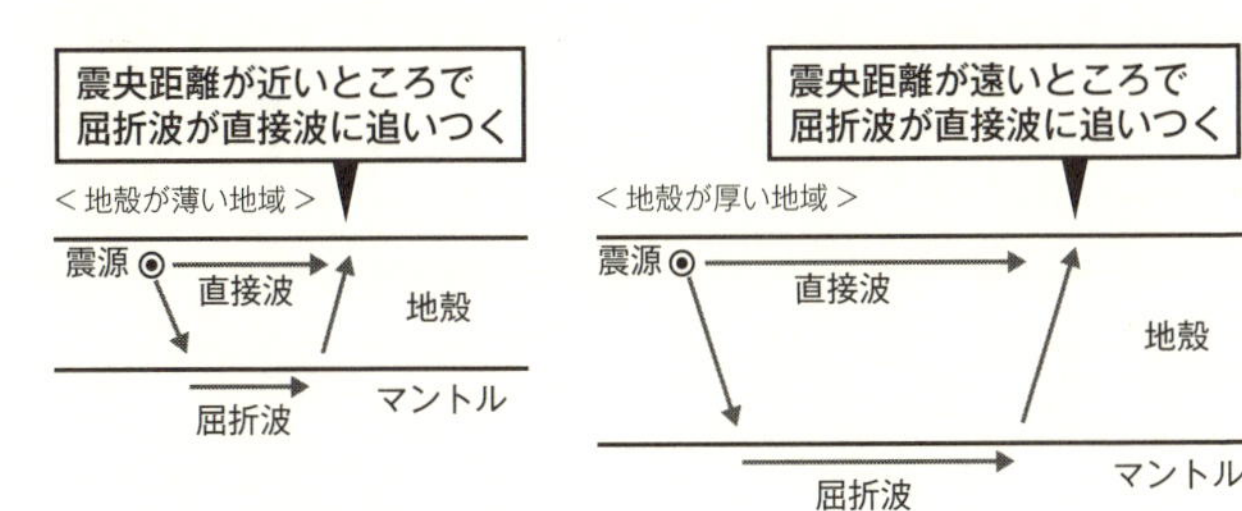

図1-2-2　**地殻の厚さ**

かんらん岩でできています。

大陸地殻と海洋地殻の厚さの違いは、走時曲線の折れ曲がる位置からわかります。走時曲線の折れ曲がる地点では、直接波と屈折波が同時に到着しますので、屈折波が直接波に追いつく地点ともいえます（図1-2-2）。

地殻が薄いところでは、地震波が少し深いところまで伝わるとマントルに入り、地震波速度が増加しますので、すぐに直接波に追いつくことができます。したがって、走時曲線の折れ曲がる位置は、震央距離が近いところになります。

一方、地殻が厚いところでは、地震波がかなり深いところまで進まないと、マントルに入り、地震波速度を増加させることができません。そのあいだに直接波はかなり遠いところまで伝わっています。つまり、マントルを伝わる屈折波が直接波に追いつくのは、震央距離が遠いところになります。したがって、走時曲線の折れ曲がる位置は震央距離が遠いところになります。このように、走時曲線の折れ曲がる位置は、

地殻の厚さと対応していますので、地震波の観測によって、その地域の地殻の厚さを推定することができます。

アイソスタシー

地殻は、重力によって沈降したり、浮力によって隆起したりすることがあります。地殻が受ける重力と浮力のつり合いを**アイソスタシー**（isostasy）といいます。

アイソスタシーが成り立つ（地殻が隆起したり沈降したりしない）とき、マントル内部のある深さ（**補償面**）よりも上では、岩石の質量が等しくなっています。ちょうど天秤に載せた物質の質量が等しいときには、皿が上下に動かないことと似ています。

地殻はマントルよりも密度が小さいため、地殻が厚い（標高の高い）ところほど地殻の下部はマントル内に深く入り込んでいます。密度が小さいほど、その厚さが増加することで、質量を一定に保つことができるからです。

また、アイソスタシーが成り立たない地域もあります。北ヨーロッパのスカンジナビア半島は、最終氷期（約7万～1万年前）に厚い氷で覆われていましたが、現在ではその氷の大部分が融けて、その氷の重さによる重力が失われました。

そのため、地殻には下向きの重力より上向きの浮力のほうが大きくはたらき、約1万年前から現在までスカンジナビア半島では地殻が隆起し続けています。場所によっては1万年のあいだに200m以上隆起したところもあります。

地殻が隆起すると、その下の密度の大きいマントルも上昇します。氷の質量が失われたぶんだけ、上昇してきたマントルの質量で補うように、地殻変動が起こっているのです。

マントルの構造

先述した通り、モホロビチッチ不連続面から深さ約2900kmまでの領域をマントルといいます。マントルの体積は、地球全体の約83％を占めます。マントルを構成している主な元素は、質量比の大きいほうから、酸素（45％）、マグネシウム（23％）、ケイ素（21％）、鉄（6％）であり、地殻とくらべると特にマグネシウムを多く含んでいます。

マントルは、深さ約660kmを境に、**上部マントル**と**下部マントル**に分けられています。P波の速度は、マントル最上部では約8km／sですが、下部マントルでは深さとともに増加し、マントル最下部では約14km／sになります。

核の構造

深さ約2900kmよりも深い地球の中心部を**核**といいます。地球の半径が約6400kmであ

地球の半径を6400km、核の半径を3500kmとすると、
半径 R の球の体積は $\frac{4}{3}\pi R^3$（π：円周率）と表されるため、
地球全体に占める核の体積の割合は、次のように計算できます。

$$\frac{\frac{4}{3}\pi \times 3500^3}{\frac{4}{3}\pi \times 6400^3} \times 100 \fallingdotseq 16\%$$

式1-4　地球全体に占める核の体積の割合

り、マントルと核の境界面が深さ2900kmあたりにあるため、核は半径が約3500kmの球とみなすことができます。このことから、核の体積は地球全体の約16％を占めることがわかります（式1-4）。

地殻とマントルは主に岩石で構成されていますが、核は主に金属で構成されています。核を構成している主な元素は、質量比の大きいほうから、鉄（90％）、ニッケル（5％）となります。マントルと核では物質が大きく異なりますので、マントルから核に入ると密度が大きく増加します。

核は、深さ約5100kmを境に、液体の**外核**と固体の**内核**に分けられます。地球の内部は深いところほど温度が高くなっていますので、内核の温度は外核の温度よりも高くなっています。一般に温度が高いほうが液体、低いほうが固体と考えられますが、これは圧力が一定である場合の考え方です。圧力が高くなると物質は融（と）けにくくなります。内核が外核よりも高温であるにもかかわらず固体となって

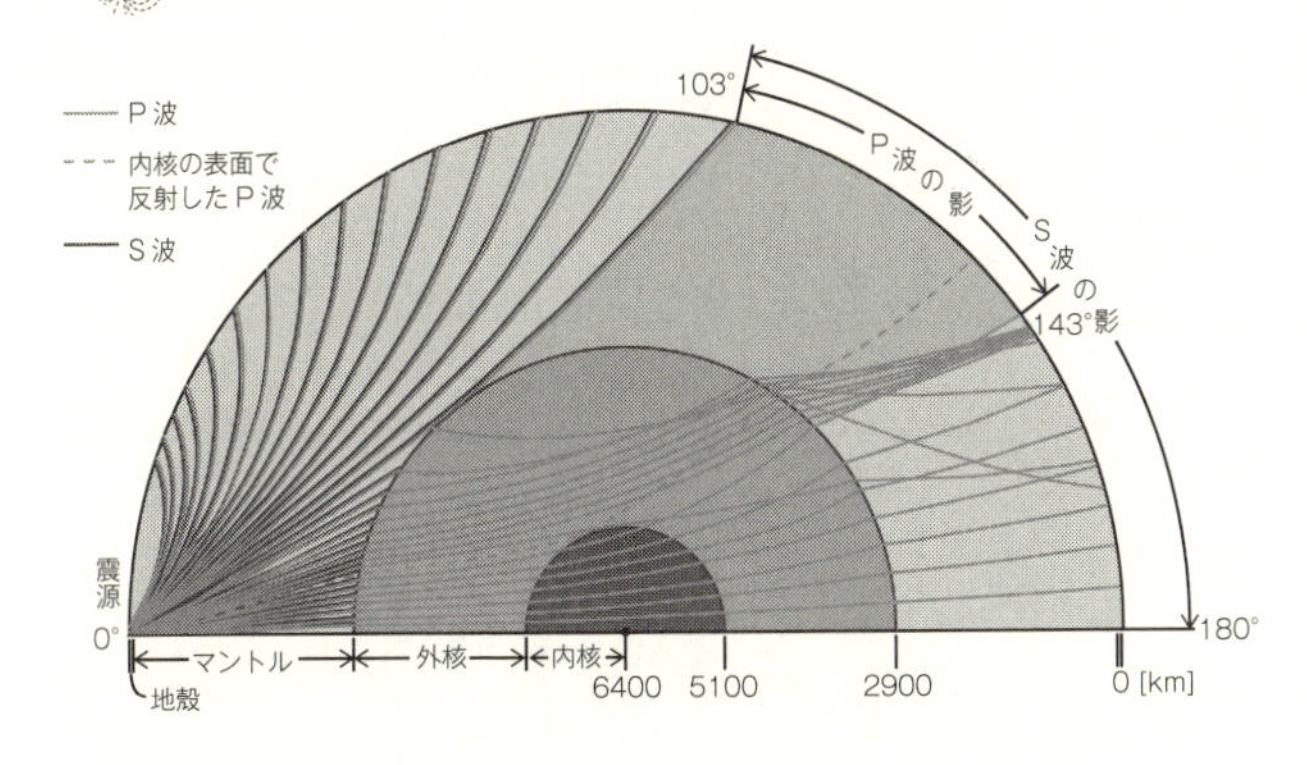

図1-2-3　**地球内部を伝わる地震波の経路**

P波は深さ約2900kmのマントルと外核の境界面で地球内部の深いほうへ屈折する。
S波が液体の外核を伝わることはないため、震央距離103°以遠に伝わらない。
（啓林館『地学基礎』〔令和6年度用〕P. 19・図ivを一部改変）

いるのは、内核の圧力が外核の圧力よりも高いからです。

地震波の伝わり方

国外で発生した地震のように、震央距離が非常に長い地震を**遠地地震**（えんちじしん）といいます。遠地地震の震央距離は、震央－地球中心－観測点を結んでできる角度で表します。

地球全域で遠地地震の地震波を観測すると、震央距離０～１０３度の範囲には、Ｐ波とＳ波の両方が伝わってきます。この範囲に到達する地震波はマントルを伝わってきます。このうち、Ｓ波は固体中のみを伝わりますので、Ｓ波が到達することからマントルは固体であることがわかります（図１－２－３）。

震央距離１０３～１４３度の範囲には、Ｐ

波が伝わらない部分（**P波の影**）ができます。これは、深さ約2900kmにあるマントルと外核の境界面で、P波が地球内部の深いほうへ屈折しているためです。すなわち、震央距離103～143度の範囲にP波が伝わってこないことから、深さ約2900kmにマントルと外核の境界面があると考えられるのです。

マントルと外核の境界面は、ドイツ生まれの地震学者ベノー・グーテンベルク（1889～1960）によって発見され、**グーテンベルク不連続面**と呼ばれています。深さ約2900kmで屈折したP波は、震央距離143～180度の範囲に伝わっていきます。

震央距離103～180度の範囲には、S波が伝わらない部分（**S波の影**）ができます。この範囲のうち、震央距離143～180度には、P波は伝わります。この範囲に伝わるP波はすべて外核を伝わってきますので、S波が伝わってこないのは、外核に原因があると考えられます。P波は固体中も液体中も伝わりますが、S波は固体中のみを伝わりますので、このような観測から、外核は液体の状態であると考えられるのです。

地震波が伝わってこない領域を**シャドーゾーン**（影の領域）といいます。震央距離が103～143度の範囲は、地震波がほとんど観測されないシャドーゾーンですが、この範囲に弱いP波が観測されることがあります。このP波は、深さ約5100kmの境界面で反射して伝わってきたものです。すなわち、このような観測から、深さ約5100kmに外核と内核の境界面が

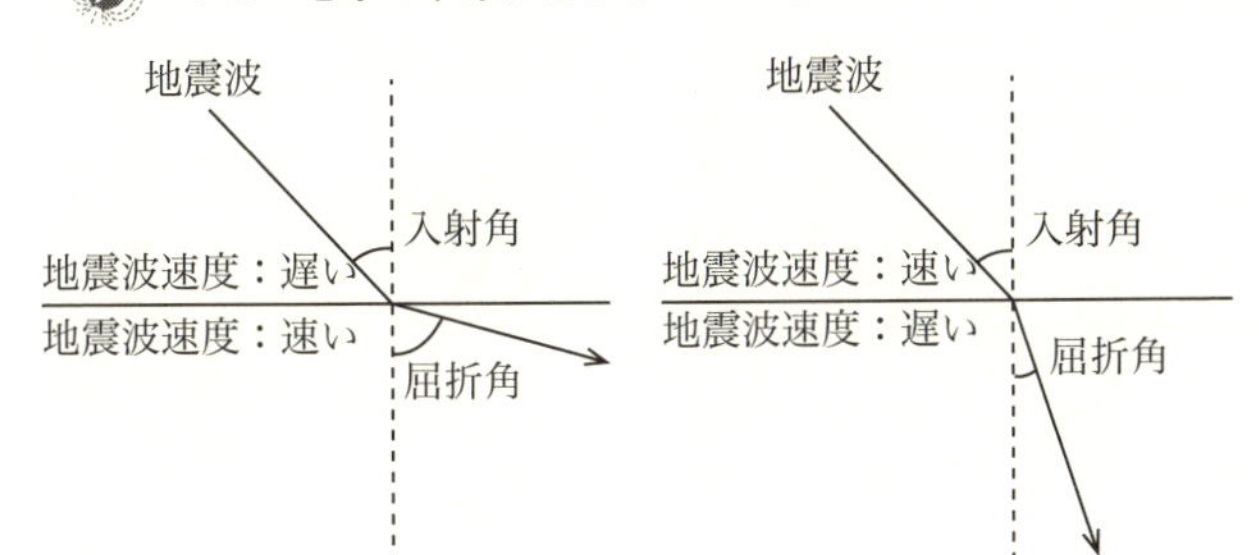

図1-2-4　**地震波の屈折**

あると考えられるのです。外核と内核の境界面は、デンマークの地震学者インゲ・レーマン（1888～1993）によって発見され、**レーマン不連続面**と呼ばれています。

地震波の屈折

地球内部の物質の異なる境界面（地殻とマントルの境界面やマントルと外核の境界面など）では、地震波速度が変化しますので、地震波は屈折します（図1-2-4）。

地震波速度が遅い領域から速い領域へ入る場合は、**入射角**よりも**屈折角**のほうが大きくなるように屈折しますが、地震波速度が速い領域から遅い領域へ入る場合は、入射角よりも屈折角のほうが小さくなるように屈折します。

地震波が地殻からマントルに入るときには、地震波速度が増加しますので、地震波は地球の浅いほうへ屈折します。一方、地震波がマントルから外核に入るときには、地震波速度は減少しますので、地震波は地球内部の深いほうへ屈折します。震央距離103〜143度の範囲にP波が伝わらないのは、マントルと外核の境界面でP波が地球内部の深いほうへ屈折しているためであり、P波の速度はマントル最下部よりも外核最上部のほうが遅いことがわかります。

1・3 地球内部で何が起きているか

地球内部の温度

地球内部の温度が深さとともに高くなっていく割合を**地下増温率**（地温勾配（ちおんこうばい））といいます。地下30㎞までの平均的な地下増温率は、100mにつき2〜3℃です。より深いところでは、地下増温率は小さくなり、地球の中心部の温度は約6000℃と推定されています。

地殻熱流量

熱は温度の高いほうから低いほうへ伝わりますので、高温の地球内部から低温の地表へ熱が伝わります。この熱量を**地殻熱流量**（ちかくねつりゅうりょう）といいます。地殻熱流量は、地下増温率と岩石の熱伝導率の積で求められます。地球全体で平均した地殻熱流量は約87mW（ミリワット）/m²になります。

高温のマントル物質が上昇してくる**海嶺**（かいれい）（海底の大山脈）では、地殻熱流量が大きくなり、低温の海洋プレートが沈み込む**海溝**（かいこう）（海底の深い谷）では、地殻熱流量が小さくなります。日本列島では、火山の分布する地域で、地殻熱流量が大きくなります。九州や東北では火山が多いため、このような熱を利用して地熱発電も行われています。

地球内部が高温である理由

地球の内部が高温である主な理由がふたつあります。地球は今から約46億年前に直径約10㎞程度の小天体である**微惑星**（びわくせい）が次々に衝突して誕生しました（2－6を参照）。この衝突によって発生した熱が、現在も地球の中心部に残されています。

また、岩石中には放射線を出す**放射性同位体**という原子が含まれています。地殻やマントル上部の岩石には、カリウム、ウラン、トリウムなどの放射性同位体が含まれています。これらの原子が自然崩壊するときに熱が発生するのです。特に、大陸地殻の上部に分布する花こう岩（かこうがん）は、放射性同位体の崩壊による発熱量が多くなっています（表1－1）。

岩石名	分布	熱量〔J/(kg・年)〕
花こう岩	大陸地殻（上部）	2.1×10^{-2}
玄武岩	大陸地殻（下部） 海洋地殻	6.7×10^{-3}
かんらん岩	マントル（上部）	8.1×10^{-5}

表1-1 **岩石中の放射性同位体から発生する熱量**

地震波トモグラフィー

一般に、マントル内部の地震波速度は、深いところほど速くなりますが、同じ深さでも場所によってわずかな違いがあります。地球内部の地震波速度の3次元的な分布は、**地震波トモグラフィー**（seismic tomography）という手法で推定されています（図1-3-1）。

また、地球内部の温度が低いところでは岩石は硬くなり、地震波速度は速くなります。反対に、温度が高いところでは岩石がやわらかくなり、地震波速度は遅くなります。

ここで、複数の地震について、地表の観測点で地震波が到着する時間を調べてみましょう。一般に震源から遠いほど、地震波が到着するまでに時間がかかります。ところが、ある観測点では予想される時間よりも早く地震波が到着したり、別の観測点では予想される時間よりも遅れて地震波が到着したりすることがあります。ひ

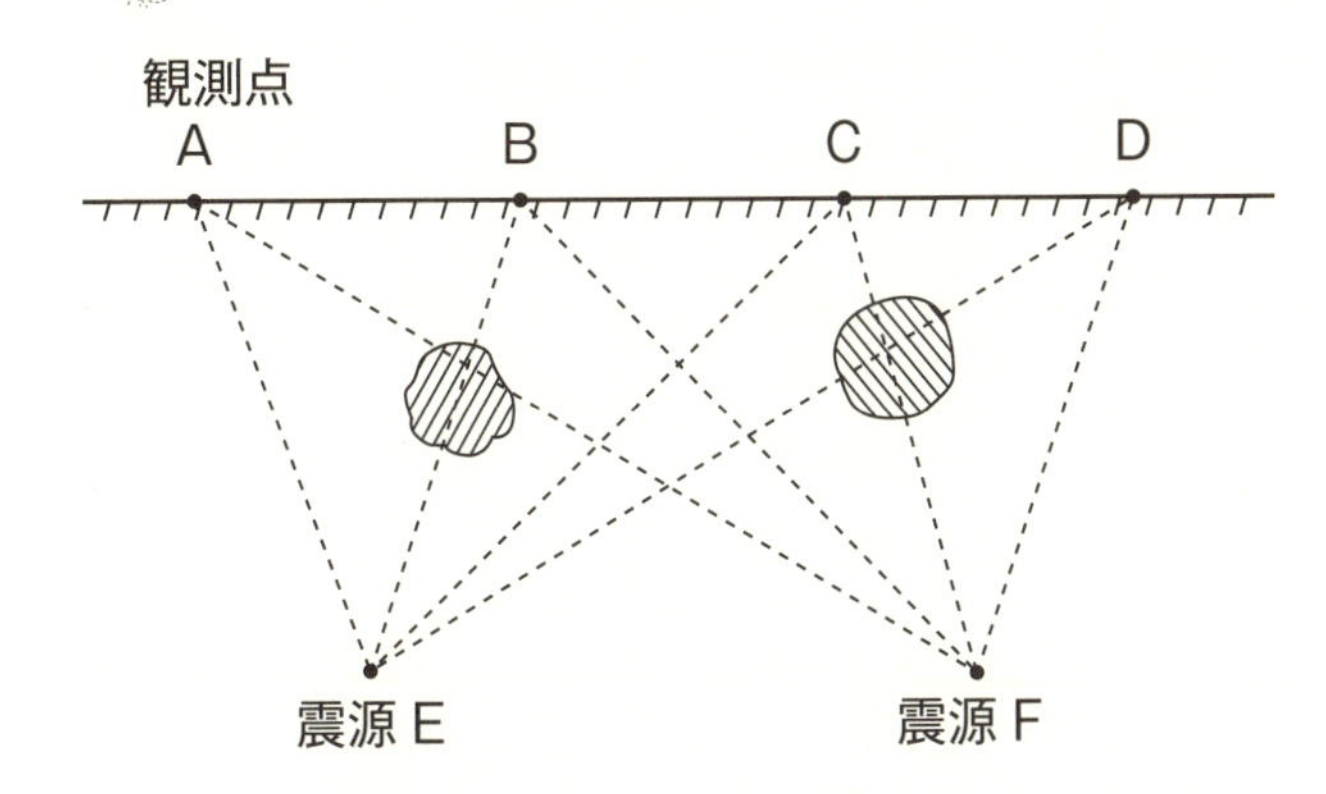

地震波速度が速い部分（低温の領域）

地震波速度が遅い部分（高温の領域）

図1-3-1　地震波トモグラフィーの原理

とつの地震の観測では、震源とその観測点のあいだ（地震波が伝わる経路）のどこに原因（低温または高温の領域）があるのかわかりませんが、複数の地震を調べると、原因となる場所を特定することができます。

たとえば、図1－3－1のEを震源とする地震では観測点Bに地震波が早く到着し、Fを震源とする地震では観測点Aに地震波が早く到着したとすると、線分BEと線分AFの交わるあたりに、地震波速度の速い部分すなわち低温の領域がある可能性があります。また、Eを震源とする地震では観測点Dに地震波が遅れて到着し、Fを震源とする地震では観測点Cに地震波が遅れて到着したとすると、線分DEと線分CFの交わるあたりに、地震波速度の遅い部分すなわち高温の領域がある可能性があります。

マントルの運動

地震波トモグラフィーによって、地球内部における地震波速度の速い部分（低温の領域）と遅い部分（高温の領域）の分布が詳しくわかっています。たとえば、日本列島の地下の深さ約660kmには、低温の領域が存在します。日本列島の太平洋側にある海溝から、低温の海洋プレートが日本列島の地下に沈み込んでいるからです。

一方、太平洋とアフリカ大陸の地下のマントル最下部には、大規模な高温の領域があります。この高温の領域は、それぞれ、南太平洋のフランス領ポリネシアと東アフリカの大地溝帯の地下のマントル最上部につながっています。

一般に温度が高いところでは密度が小さくなっていますので、高温の領域には上昇する流れがあると考えられます。このようなマントル内部を上昇する柱状の流れを**プルーム**（plume）といいます。上昇する高温の流れを**ホットプルーム**、下降する低温の流れを**コールドプルーム**と呼ぶこともあります。

地震波トモグラフィーによって、マントル内部には上昇する流れや下降する流れが存在し、

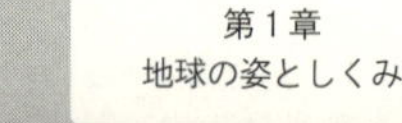

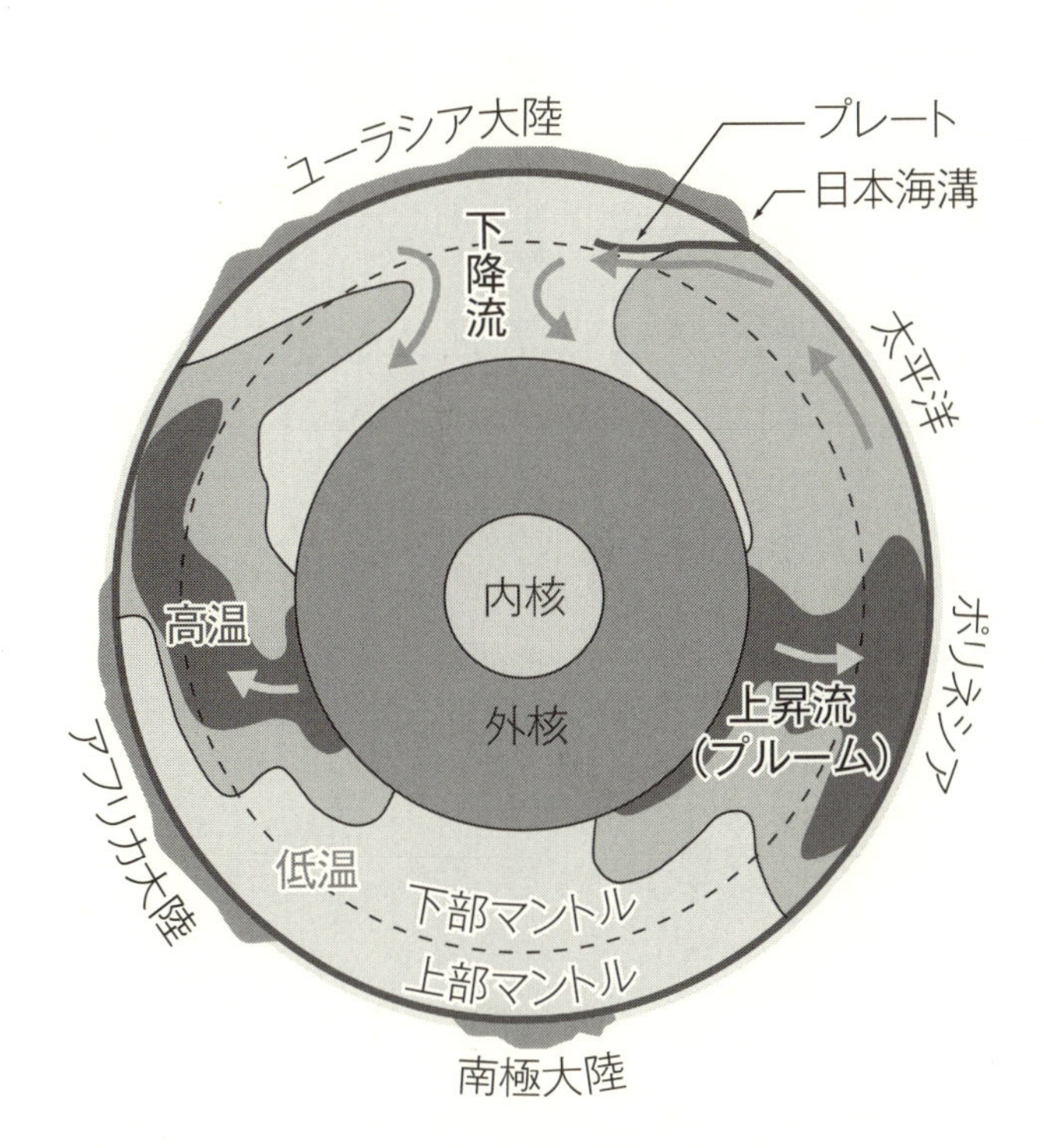

図1-3-2 **マントル対流**

太平洋とアフリカ大陸の地下には、大規模な上昇流（プルーム）が存在する。
（数研出版『地学基礎』p39・図32を一部改変）

大規模に対流していることがわかっています。これを**マントル対流**と呼んでいます（図1－3－2）。

1・4 地磁気とはなにか

地球の磁場

方位磁針のN極が北を指すことなどから、地球は磁場をもっていることがわかります。地球の磁場を**地磁気**（ちじき）といいます（図1－4－1）。地球の磁場は、自転軸に対して約10度傾けて地球の内部に埋め込んだ棒磁石の磁場に似ています。この棒磁石の延長が地表と交わる2地点のうち、北側の地点を**地磁気北極**（ちじきほっきょく）、南側を**地磁気南極**（ちじきなんきょく）といいます。

棒磁石のまわりでは、方位磁針のN極は、磁力線に沿った方向を指し、N極とS極が引き合うように、棒磁石のS極のほうを向きます。地球の内部に埋め込んだ棒磁石のN極が南側、S極が北側であれば、地表付近では方位磁針のN極がおおよそ北向きになります。

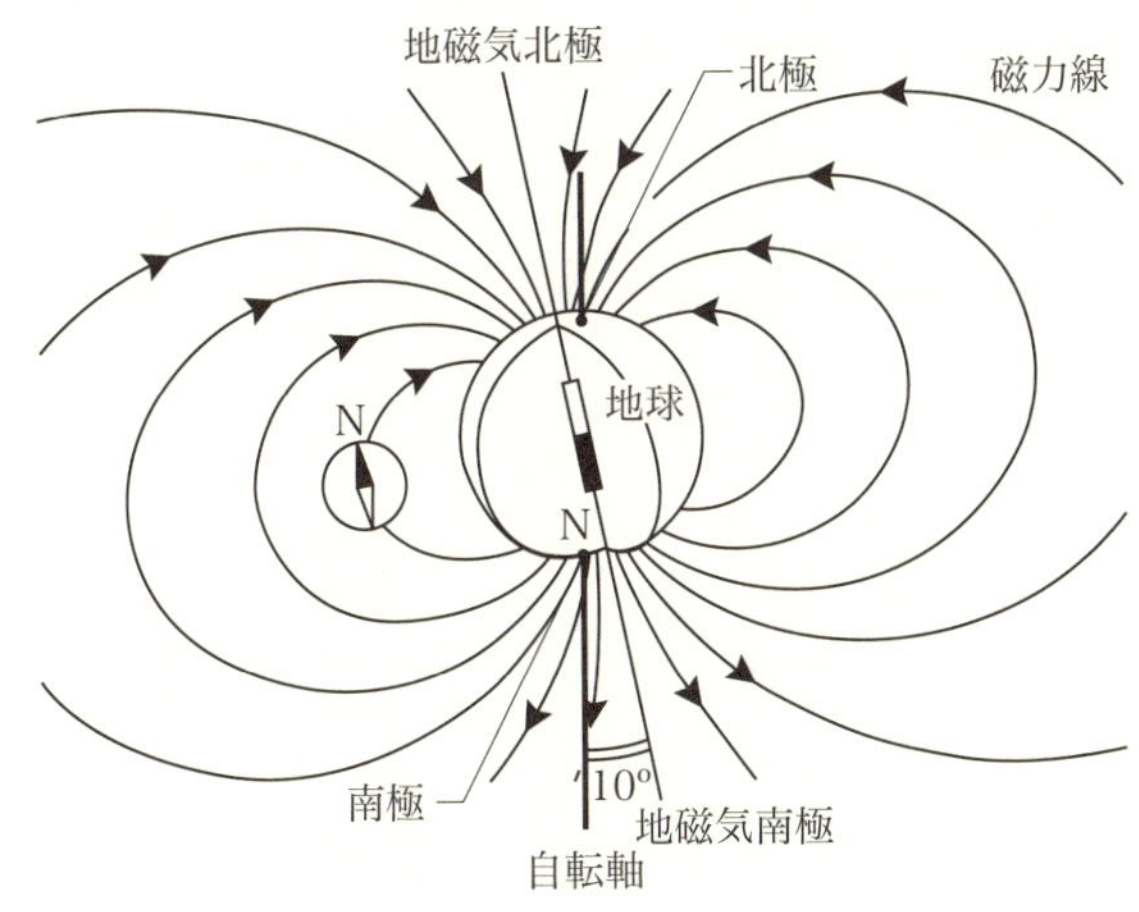

図1-4-1 **地球の磁場**
地球の磁場は地球の内部に棒磁石をおいたときの磁場に似ている。
（鎌田浩毅著『地学のツボ』ちくまプリマー新書 p74・図3－7を一部改変）

地磁気の向きと強さ

ある地点での地磁気の強さを**全磁力**（ぜんじりょく）といい、その水平成分（水平の方向）を**水平分力**、鉛直成分（重力のはたらく方向）を**鉛直分力**といいます。また、地磁気の向きは**偏角**（へんかく）と**伏角**（ふっかく）で表されます（図1－4－2）。偏角は水平分力が真北からずれている角度、伏角は地磁気の方向と水平面のなす角度です。

地磁気には、これらの5つの要素（全磁力・水平分力・鉛直分力・偏角・伏角）がありますが、このうち偏角を含む3つの要素がわかれば、地磁気の向きと強さを決定することができます。これらの要素を「**地磁気の三要素**」といいます。地

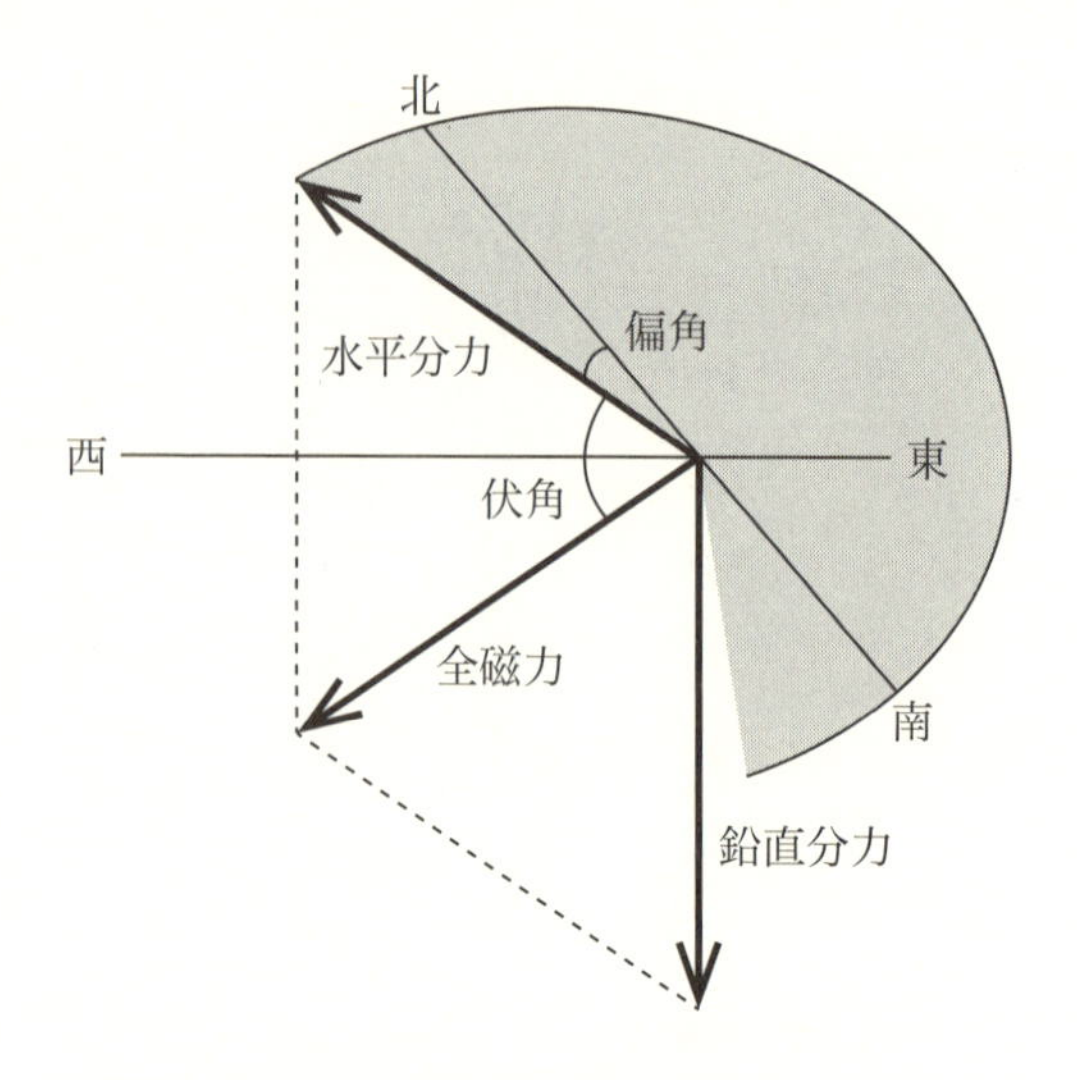

図1-4-2 **ある地点での地磁気の向きと強さ**
地磁気の強さは、全磁力、水平分力、鉛直分力で表される。
地磁気の向きは、偏角と伏角で表される。

磁気の三要素に必ず偏角が含まれるのは、偏角を他の要素から求めることができないからです。たとえば、ある地点で水平分力が2万ナノテスラ（磁場の強さの単位）、伏角が60度とわかれば、直角三角形の辺の比から、全磁力が4万ナノテスラ、鉛直分力が約3万4600ナノテスラと求められますが、これらの要素から偏角を求めることはできません。

気象庁の地磁気観測所のひとつが、茨城県石岡市柿岡にあります。2019年の柿岡では、偏角が西向きに約7度、伏角が下向きに約50度、水平分力が約3万ナノテスラとなっています。

方位磁針のしくみ

方位磁針を正しく機能させるためには、伏角に注意しなければなりません。そして、伏角の向きと大きさには、緯度による特徴があります。伏角は、北半球では水平面より下向き、南半球では水平面より上向きになります。また、伏角は、低緯度では小さく（赤道付近では0度に近く）、高緯度では大きく（極付近では90度に近く）なります。

茨城県での伏角は下向きに約50度であるため、磁針は水平面に対して下向きに50度の方向を指します。ところが、私たちの使っている方位磁針はそのように傾いてはおらず、ほぼ水平方向を指しています。

磁針が水平面に対して大きく傾くと、方位磁針のケースの底面や上面に接触して回転することができなくなってしまいます。そこで、伏角が下向きである日本などで使用される方位磁針は、磁針のN極が下がらないように、磁針のN極側に穴をあけてN極側を軽くするなどの調節がされているのです。

一方、南半球では伏角が上向きになりますので、磁針のN極が上がらないように、S極側に穴をあけてS極側を軽くするなどの調節をしています。つまり、日本で使用されている方位磁針は南半球では使えないのです。

地磁気のしくみ

地球の内部には鉄が融けて液体になっている部分（外核）があります。地球は自転していますので、地球内部の液体は自転軸を回るように流動しています。また、地球内部は深いところほど温度が高くなっていますので、上下の温度差によって対流が起こります。このように、地球の自転や地球内部の温度差は、物質が流動するための原動力となっています。

鉄が地球内部を流動することによって電流が流れ、そのまわりに磁場ができます。このようにして磁場を作るしくみを**ダイナモ**といいます。電流の向きが逆になれば、磁場の向きも逆転します。

残留磁気

岩石には過去の地球の磁場を記録しているものがあり、これを**残留磁気**といいます。マグマが冷え固まって火成岩ができるときに、マグマから晶出する磁鉄鉱などの鉱物は、ある温度よりも低くなると、地磁気の方向に磁化します。このようにして火成岩に記録された残留磁気を「**熱残留磁気**」といいます（図1-4-3）。

また、磁鉄鉱などの鉱物が水流によって海底に運ばれて堆積するとき、磁鉄鉱の磁気が地磁

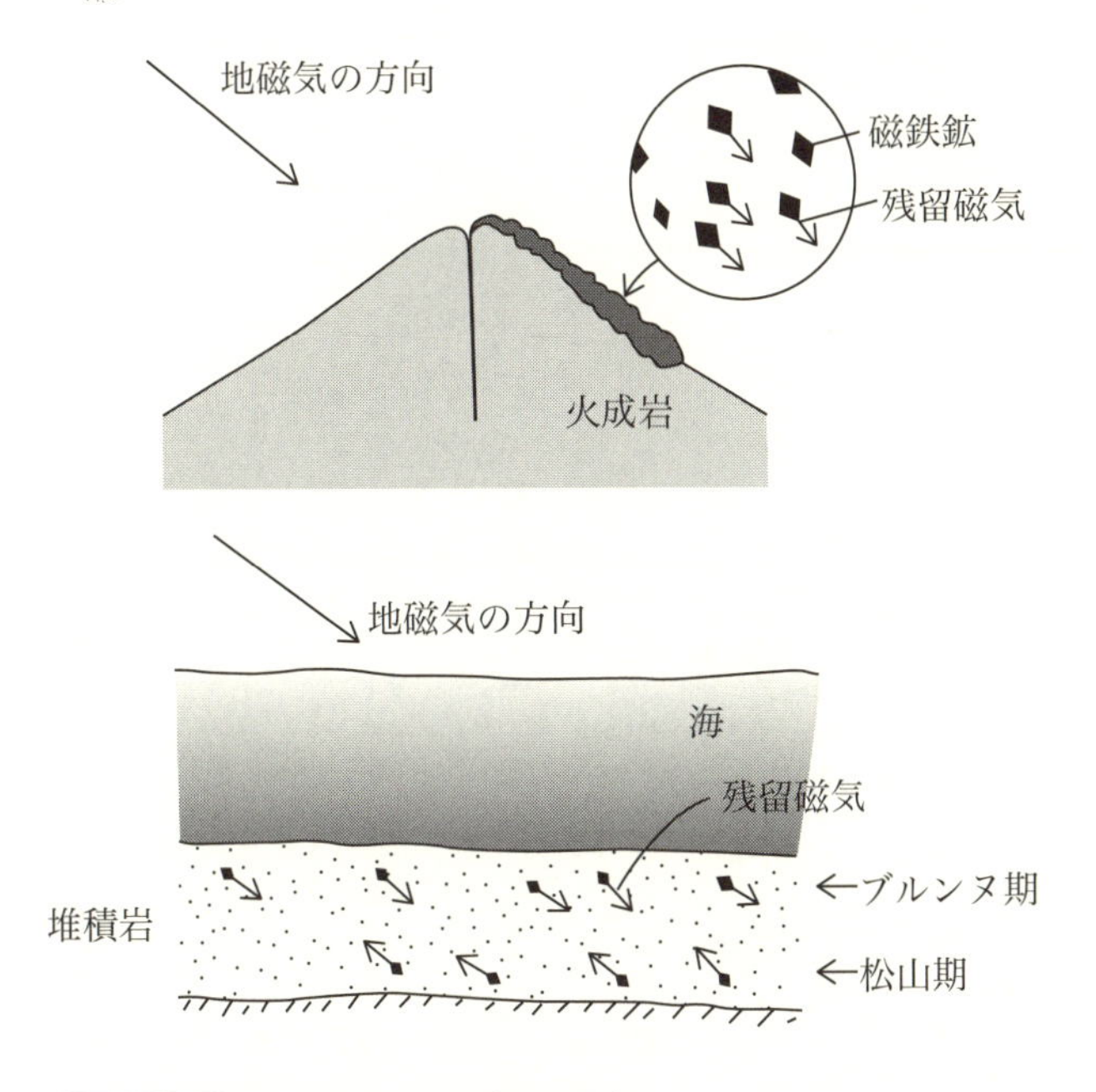

図1-4-3　**熱残留磁気と堆積残留磁気**
火成岩と堆積岩には、岩石ができたときの地磁気が記録されることがある。

気の方向に並んで堆積します。このようにして堆積岩に記録された残留磁気を「**堆積残留磁気**」といいます。

火成岩や堆積岩には、岩石ができたときの地磁気が記録されていますので、残留磁気を調べることによって、過去の地磁気を知ることができるのです。残留磁気を利用して、過去の地磁気を分析する学問を**古地磁気学**といいます。

地磁気の逆転とチバニアン

岩石の残留磁気を調べると、現在の地磁気と同じ方向を向いているものと反対方向を向いているものが見つかります。これは、過去の地球では何度も**地磁気の逆転**が起こったことを示しています。

約358万～258万年前は、地磁気が現在と同じ向きであり、**ガウス期**（ガウス正磁極期）と呼ばれますが、約258万～77万年前は、地磁気が現在と逆向きであり、**松山期**（松山逆磁極期）と呼ばれています。約77万年前には地磁気が再び現在と同じ向きになり、現在までを**ブルンヌ期**（ブルンヌ正磁極期）といいます。

千葉県市原市には、約77万年前の海底で堆積した**千葉セクション**と呼ばれる露頭（地層が露出している場所）があります。この地層の大部分は黒い泥でできていますが、ちょうど77万年前に古御嶽山の噴火によって堆積した白尾火山灰が、白く目立つ層として挟まれています。

この火山灰層の下が松山逆磁極期、上がブルンヌ正磁極期の地層になっているのです。地磁気逆転の記録が残された市原市の地層の研究によって、約77・4万～12・9万年前の地質年代が**チバニアン**と呼ばれるようになりました。

1・5 プレートテクトニクス革命

大陸移動説

現在の地球には、ユーラシア、アフリカ、北米、南米、オーストラリア、南極という6つの大陸が存在します。しかし、それらは最初から今の姿だったわけではありません。

1912年に、ドイツのアルフレッド・ウェゲナー（1880～1930）は、**大陸移動説**を発表しました。約3億年前には世界中の大陸がひとつにまとまっていて、これが分裂して現在の大陸の分布になったという学説です。世界中の大陸がひとつに集まったものを**超大陸**といい、約3億年前に存在した超大陸は**パンゲア**（Pangea）と呼ばれています。

ウェゲナーは、大陸移動説についていくつかの根拠を示しました。まず、アフリカ大陸の西側の海岸線と南米大陸の東側の海岸線が、大西洋を閉じるように近づけるとほぼぴったりとくっつきます。また、両大陸をくっつけると、地質構造もつながります。

北半球でも同様に、北米大陸とユーラシア大陸を近づけると、約5億年前に形成された北ア

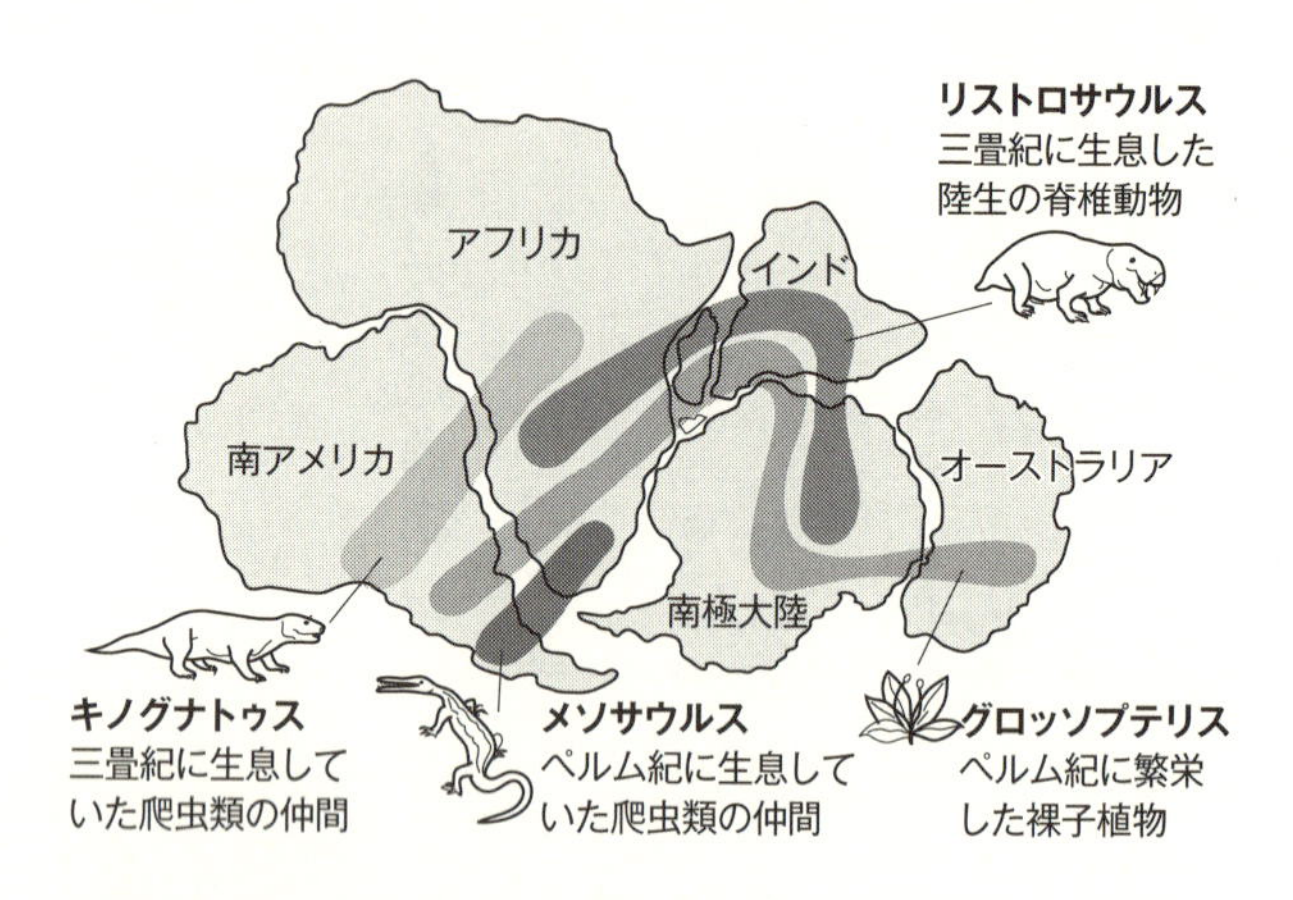

図1-5-1　約2.5億年前の大陸の位置と化石の分布
（鎌田浩毅著『地学ノススメ』講談社ブルーバックス p98・図4－2を一部改変）

メリカ東部のアパラチア山脈とヨーロッパ北部のスカンジナビア山脈がつながります。これらの山脈は、**アパラチア造山帯**、**カレドニア造山帯**と呼ばれています。

さらに、アフリカと南アメリカにおける約3億年前の氷河の分布や陸上生物の化石の分布などもつながります。たとえば、約3億年前に生息していた爬虫類（はちゅうるい）のメソサウルスの化石が両大陸から見つかりますが、現在のように大西洋が存在していたら、メソサウルスは海を越えて別の大陸に行くことはできなかったと考えられます（図1－5－1）。

また、約3億年前に生息していた裸子（らし）植物のグロッソプテリスの化石は、アフリカ、南アメリカ、南極、オーストラリア、インドなどから見つかります。このような化石の分布から、約

3億年前にはこれらの大陸がつながっていたと考えられます。

このような根拠をもとに、ウェゲナーは約3億年前には超大陸パンゲアが存在し、その後、各大陸が分裂して移動したと考えました。しかし、当時は大陸が動くしくみが不明だったため、大陸移動説を支持する学者はほとんどいませんでした。

地磁気北極の移動

しかし、半世紀近く経ったころ、驚くべき事実が明らかになります。鍵となったのは、先述の「古地磁気学」でした。１９５０年代に、過去の地磁気北極の位置を明らかにするために、世界中の岩石の残留磁気が測定されました。ある大陸の岩石を調べると、過去数億年間の地磁気北極の位置は、古くなるほど北極の位置から遠ざかることがわかりました。つまり、地磁気北極の位置が時間とともに移動しているという結果が得られたのです。

たとえば、1億年前に形成された岩石の残留磁気を調べると、1億年前の地球の磁場がわかるため、当時の地磁気北極の位置を求められます。ところが、この岩石が形成された後に移動すれば、その岩石が示した地磁気北極の位置も移動することになります。

この節で述べている「地磁気北極の移動」とは、残留磁気が示す見かけ上の移動です。すなわち、実際の地磁気北極が移動していないならば、残留磁気が示す見かけ上の地磁気北極の移

動は、その岩石を含む陸地の移動を示しているのです。

さらに、北アメリカとヨーロッパの岩石の残留磁気から得られた各年代の地磁気北極の位置は、異なる位置を示していました。大西洋を閉じるように両大陸を近づけると、両大陸の岩石の残留磁気が示す地磁気北極の位置も近づきます。

特に、約5億〜3億年前の地磁気北極の位置は、ある回転軸のまわりに約38度動かすと、それぞれの地磁気北極の位置が一致します。このことは、約3億年前よりも古い時代には両大陸がくっついていて、その後、分裂して離れたことを示しています。こうして、古地磁気の研究によって、大陸が動いている証拠が見つかったので、大陸移動説が再び見直されるようになったのです。

海洋底拡大説

1950年代には、海底の調査も進みました。海嶺（かいれい）の頂上付近には堆積物がほとんどなく、両側に引き裂かれるようにしてできた裂谷（れっこく）が存在することがわかりました。また、地殻熱流量が大きいことから、高温のマントル物質が上昇していると考えられました。

このような海底の様子などから、1960年代に、アメリカの海洋学者ハリー・ヘス（1906〜1969）とロバート・ディーツ（1914〜1995）は、海嶺では新しい海洋底

が作られ、両側へ移動しているという考え方を発表しました。これを**海洋底拡大説**といいます。

磁気異常の縞模様

1960年代に、海洋底拡大説のいくつかの証拠が見つかっています。そのひとつに、海嶺付近の地磁気の強さがあります。海嶺付近の海上で地磁気を観測すると、地磁気が強いところと弱いところが交互に並び、海嶺を軸に対称な分布になっていることがわかったのです（図1-5-2）。

海嶺でマグマが冷え固まって海洋底が形成されていると考えると、マグマが冷え固まったときに、岩石中には当時の地磁気が残留磁気として記録されます。また、海嶺で海洋底が両側へ移動し、過去に地磁気がくり返し逆転したと考えると、海底の岩石の残留磁気は、現在の地磁気と同じ方向のものと逆向きのものが交互に並ぶことになります。

このような海底の上で地磁気を観測すると、どうなるでしょうか。海底の岩石の残留磁気が現在と同じ方向であれば、磁場が強め合って、地磁気が強く観測されます。一方、海底の岩石の残留磁気が現在と逆向きであれば、地磁気は弱く観測されます。

地下にある磁性体の影響で、地上の地磁気が乱れる現象を**磁気異常**（じきいじょう）といい、その分布が縞

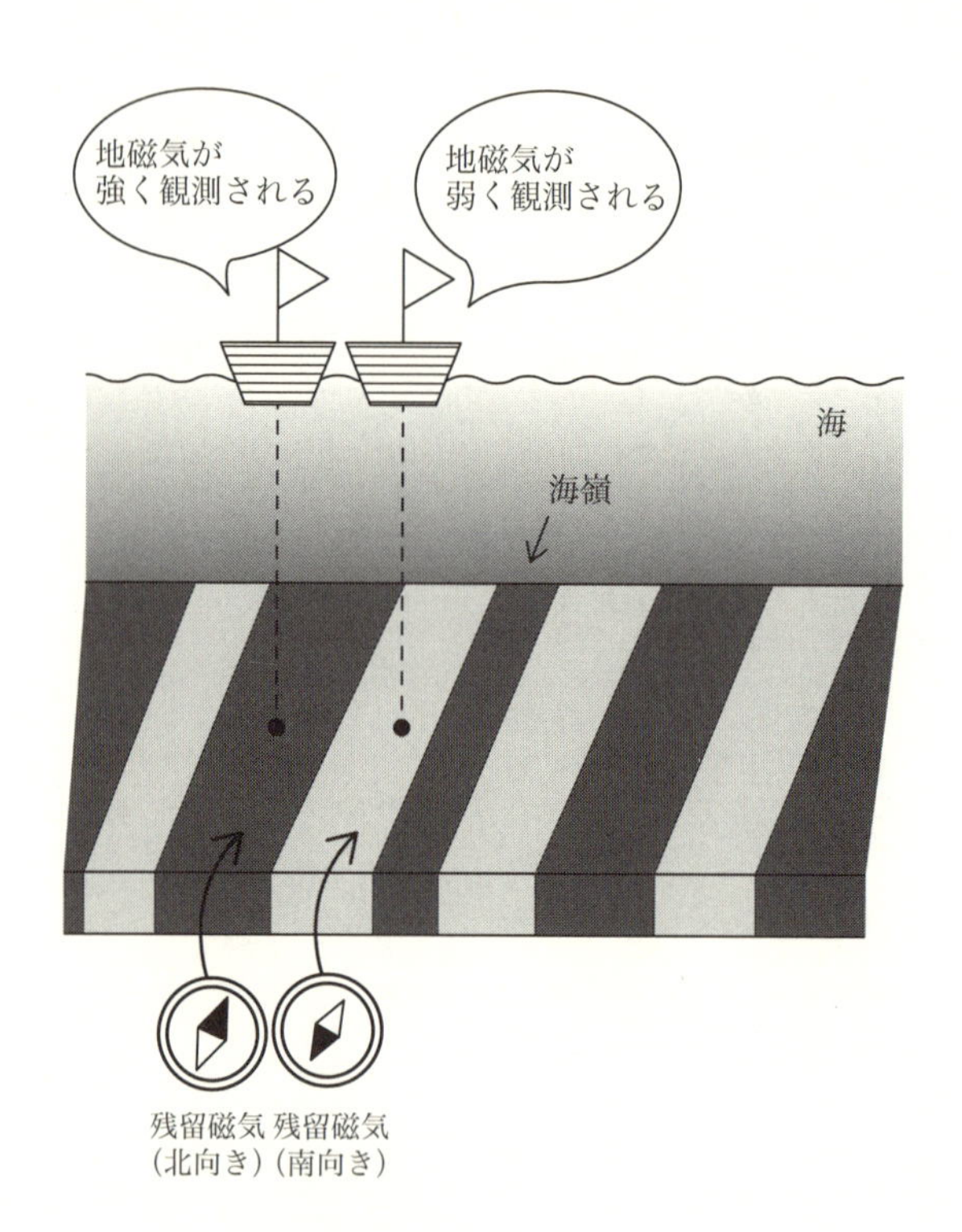

図1-5-2 **磁気異常の縞模様**

状に交互に並んでいることを**磁気異常の縞模様**（しまもよう）（縞状磁気異常）といいます。

磁気異常の縞模様は、海嶺で生産された海洋底が、海嶺から両側に拡大していることと、過去に地磁気がくり返し逆転したことを示しています。

プレートテクトニクスの発見

1967年にイギリスの地球物理学者ダン・マッケンジー（1942〜）とボブ・パーカー（1942〜）は、太平洋の海嶺や海溝などで地震が起こったときの岩板の動きを調べ、太平洋の岩板が1枚の板のように動いていることを指摘しました。

その後、地球の表面はいくつかのプレートに覆われ、動いていると考えられるようになりました。このようなプレートの動きによって、地震、火山、造山運動などの地学現象を統一的に説明する理論を**プレートテクトニクス**といいます。次節で詳しく説明しましょう。

1・6 プレートが覆う地球

リソスフェアとアセノスフェア

地表付近の硬くて変形しにくい岩石の層を**リソスフェア**（lithosphere）といいます。地球の表層では、岩石が冷却されて硬くなっているのです。リソスフェアはプレートとも呼ばれています。プレートの平均的な厚さは100㎞程度であり、地殻とマントルの最上部を含んでいます。

リソスフェアの下には、やわらかくて流動しやすい岩石の層があります。この部分を**アセノスフェア**（asthenosphere）といいます。アセノスフェアでは温度が高くなっているため、岩石がややわらかくなっているのです。

アセノスフェアの存在は、地震波速度を調べることによってわかります。リソスフェアの下の厚さ約150㎞の範囲では地震波速度が遅くなります。この部分は低速度層と呼ばれ、アセノスフェアに対応しています。

地球の内部はいくつかの異なる基準で分類されます。地球の内部を構成している物質の違いによって、地殻とマントルに分けることもありますが、岩石の硬さの違いによってリソスフェアとアセノスフェアに分けることもあるのです。

プレートの「拡大する境界」

地球の表面は、十数枚のプレートで覆われています。これらのプレートは、それぞれ異なる方向に異なる速さで移動していますので、3種類のプレート境界（拡大する境界、収束する境界、すれ違う境界）ができます。

海底の大山脈である海嶺では、プレートが生産され、両側へ拡大しています。海嶺では両側に引っ張る力がはたらいていますので、地下ではマントル物質が引き上げられるように上昇しています。

南太平洋の東部には東太平洋海嶺があり、ここで生産され、西向きに移動する太平洋プレートは、日本列島の近くまでやってきます。また、大西洋中央海嶺の上にあるアイスランドでは、両側へ引っ張る力がはたらくことによって、アイスランド語で**ギャオ**（Gjá）と呼ばれる大地の裂け目ができます。ギャオは、ユネスコの世界遺産に登録されているシンクヴェトリル国立公園でも見ることができます。

プレートの「収束する境界」

地球の表面は有限ですので、ある場所でプレートが離れるように動くと、別の場所では近づく、というようなことが起こります。海底には、海溝（かいこう）と呼ばれる水深約1万mの細長い谷があります。海溝では、海洋プレートが他のプレートに近づくように動き、その下に沈み込んでいます。一般には海洋プレートが大陸プレートの下に沈み込んでいますが、海洋プレートが他の海洋プレートの下に沈み込んでいる場所もあります。

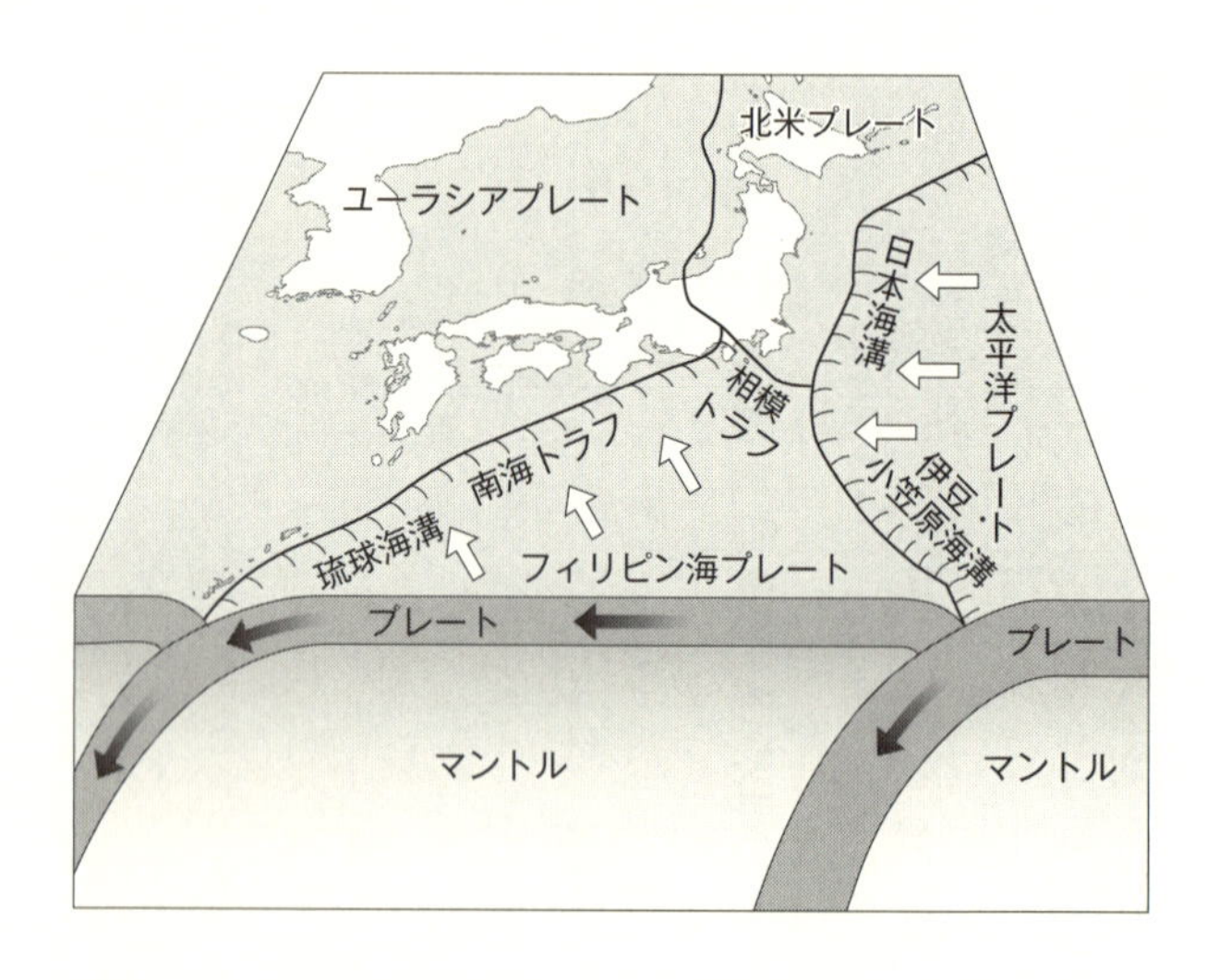

図1-6-1 **日本付近のプレートの分布**
海底の深い谷のうち、水深が6000mよりも深いものを海溝、6000mよりも浅いものをトラフという。

日本付近のプレートの分布

大陸プレートは、比較的密度の小さい岩石でできていますので、地球の深いところに沈み込むことはなく、古い岩石が陸上に残ることもあります。陸上の最古の岩石は約40億年前のものが見つかっています。

一方、海洋プレートは、比較的密度の大きい岩石でできていますので、海溝などから地球の深いところに沈み込んでいます。海底の最古の岩石は約2億年前のものであり、それよりも古い岩石は地球の内部に沈み込んでしまっているのです。

序章でも述べたように、日本付近には、北米プレート、ユーラシアプレート、太平洋プレート、フィリピン海プレートの4枚のプレートが分布しています（図1-6-1）。東日本では、太平洋プレートが、**日本海溝**や**千島海溝**などから北米プレートの下に沈み込んでいます。一方、西日本では、フィリピン海プレートが、**南海トラフ**や**駿河**（するが）**トラフ**から、ユーラシアプレートの下に沈み込んでいます。

トラフは、海溝ほど深くはありませんが、海溝と同じように海洋プレートが沈み込んでいる場所です。また、**伊豆**（いず）**・小笠原**（おがさわら）**海溝**では、太平洋プレートがフィリピン海プレートの下に沈み込んでいます。このように、日本列島は、プレートの収束する境界にあるのです。

造山帯

プレートの収束する境界では、大山脈が形成されることがあり、そのような場所を**造山帯**といいます。プレートの収束する境界のうち、海洋プレートが沈み込んでいる場所は、プレートの**沈み込み境界**（沈み込み帯）と呼ぶこともあります。日本列島と同じように、南アメリカの**チリ海溝**では海洋プレートが沈み込み、海溝と平行に**アンデス山脈**が形成されています。

一方、プレートの収束する境界には、大陸プレートどうしが近づいて衝突する場所もあります。このような場所をプレートの**衝突境界**（衝突帯）といいます。大陸プレートは密度が小さ

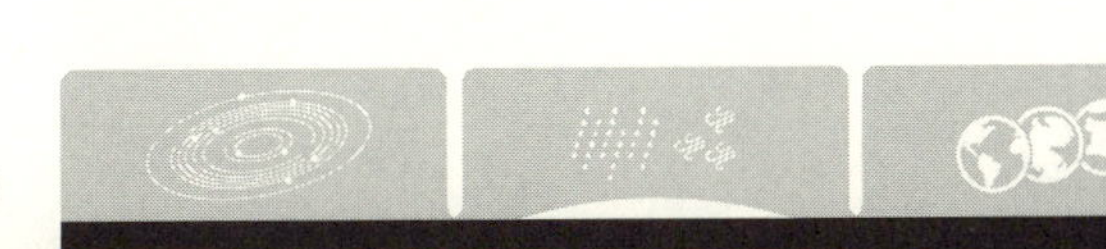

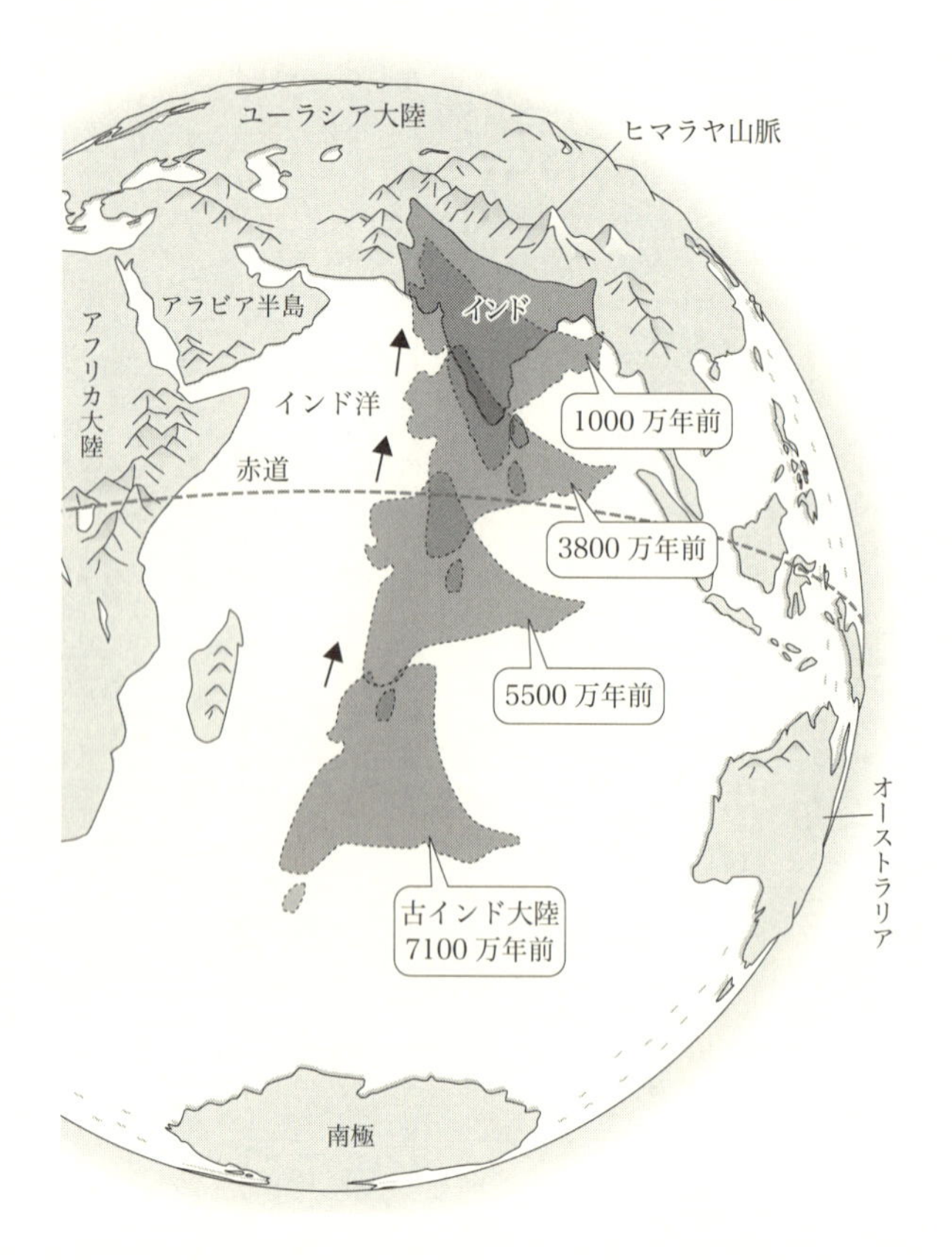

図1-6-2 古インド大陸の移動とヒマラヤ山脈の形成

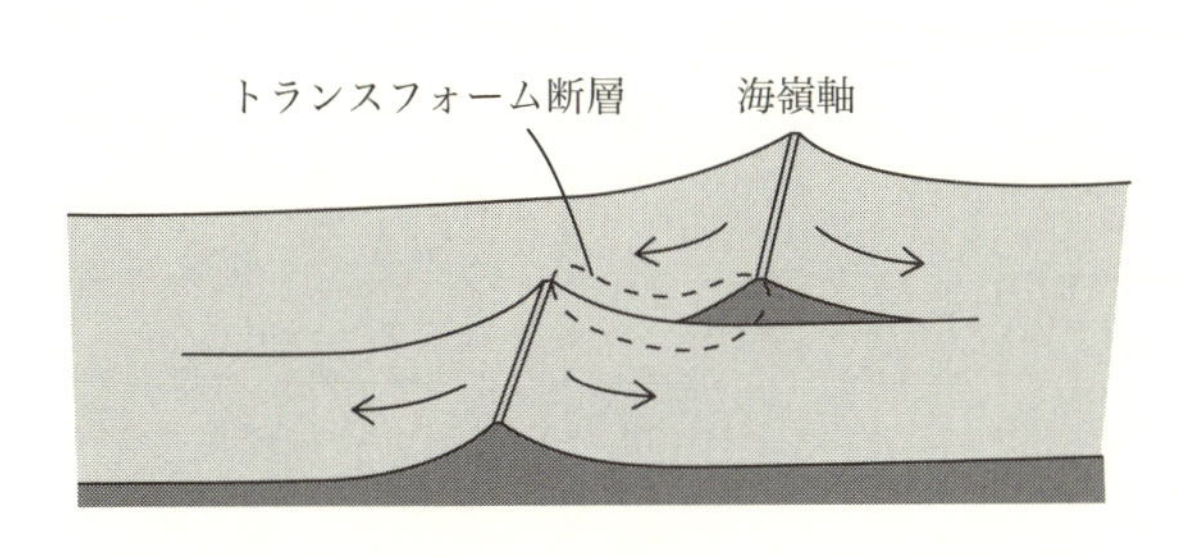

図1-6-3　**トランスフォーム断層**
海嶺ではプレートが生産され、両側へ拡大する。
矢印はプレートの移動を示す。

く、マントルへ沈み込むことができないため、衝突した大陸どうしが重なり合うようにして大山脈が形成されることがあります。

今から約4000万年前には、古インド大陸と古チベット大陸が衝突して**ヒマラヤ山脈**が形成され始めました。世界一高いヒマラヤ山脈のエベレストは、プレートの衝突によってできたのです（図1−6−2）。また、ヨーロッパの**アルプス山脈**もアフリカプレートとユーラシアプレートの衝突によって形成されました。

プレートの「すれ違う境界」

プレートが生産される海嶺では、海嶺軸が一直線に伸びるのではなく、ところどころで途切れ、海嶺軸にずれが生じています。海嶺軸の端には、海嶺軸と直角な方向に岩盤が割れていて、その場所を境にプレートがすれ違う動きをしています。このような場所を**トランスフォー**

ム断層といいます（図1-6-3）。

一般に、トランスフォーム断層は、海嶺付近に多く分布していますが、アメリカのカリフォルニア州にある**サンアンドレアス断層**は、陸上で見られるトランスフォーム断層です。サンアンドレアス断層では、北米プレートと太平洋プレートがすれ違っています。

プレートの動き

プレートの動きは、どのようにして調べるのでしょうか。地球上の2地点間の距離を求める方法のひとつに**VLBI（超長基線電波干渉法）**があります。これは、クェーサーという遠方にある天体からの電波を受信して、その到着時間の差から2地点間の距離を求める技術です（図1-6-4、4-10参照）。

VLBIによって、茨城県のつくばとハワイ諸島のカウアイ島の距離は、2000年から2010年までの10年間に約61cm短くなっていることがわかりました（式1-5）。このことから、カウアイ島とともに太平洋プレートが、日本のほうに年間約6・1cmの速さで動いたと考えられます。太平洋プレートは比較的動きの速いプレートですが、他のプレートも年間数cmの速さで動いています。

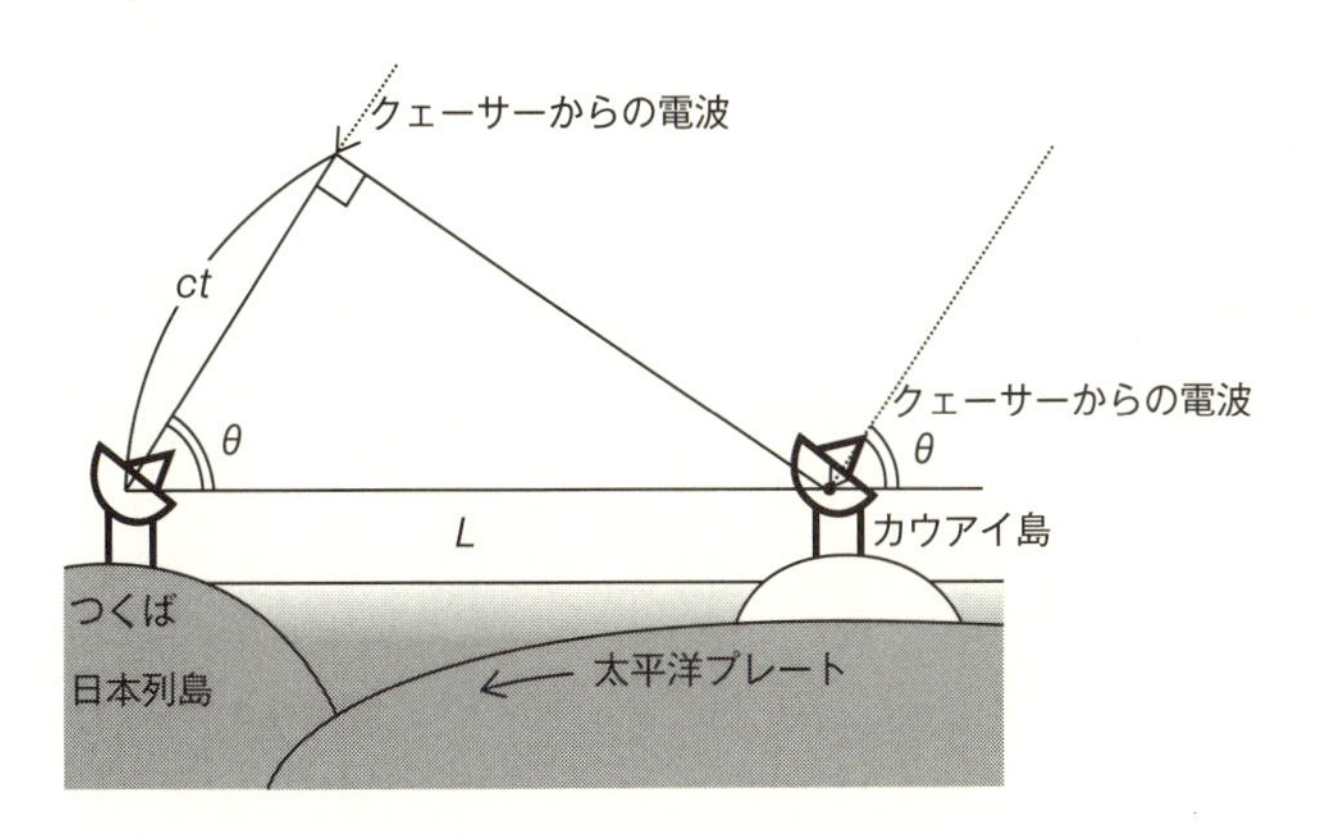

図1-6-4 VLBIの原理

つくばとカウアイ島の距離を L 、2地点を結ぶ方向とクェーサーからの電波がくる方向とのなす角を θ 、電波の速さを c 、電波の到着時間の差を t とすると、

$$L=\frac{ct}{\cos\theta}$$

式1-5 VLBIによる2地点間の距離の求め方

ホットスポット

ハワイ島の地下では、マントル深部から高温の物質が上昇し、アセノスフェア（上部マントル）でマグマが発生しています。そのため、ハワイのキラウエア火山では、活発な火山活動が続いています。このように、地下にマグマの供給源があり、火山活動が起こっている場所を**ホットス**

ポットといいます。

ハワイ島から西北西の方向には、カウアイ島、ネッカー島、ミッドウェー島などの火山島がほぼ一直線上に並んでいます。また、これらの火山島は、ハワイ島から遠ざかるほど火山島が形成された年代が古くなっています。カウアイ島は約510万年前、ネッカー島は約1030万年前、ミッドウェー島は約2770万年前に形成されました。

火山島がこのような特徴をもつのは、地下のマグマの供給源がほぼ固定されていて、その上を太平洋プレートが移動しているためと考えられます。火山島が西北西の方向に並び、火山島の形成年代が古いほどハワイ島から遠い位置にあるということから、太平洋プレートが西北西の方向に移動していることがわかります。

また、ハワイ島とミッドウェー島の距離は約2400kmありますので、平均すると太平洋プレートは約8.7cm/年の速さで移動したことになります（図1-6-5、式1-6）。ちなみに、これは人間の爪が伸びる速さとほぼ同じです。

太平洋などの海底には、ハワイ諸島のように火山島や海山の列が形成されているところがあります。これらの並びから、過去のプレートの移動方向や速さを推定することができるのです。

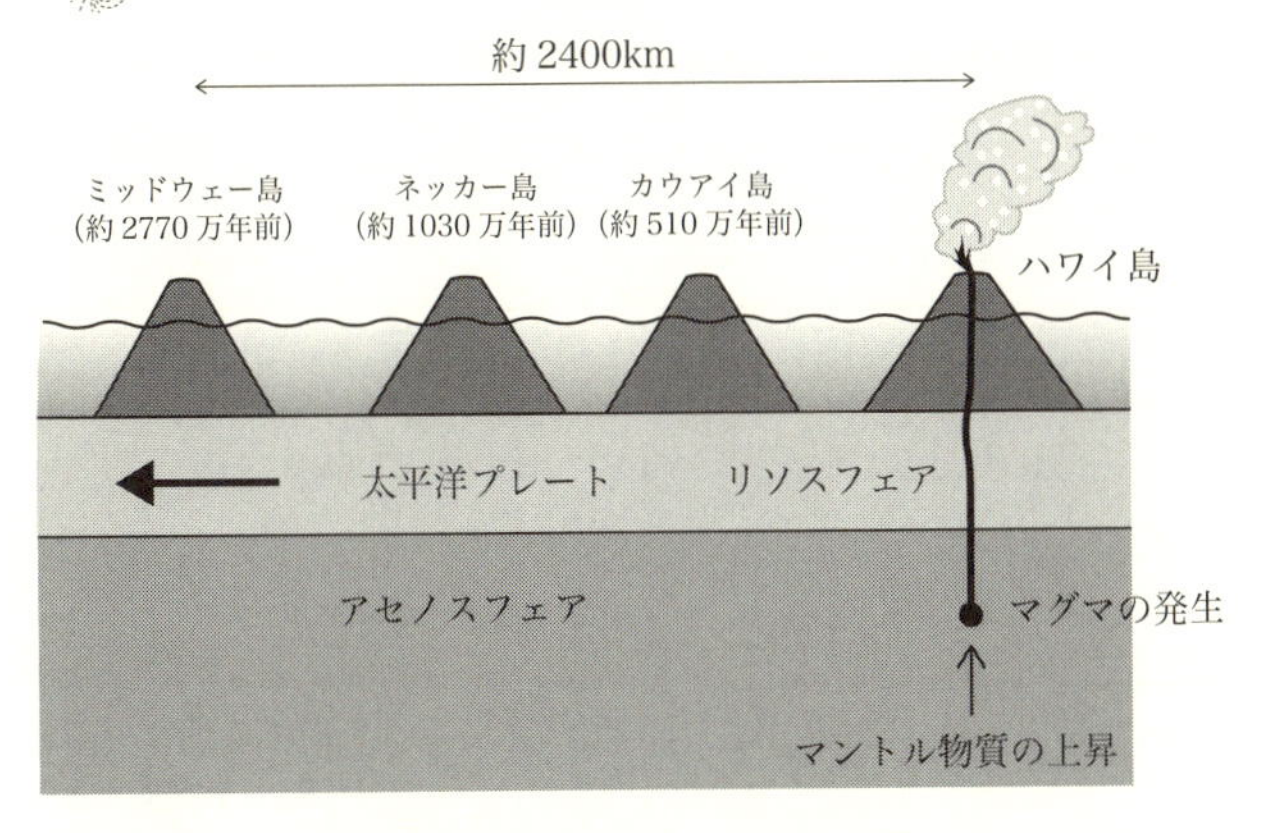

図 1-6-5　**ハワイ諸島と太平洋プレートの動き**

ミッドウェー島が形成されてから現在までの太平洋プレートの平均の速さは、

$$L = \frac{2400 \times 1000 \times 100}{2770 \times 10000} \fallingdotseq 8.7 \text{ cm/ 年}$$

(1km = 1000m、1m = 100cm)

式 1-6　**ミッドウェー島形成後の**
太平洋プレートの平均移動速度

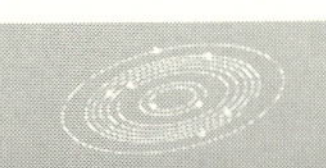

1・7 地震と断層

震度

ここからは、序章でも取り上げた地震のメカニズムについて、より詳しく解説していきます。地震が起こると、震源に近い場所では地面が揺れます。ある地点での地震動の強さを震度といい、日本では気象庁震度階級が用いられています。気象庁震度階級では、震度は0から7まであり、震度5と震度6には強と弱の区別があります(表1-2)。

日本ではかつて体感や視察などによって震度が決められていました。また、震度5と震度6には強と弱の区別はありませんでした。しかし、1995年の兵庫県南部地震では、震度5以上の被害の幅が広すぎるという問題があったため、1996年からは機械によって計測されるようになり、震度5と震度6は強と弱に区別されるようになったのです。

異常震域

震度階級	人の体感・行動
震度階級7	固定していない家具のほとんどが倒れる
震度階級6強	立っていることができず、はわないと動くことができない
震度階級6弱	立っていることが困難になる
震度階級5強	大半の人が行動に支障を感じる
震度階級5弱	大半の人が恐怖を覚え、物につかまりたいと感じる
震度階級4	歩いている人のほとんどが、揺れを感じる
震度階級3	屋内にいる人のほとんどが、揺れを感じる
震度階級2	屋内で静かにしている人の大半が、揺れを感じる
震度階級1	揺れをわずかに感じる人がいる
震度階級0	人は揺れを感じないが、地震計には記録される

表1-2　気象庁震度階級における人の体感と行動
（気象庁ホームページより作成）

一般に、震度は震央に近いところほど大きくなります。ところが日本海の深いところで発生した地震では、震央に近い日本海側の地域よりも、震央から遠い太平洋側の地域で震度が大きくなることがあります。震央に近い地域よりも震度が大きくなる地域を**異常震域**（いじょうしんいき）といいます（図1-7-1）。

地震波は、岩盤のやわらかいアセノスフェアでは減衰（げんすい）しやすく、沈み込んだ海洋プレートの内部では伝わりやすいという性質があります。日本列島では、太平洋側から日本海側へプレートが沈み込んでいます。日本海の深いところで発生した地震波は、沈み込んだプレートに沿って太平洋側へ伝わりやすいため、太平洋側の地域で震度が大きくなることがあるのです。

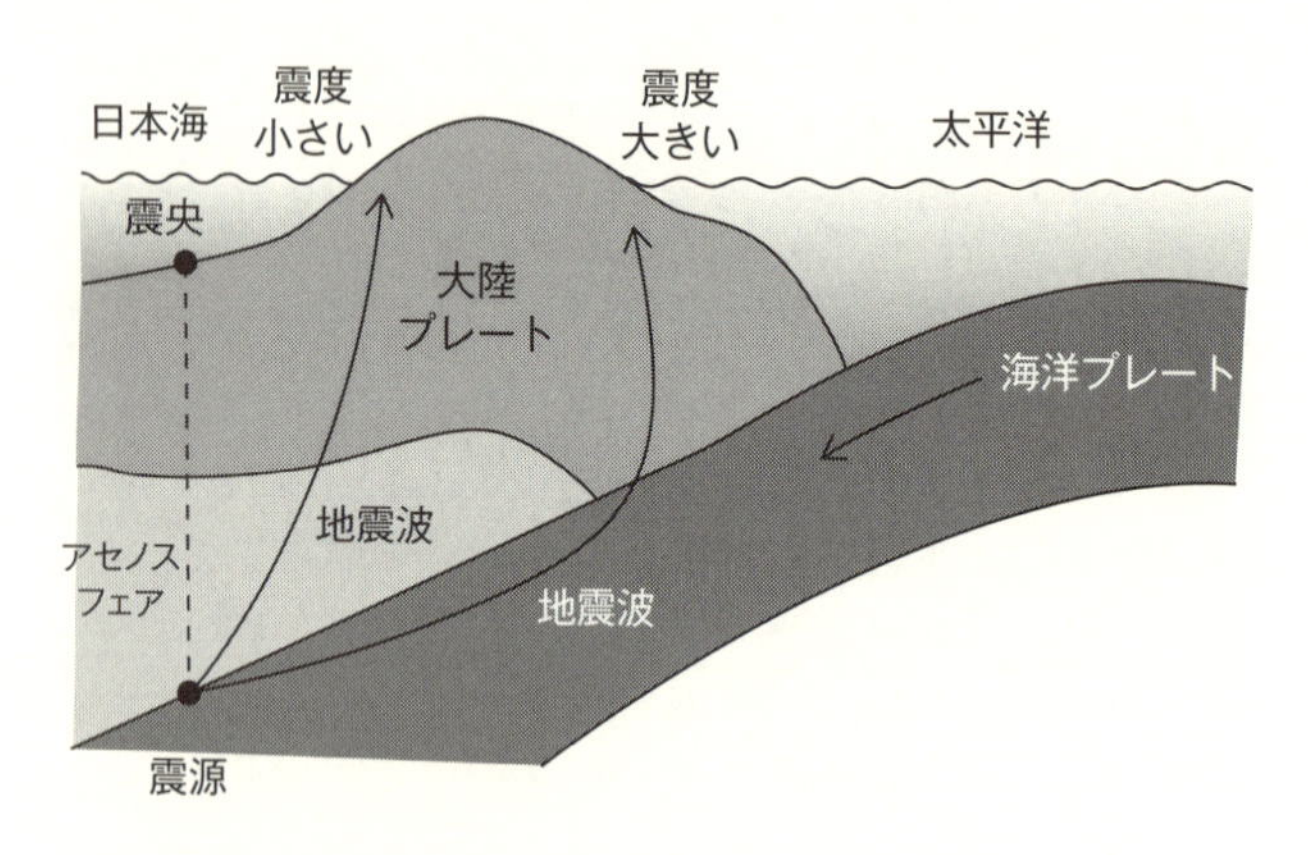

図1-7-1 **異常震域が現れるときの地震波の経路**
地震波はアセノスフェアの内部では減衰しやすいが、
沈み込んだ海洋プレートの内部ではあまり減衰せずに伝わる。

マグニチュード

序章でも述べた通り、地震の規模を表すマグニチュードは、地震で放出されるエネルギーの大きさを表しています。マグニチュードと地震のエネルギーには一定の関係があり、マグニチュードが2大きくなると、地震のエネルギーは約1000倍になります。たとえば、マグニチュード6・0の地震で放出されるエネルギーは、マグニチュード4・0の地震の1000回分に相当するということです。また、マグニチュードが1大きくなると、地震のエネルギーは約32倍になります（表1-3）。

断層の種類

地震によって地下の岩盤が破壊されたときに

は、岩盤が動いて断層ができます。断層は岩盤の動き方によって分類されることがあります。
岩盤の割れ目である断層面に対して、上にある岩盤を**上盤**、下にある岩盤を**下盤**といいます。断層面を境に、上盤が下盤に対してずり下がったものを**正断層**といい、上盤が下盤に対してずり上がったものを**逆断層**といいます（図1-7-2）。

正断層は岩盤に水平方向に引っ張る力がはたらいているときにできますが、逆断層は岩盤を水平方向に圧縮する力がはたらいているときにできます。プレートの拡大する境界である海嶺では、両側に引っ張る力がはたらいていますので、海嶺付近では正断層型の地震が多く発生します。一方、プレートの収束する境界である海溝では、両側から圧縮する力がはたらいていますので、海溝付近では逆断層型の地震が多く発生します。

断層面を境に、水平方向にずれたものを**横ずれ断層**といいます。特に、断層面の向こう側の岩盤が右に動いているものを「右横ずれ断層」、左に動いているものを「左横ずれ断層」といいます。

マグニチュード	エネルギー〔J〕
9.0	2.0×10^{18}
8.0	6.3×10^{16}
7.0	2.0×10^{15}
6.0	6.3×10^{13}
5.0	2.0×10^{12}
4.0	6.3×10^{10}

表1-3　**マグニチュードと地震のエネルギー**
（J：ジュール）

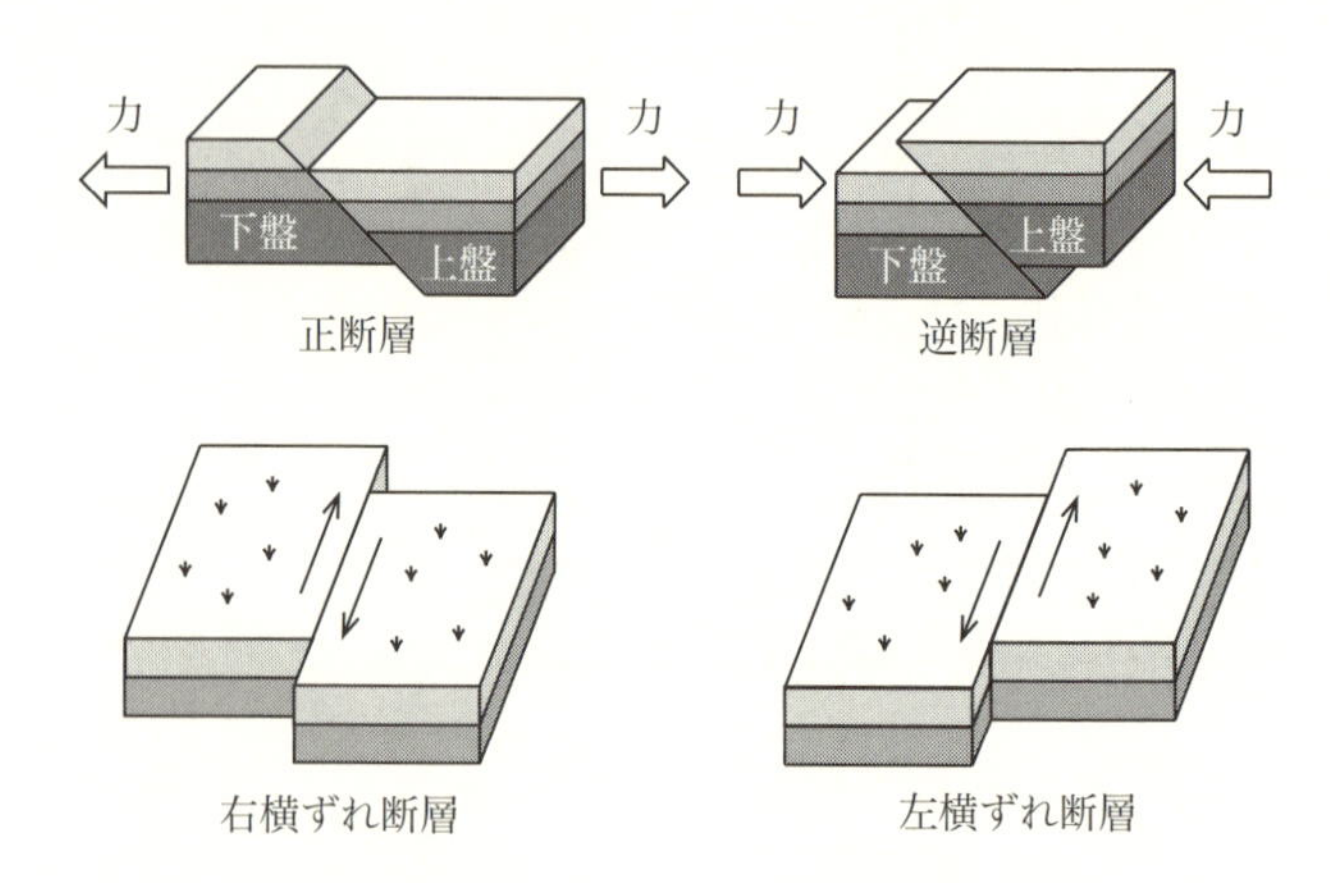

図1-7-2 断層の種類

断層面に対して、上側の岩盤を上盤、下側の岩盤を下盤という。
上盤が下盤に対して下がった断層を正断層、上盤が下盤に対して上がった断層を逆断層という。

震源までの距離

1-2で述べたように、地震が発生すると、震源ではP波とS波が同時に発生しますが、P波のほうが速く伝わるため、観測点にはP波が最初に到着し、その後にS波が到着します。P波が到着すると初期微動が始まり、S波が到着すると、より大規模な主要動が始まります。したがって、P波が到着してからS波が到着するまでの時間は初期微動が続くことになります。この時間を**初期微動継続時間**（しょきびどうけいぞくじかん）といいます。

震源の浅い地震では、観測点から震源までの距離（震源距離）は、初期微動継続時間に比例します。震源距離をD（km）、初期微動継続時間をT（秒）とすると、式1

-7のように表せます。この関係式を震源距離に関する**大森公式**（おおもりこうしき）といいます。

比例定数kは式1-8のように導出することができ、地面の硬さによっても変化します。仮にk＝7km／sとするとき、ある観測点で初期微動継続時間が5秒と観測されれば、その観測点から震源までの距離は約35kmと見積もることができます。

$$D = kT \quad (k\text{は比例定数})$$

式1-7　**大森公式**

地震波の初動

地震が起こったとき、観測点での最初の動きを**初動**（しょどう）といいます（図1-7-3）。観測点にはP波が最初に到着しますので、初動はP波によって引き起こされます。P波が到着したときに観測点における振動方向は、P波の進行方向と平行であるため、観測点の初動は、震源から押される動き（**押し波**）になるか震源のほうに引かれる動き（**引き波**）になるかのどちらかになります。

地震波による地表の揺れを測る**地震計**には、東西方向、南北方向、上下方向の3方向の振動を記録することができるものがあります。このような地震計で上下方向の初動を記録できれば、押し波か引き波かを知ることができます。震源は地下にありますので、観測点の初動が上向きであれば押し波であり、観測点の初動が下向きであれば引き波であると判断できます。

震源距離を D 、P波の速度を V_{P} とすると、P波が観測点に到着するまでの時間は D/V_{P} であり、S波の速度を V_{S} とすると、S波が観測点に到着するまでの時間は D/V_{S} である。初期微動継続時間 T は、P波が到着してからS波が到着するまでの時間の差であるから、

$$T = \frac{D}{V_{\mathrm{s}}} - \frac{D}{V_{\mathrm{p}}} = \frac{V_{\mathrm{p}} - V_{\mathrm{s}}}{V_{\mathrm{p}} \times V_{\mathrm{s}}} \times D$$

したがって、

$$D = \frac{V_{\mathrm{p}} \times V_{\mathrm{s}}}{V_{\mathrm{p}} - V_{\mathrm{s}}} \times T$$

これが大森公式である。すなわち、比例定数 k は

$$k = \frac{V_{\mathrm{p}} \times V_{\mathrm{s}}}{V_{\mathrm{p}} - V_{\mathrm{s}}}$$

式 1-8 **大森公式の導出**

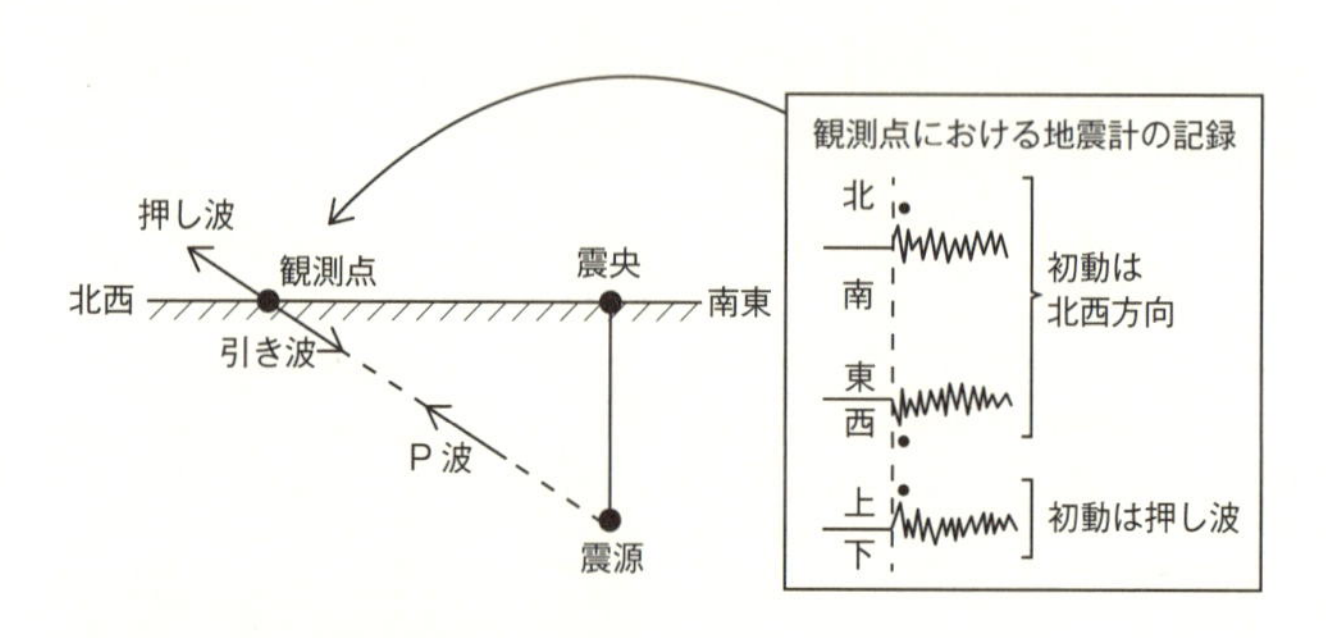

図 1-7-3 **地震の初動と地震計の記録**

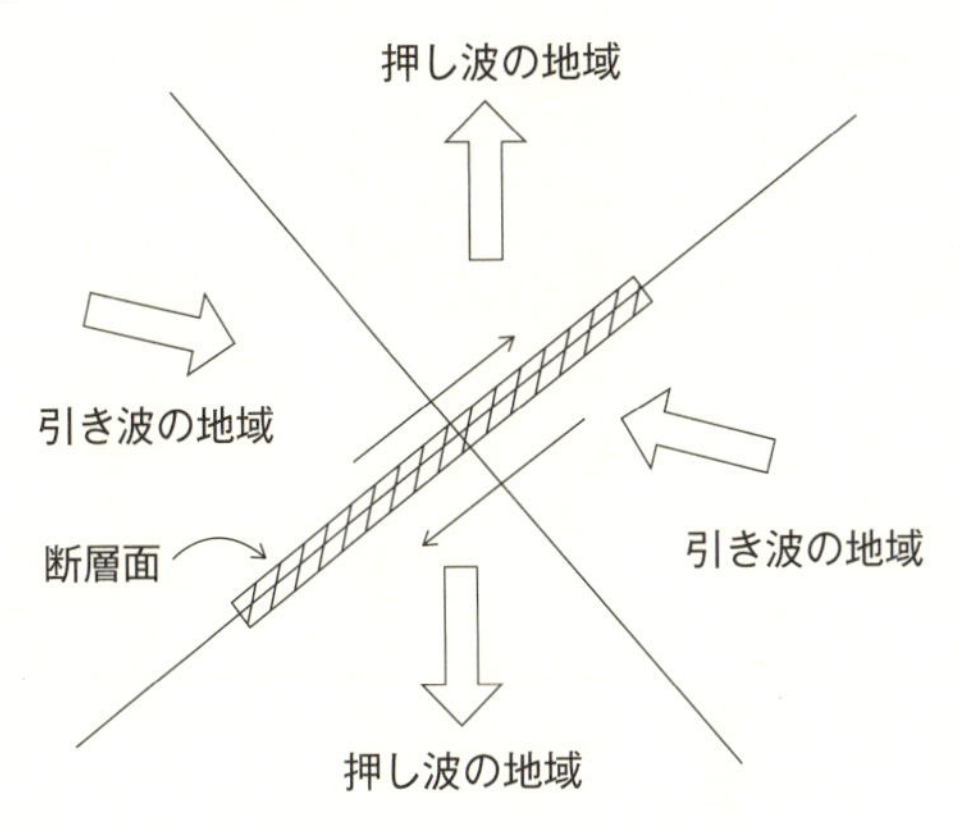

図1-7-4　**初動分布と断層運動**
初動が押し波の地域と引き波の地域は直交する2つの平面で分けられ、その平面のどちらかが断層面となっている。

さらに、東西方向と南北方向の初動を記録できれば、観測点と震央の位置関係を推定できます。初動が押し波のときには初動の方向と反対方向に震央があり、初動が引き波のときには初動の方向に震央があります。

たとえば、初動が押し波で北西方向であれば、観測点から南東の方向に震央があると考えられます。

初動分布と断層運動

ある地震の初動を各地の観測点で記録すると、初動が押し波である地域と引き波である地域が、直交する2平面で区分されるように分布します（図1-7-4）。この2平面のうちのどちらかが、その地震を発生させた断層面になっています。

連続して発生する地震のうち、最も大きな地震を**本震**（ほんしん）といい、本震の後に起こる地震を**余震**（よしん）といいます。余震は断層面付近で起こることが多いため、余震が発生した範囲から、断層面の位置を推定することができます。

1・8 地震はどこで起きるか

地震の分布

海嶺や海溝のようなプレートの境界では、岩盤にひずみが蓄積しやすいため、地震が多く発生します。特に、震源の深さが100㎞よりも浅い地震は、拡大する境界、収束する境界、すれ違う境界のいずれのプレート境界でも発生しています。

一方、震源の深さが100㎞よりも深い地震は、プレートの沈み込み境界で発生しています。日本列島もプレートの沈み込み境界にあるため、震源の浅い地震だけでなく深い地震も発生しています。震源の深い地震は、海溝から沈み込んだプレートに沿って発生しています。こ

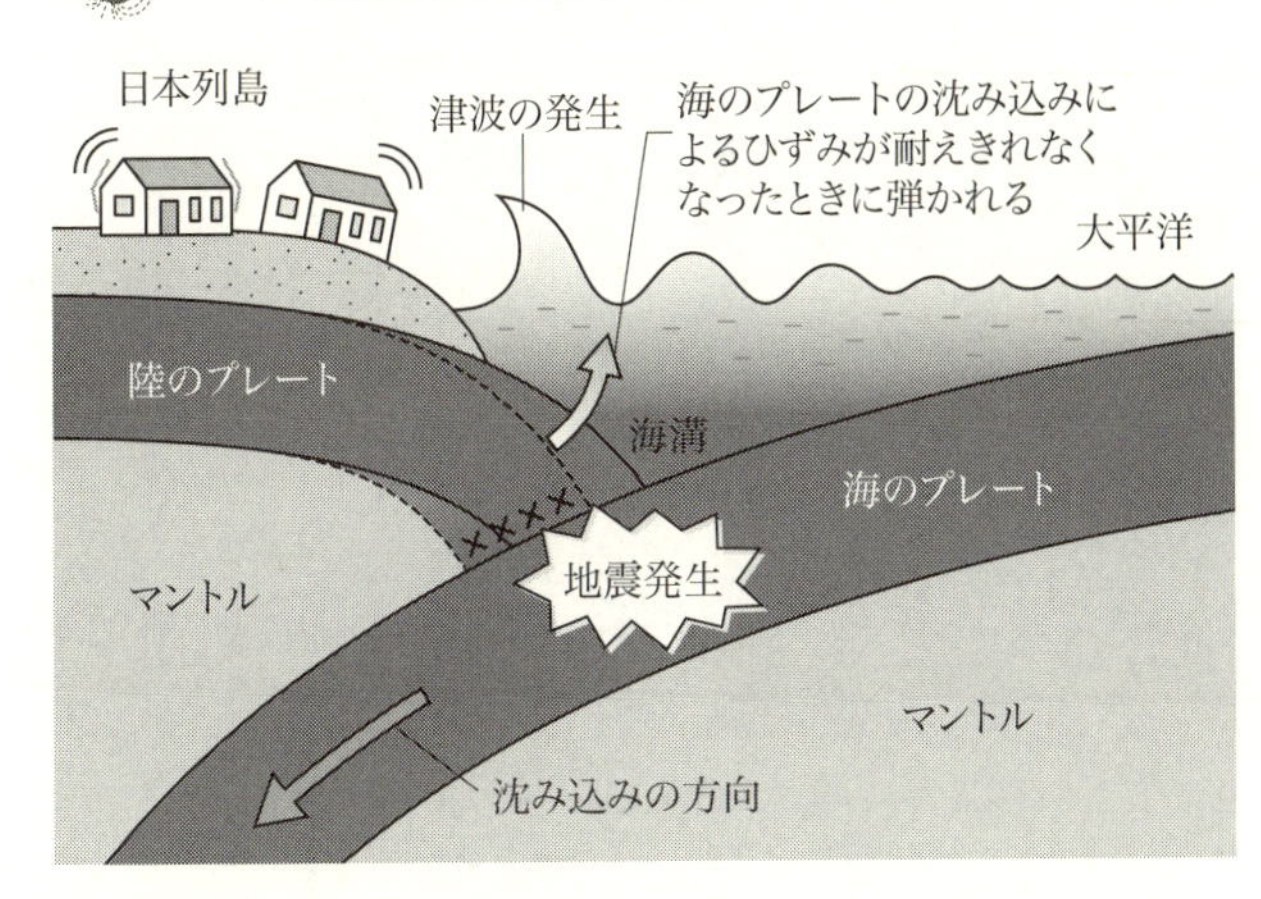

図1-8-1　プレート境界地震の発生

のような震源の深い地震の多発帯は、地震学者の和達清夫（わだちきよお）（1902〜1995）によって発見され、**和達－ベニオフ帯**（深発地震面）と呼ばれています。

プレート境界地震

プレートの沈み込み境界（海溝など）では、海洋プレートの沈み込みによって、大陸プレートの先端が引きずり込まれてひずみが蓄積します。このひずみが限界に達したときに、プレートの境界で破壊が起こり、巨大地震が発生します（図1-8-1）。

このようなプレートの沈み込み境界で発生する地震を**プレート境界地震**といいます。序章で述べた「海溝型地震」の別名と思ってもらえればいいでしょう。たとえば、1946年に南海トラフで発生した南海地震、2004年にジャワ海溝で発生したスマトラ島沖地震、2011年に日本海溝で発生した東北地方太平洋沖地震（東日本大震災）などがあります。

大陸プレートと海洋プレートの境界では、通常時に強く固着している部分とゆっくりすべっている部分があります。強く固着している部分は**アスペリティ**（asperity）と呼ばれ、巨大地震が発生するときに大きく動くと考えられています。

海溝沿いのプレート境界地震はマグニチュードの大きい地震となることもあり、過去にくり返し大きな災害を引き起こしてきました。アスペリティについては不明なことも多くありますが、その研究によって地震災害が少しでも軽減されることが期待されています。

大陸プレート内地震

海溝沿いのプレート境界地震は、日本列島の太平洋側の海岸線から100～200㎞離れた場所で発生しますが、私たちの足元の地下10㎞程度のところで地震が発生することもあります。大陸地殻の浅いところで発生するこのような地震を**大陸プレート内地震**（内陸地殻内地震）といいます。序章で述べた内陸地震、直下型地震がこれに当たります。たとえば、1995年の兵庫県南部地震、2004年の新潟県中越地震、2008年の岩手・宮城内陸地震、2016年の熊本地震などがあります。

日本列島はプレートの収束する境界にあるため、海洋プレートが近づくことによって圧縮する力がはたらいています。その力によって岩盤が破壊され、地震が発生します。

特に、大陸プレート内地震は、過去に動いた断層が再び動いて起こることがよくあります。過去数十万年以内にくり返し活動し、今後も活動する可能性の高い断層を活断層と呼ぶのです。

また、大陸プレート内地震は震源が浅いため、断層が地表に現れることもあります。このような断層を**地表地震断層**といいます。

海洋プレート内地震

海溝から日本列島の下に沈み込んだ海洋プレートの内部で発生する震源の深い地震を**海洋プレート内地震**（スラブ内地震）といいます。１９９３年の釧路沖地震は、沈み込んだ太平洋プレートの内部で発生しました。

また、ほぼ水平方向に移動してきた海洋プレートが海溝から沈み込むためには、プレートが大きく曲がる必要があります。海溝の沖側でプレートが大きく曲がるとき、プレートの上側には引っ張る力、下側には圧縮する力がはたらくため、地震が発生することがあります。このような地震を**アウターライズ地震**（outer-rise earthquake）といいます。２００７年の千島列島沖地震は、正断層型のアウターライズ地震です。

地震災害

地震が発生すると、建物の倒壊や崖崩れ（がけくずれ）など、地震動による直接的な被害が出ることもありますが、火災、停電、断水などの二次的な被害が発生することもあります。このような被害を最小限に抑えるために、非常食や電源を確保しておくなどの対策も重要ですが、自然災害がどのような場所でどのようにして起こるのかを理解することも重要です。

水を含んだ砂の地盤（埋め立て地や河川沿いの地域）では、地震動によって地盤を構成する砂の粒子の結合が弱まり、水とともに地盤全体が液体のようにふるまうことがあります。この現象を**液状化現象**（えきじょうかげんしょう）といいます。

液状化が起こると、地下の水は砂とともに上昇して噴出することがあります。また、水が流出して地盤が沈下し、建物が傾いたり、マンホールが浮き上がったりすることもあります。

津　波

海溝沿いのプレート境界地震では、引きずり込まれていた大陸プレートの先端部が、巨大地震発生時に大きく隆起します。すなわち、海底が急激に隆起するため、その上の海水全体が動

重力加速度を g 、水深を h とすると、津波の速さ v は、

$$v=\sqrt{gh} \quad (g=9.8\mathrm{m/s^2})$$

水深 4000m の海では、津波の速さは、

$$\sqrt{9.8 \times 4000} \fallingdotseq \sqrt{40000}=200\mathrm{m/s}$$

式1-9 **津波の速度**

いて巨大な波が発生します。これが津波(つなみ)のメカニズムです。

津波の速度は水深の浅いところほど遅くなります。水深4000mの海では約200m／s（時速720㎞）ですが、水深40mの海では約20m／s（時速72㎞）になります（式1－9）。

日本の沿岸で発生した津波は、早いときには地震発生の約1分後に海岸に到達することがあります。また、1960年と2010年に発生したチリ地震では、地震発生の約22時間後に、津波が日本の三陸海岸で観測されています。

津波は陸に近づくほど波高が高くなり、特に湾の奥では数十mの高さになることもあります。津波から避難するための時間や場所には限りがありますので、前もって避難場所などを決めておくことも重要になります。

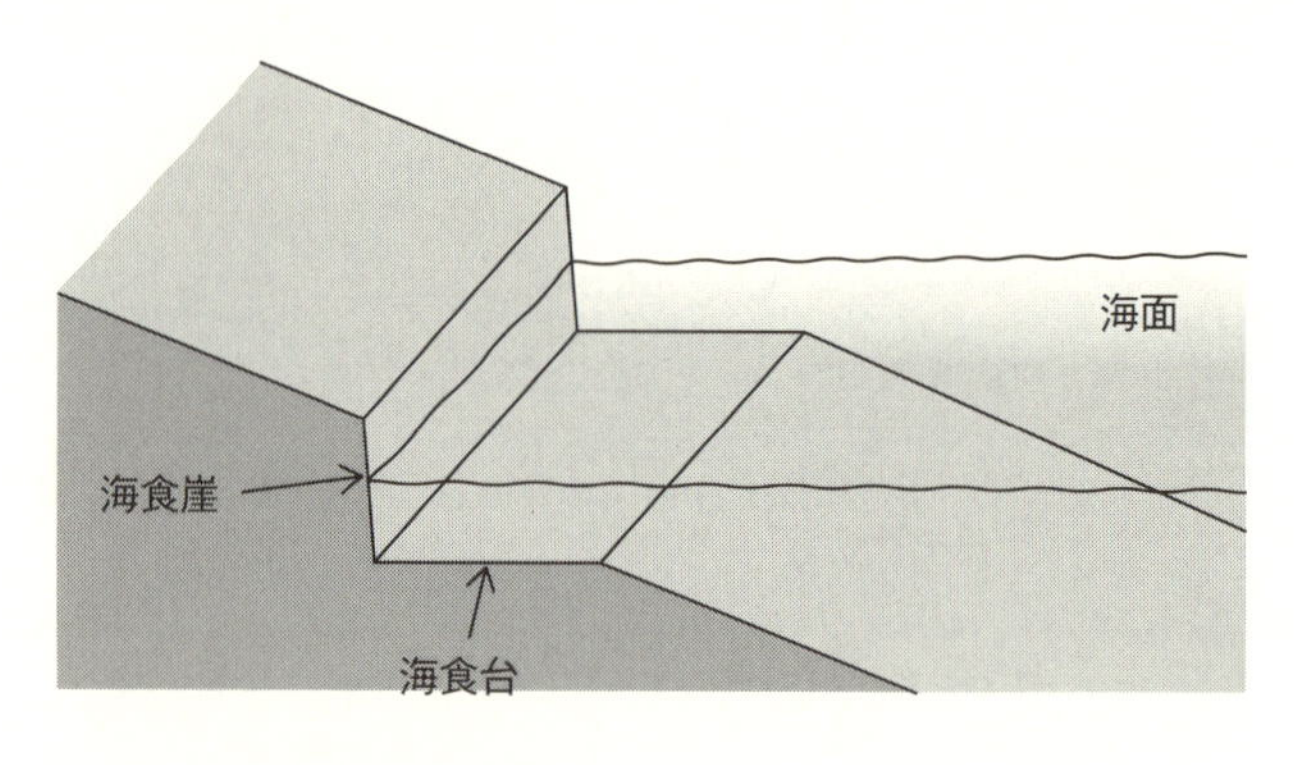

図1-8-2 **海食崖と海食台**
海食台が隆起すると平坦な段丘面となる。

地殻変動

日本では地震が多く発生し、激しい**地殻変動**（ちかくへんどう）が起こっています。規模の大きいプレート境界地震では、大陸プレートの先端部が大きく上昇するため、日本列島の太平洋側の地域では、土地が大きく隆起することがあります。

海岸付近では、波による侵食によって、**海食崖**（かいしょくがい）と呼ばれる急な崖や**海食台**（かいしょくだい）と呼ばれる平坦な地形ができることがあります（図1-8-2）。このような地形が巨大地震に伴って隆起すると、陸上に階段状の地形ができます。これを**海岸段丘**（かいがんだんきゅう）といいます。千葉県の房総（ぼうそう）半島や高知県の室戸岬では、巨大地震のときに隆起してできた海岸段丘を見ることができます。

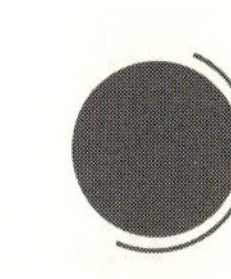

1・9 火山のはたらき

火山噴火のしくみ

続いては、日本列島を形づくる重要なメンバーである火山です。その活動や特性、分布から付随して生み出される形成物まで、詳しく解説していきましょう。

地下の岩石が融けたものを**マグマ**といいます。地下の深いところで発生したマグマは、周囲の岩石よりも密度が小さいため、地下数kmまで上昇し、マグマだまりを形成します。

このマグマが地表に放出されることを**マグマ噴火**といいます。桜島（鹿児島県）、浅間山（群馬県と長野県の境）、西之島（小笠原諸島）など、日本の多くの火山では、爆発音を伴うようなマグマ噴火が起こることがあります（図1-9-1）。

一方、マグマが放出されない噴火もあります。火山の地下に水があると、上昇してきたマグマに加熱されて、地下水が水蒸気になることがあります。このとき、水蒸気が急激に膨張しますので、山体を吹き飛ばすような爆発が起こるのです。これを**水蒸気爆発**（もしくは水蒸気噴

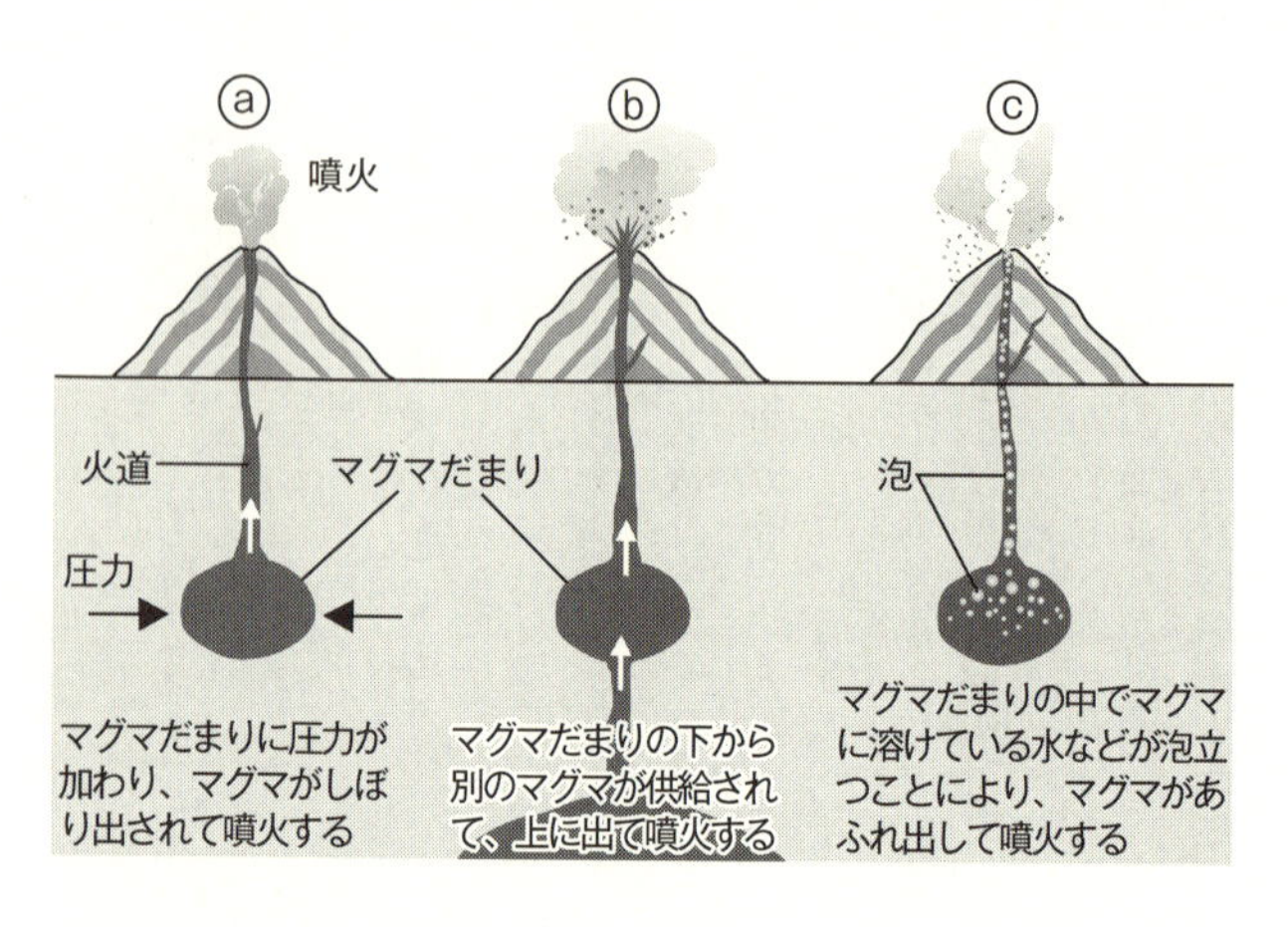
ⓐ
噴火
火道
マグマだまり
圧力
マグマだまりに圧力が
加わり、マグマがしぼ
り出されて噴火する
ⓑ
マグマだまりの下から
別のマグマが供給され
て、上に出て噴火する
ⓒ
泡
マグマだまりの中でマグマ
に溶けている水などが泡立
つことにより、マグマがあ
ふれ出して噴火する

図1-9-1 噴火のしくみ

火）といいます。1888年の磐梯山（福島県）や2014年の御嶽山（長野県と岐阜県の境）では、水蒸気爆発が起こりました（図1-9-2）。このように、噴火による形成と破壊をくり返しながら、火山はできあがっていくのです。

過去1万年以内に噴火したことがある火山および現在活発な噴気活動のある火山を活火山といいます。世界には約1500の活火山があり、そのうち日本には111の活火山がありま す。日本は、世界の中でも特に火山活動が活発な場所にあるのです。

多種多様な火山噴出物

火山が噴火すると、地表にはさまざまなものが放出されます。これを**火山噴出物**といいま

噴火のタイプと代表的な例

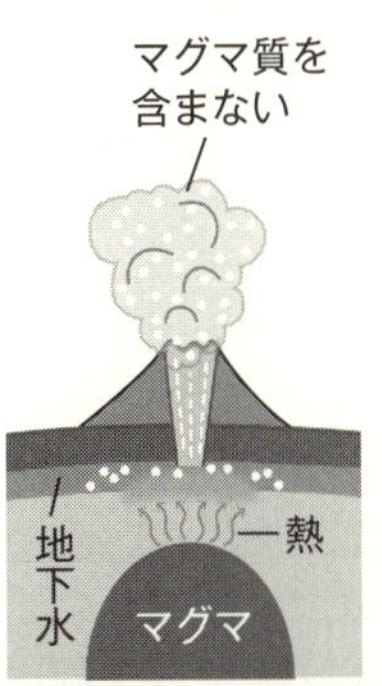

水蒸気噴火	
2014年	**御嶽山** 長野・岐阜両県
2021年	**阿蘇山** 熊本県

マグマ水蒸気噴火	
2015、16年	**阿蘇山** 熊本県
2015年	**口永良部島** 鹿児島県

マグマ噴火	
1991年	**雲仙・普賢岳** 長崎県
2011年	**新燃岳** 宮崎・鹿児島両県

図1-9-2 **噴火の種類**

す。火山噴出物は、**溶岩**（ようがん）、**火山ガス**、**火山砕屑物**（かざんさいせつぶつ）（火砕物）に分けられます。

溶岩はマグマが地表に噴出したものであり、固まっていない状態のものや冷え固まった状態のものがあります。特に、山腹を流れ下っているものは**溶岩流**といいます。また、水中に押し出されるように噴出した溶岩は**枕状溶岩**（まくらじょうようがん）となります（図1－9－3左下部）。

火山ガスは、火口や噴気孔（ふんきこう）から放出された気体です。火山ガスの大部分は水蒸気であ

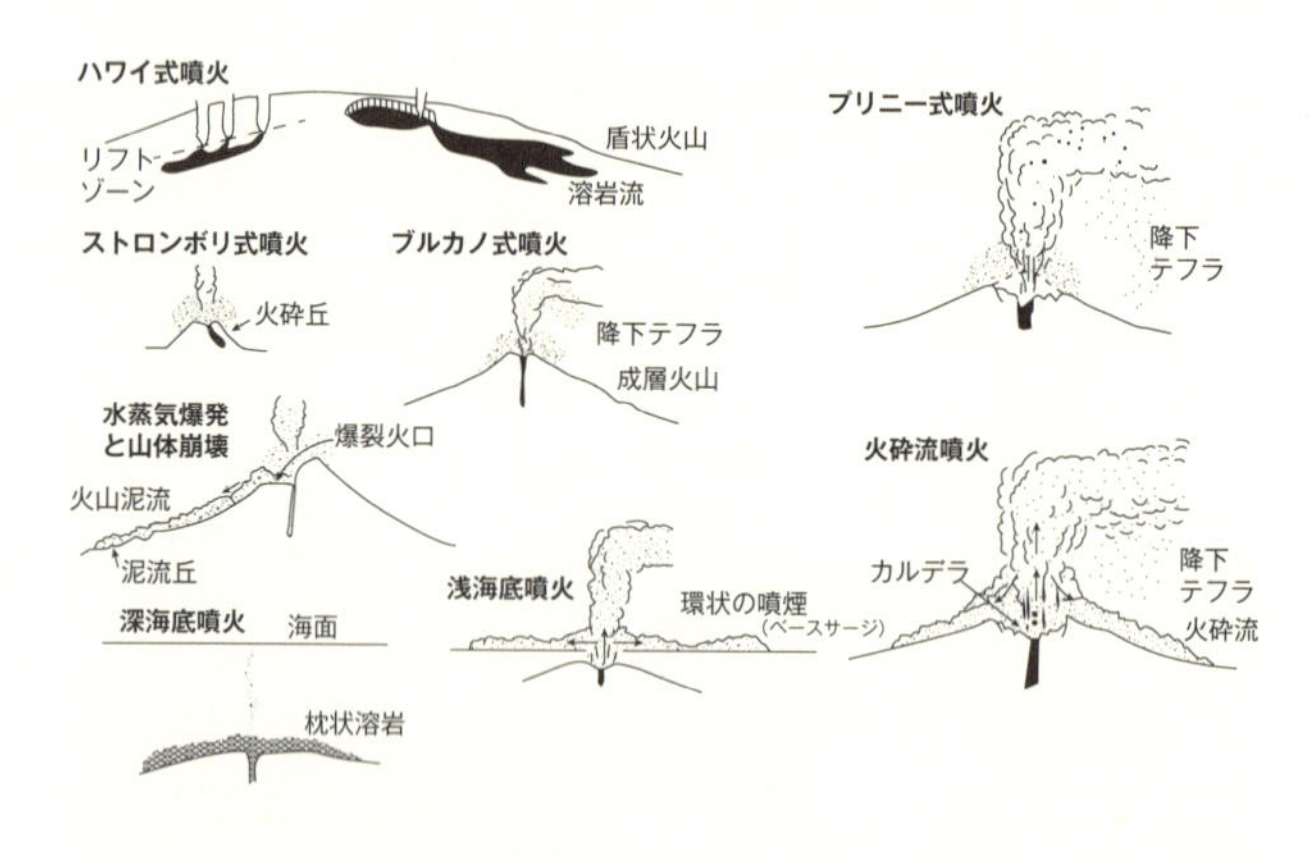

図1-9-3　マグマ噴火の様式

り、二酸化炭素や二酸化硫黄なども含まれています。有毒な硫化水素も少量含まれていますので、火山周辺の観光地などでは注意が必要です。

火山砕屑物（火砕物）は、マグマや山体の一部が飛散したものであり、**火山灰**、**火山礫**、**火山岩塊**、**火山弾**、**軽石**などがあります。このうち、大きさによって区分されたものが、火山灰、火山

火山岩塊	直径 64mm 以上
火山礫	直径 2 ~ 64mm
火山灰	直径 2mm 以下

表1-4　火山噴出物の大きさによる分類

礫、火山岩塊です（表1－4）。火山灰は直径が２㎜以下のものになります。

火山弾は爆発的な噴火によって放出された岩石であり、パン皮状や紡錘状（ぼうすいじょう）などの特徴的な形をもっています。また、表面にたくさんの穴がある白っぽい岩石を軽石、黒っぽい岩石を**スコリア**といいます。軽石やスコリアに見られるたくさんの穴は、マグマが冷え固まるときに水蒸気が抜け出してできたものです。

火山災害

温泉や地熱発電など、私たちは火山から多くの恩恵を受けていますが、火山活動は大きな災害をもたらすこともあります。上空の火山灰によって航空機のエンジンが故障することもあれば、落下した火山灰によって農作物が被害を受けることもあります。

また、火山の爆発的な噴火によって、**火砕流**（かさいりゅう）が発生することがあります。火砕流とは、高温の火山ガスが火山灰や軽石などの火山砕屑物とともに高速で山腹を流れ下る現象です。

火砕流の速度は時速１００㎞以上となることもありますので、走って逃げることはできません。１９９１年の雲仙普賢岳（うんぜんふげんだけ）の噴火では、爆発的な噴火によって山体の一部が破壊されて火砕流が発生し、２０１４年の御嶽山（おんたけさん）では、噴煙柱（ふんえんちゅう）が落下することによって火砕流が発生しました。火砕流は過去に日本の火山で何度も発生し、多くの死者を出してきた危険な現象であることを忘れてはいけません。

このような火山災害の対策として、被害の範囲を予測したハザードマップ（災害予測図）が作成されています。火山のハザードマップでは、火砕流の到達範囲、降灰の範囲、土石流や火山泥流などの二次災害の範囲などが示されているものがあります。

火山災害だけでなく、洪水や土砂災害などのハザードマップも地域ごとに作成されています。災害が起こる前にハザードマップに目を通して、避難場所や避難ルートなどを検討しておくことも重要になります。

マグマの性質と火山の形

マグマが地表に噴出し、冷え固まった溶岩によって、火山が形成されることがあります。火山には、昭和新山のような**溶岩円頂丘**（溶岩ドーム）、富士山や浅間山のような**成層火山**、ハワイのマウナロアのような**盾状火山**など、さまざまな形があります（図1-9-4）。

火山の形は、主にマグマの粘性（粘り気）によって決まります。用語については後述しますが、盾状火山のような傾斜の緩やかな火山は、マグマの粘性が小さい**玄武岩質マグマ**によってできます。盾状火山は噴火をくり返し、大規模な火山となることもあります。一方、溶岩ドームのような傾斜が急な火山は、粘性の大きい**デイサイト質**や**流紋岩質**のマグマによってでき

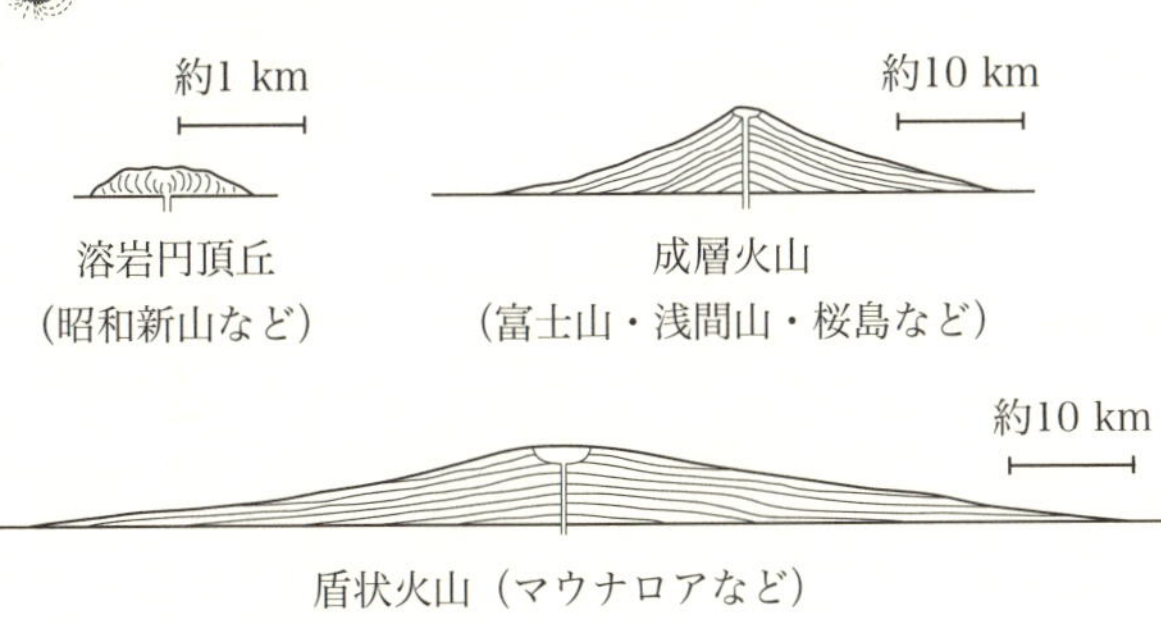

図1-9-4 **火山の形**

ます。

成層火山は**安山岩**(あんざんがん)**質マグマ**の活動によって形成されることが多いですが、玄武岩質やデイサイト質のマグマの活動によってもできることがあります。浅間山や桜島は主に安山岩でできていますが、富士山は主に玄武岩でできています。また、噴火が起こると、火口から溶岩が流れ、火山砕屑物（火山灰など）が放出されますので、成層火山は溶岩と火山砕屑物がくり返し積み重なってできています。

火山の形を決めるマグマの粘性(ねんせい)は、マグマの温度とマグマに含まれる二酸化ケイ素（SiO_2）の量によって変化します。温度が高く、SiO_2の少ない玄武岩質マグマは粘性が小さくなります。一方、温度が低く、SiO_2の多い流紋岩質マグマは粘性が大きくなります。

粘性の大きいマグマは、マグマから気泡が抜けにくいため、爆発的な噴火を起こしやすい性質があります。爆発的な噴火が起こると、地下の大量のマグマが噴出することによってマグマだまりに空洞ができ、その上の山体が陥没して、**カルデラ**という凹地を形成することがあります。

火山の分布

地球上に分布する火山は、どこにでも一様に分布しているのではなく、プレートの拡大する境界や沈み込み境界に集まっています。プレートの拡大する境界である海嶺では、マントル物質が上昇し、玄武岩質マグマが発生しています。大西洋中央海嶺の上にあるアイスランドにも多くの火山が分布しています。

一方、プレートの沈み込み境界にある日本列島にも多くの火山が分布しています。日本の火山は、海溝から大陸側に約100～300㎞はなれた場所に分布しています。火山が分布している地域の海溝側の境界線を**火山前線**（ぜんせん）（火山フロント）といいます（図1-9-5）。すなわち、火山は、火山前線よりも大陸側に分布し、火山前線と海溝のあいだには火山が存在しないことになります。

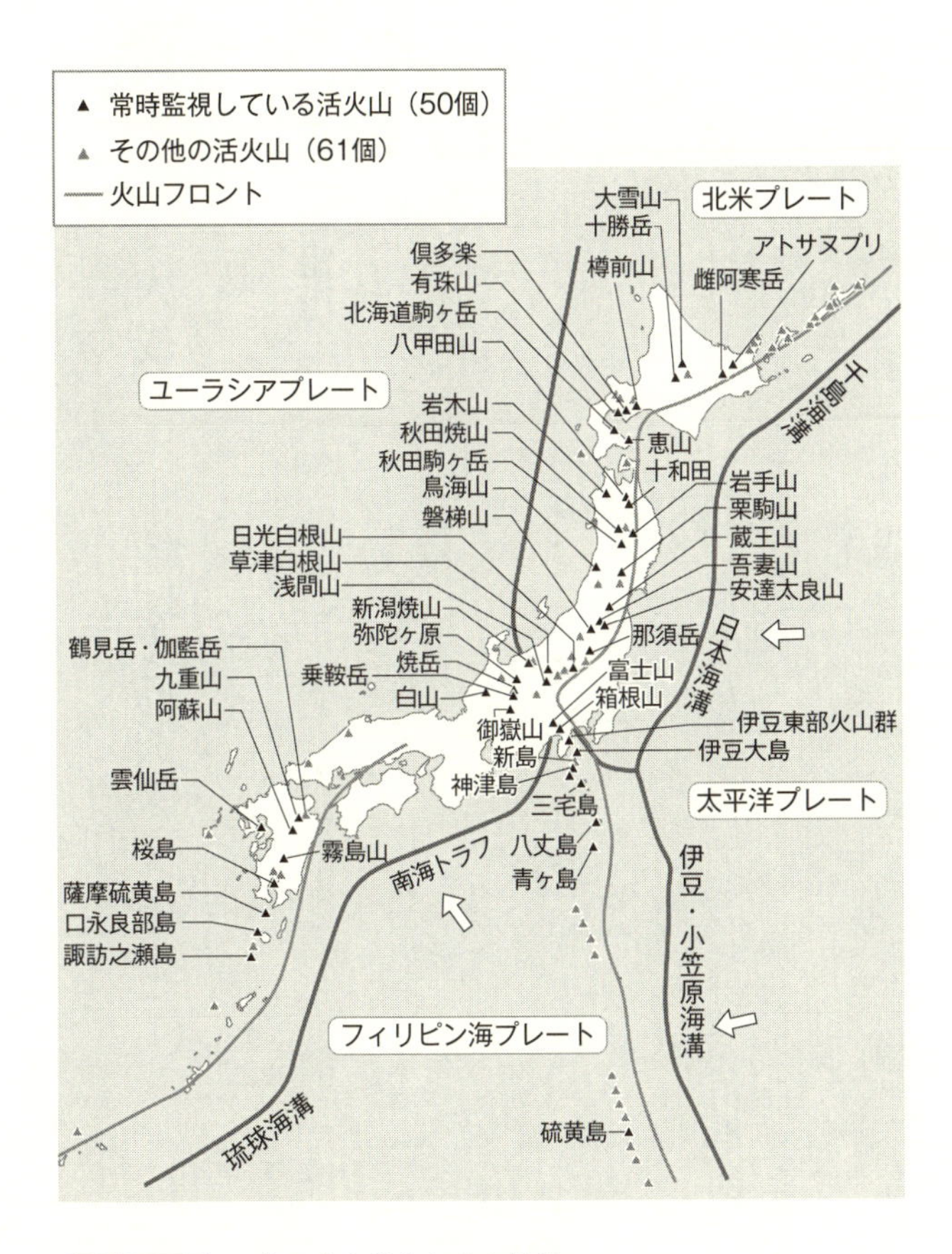

図 1-9-5　**日本の火山分布と火山前線**

1・10 火成岩——地球を形づくる岩石①

火成岩の組織

地殻を構成する岩石のうち、マグマが冷え固まってできた岩石を**火成岩**といいます。火成岩はさまざまな鉱物が集まってできています。鉱物の大きさや集まり方を岩石の**組織**といいます。

火成岩のうち、マグマが地下の深いところでゆっくり冷え固まった岩石は**深成岩**と呼ばれ、大きく成長した鉱物が集まっています。このような組織を**等粒状組織**といいます（図1-10-1）。

一方、火成岩のうち、マグマが地表付近で急に冷え固まった岩石は**火山岩**と呼ばれ、大きな鉱物のまわりに細かい鉱物やガラスなどが集まっています。このような組織を**斑状組織**といいます。地下のマグマだまりなどでゆっくり冷え固まった部分が大きな鉱物となり、その鉱物を取り込んだマグマが地表付近まで上昇し、急に冷え固まった部分が細かい鉱物やガラスにな

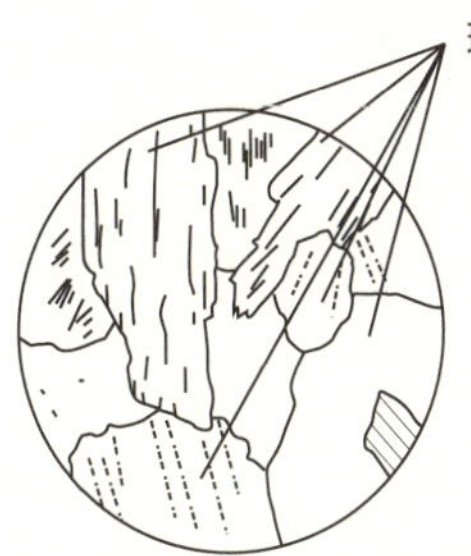

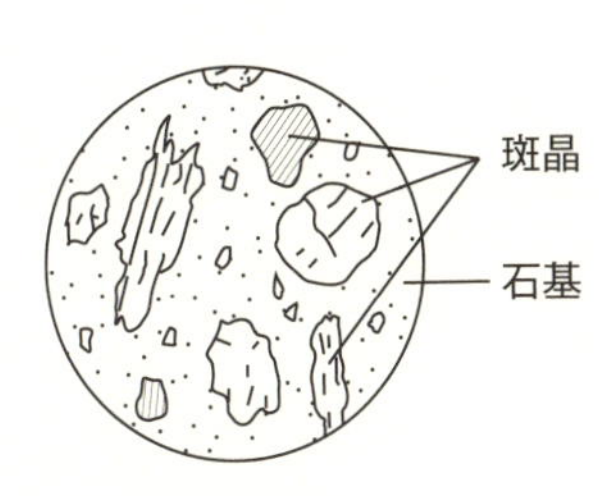

図 1-10-1　**深成岩の等粒状組織と火山岩の斑状組織**
マグマがゆっくり冷え固まると鉱物（結晶）が大きく成長する。

ります。斑状組織に見られる大きな鉱物を**斑晶**といい、細かい鉱物やガラスを**石基**といいます。

火成岩の分類

岩石の組織によって火山岩と深成岩に分けられた火成岩は、さらに岩石の化学組成によって分けられます。火成岩に最も多く含まれる成分は二酸化ケイ素（SiO_2）であり、火成岩はその量によって分類されることがあります。火成岩はSiO_2が多いほうから順に、**ケイ長質岩**、**中間質岩**、**苦鉄質岩**、**超苦鉄質岩**に分けられます（表1-5）。

また、SiO_2が多いほうから順に、火山岩は、**流紋岩**、**安山岩**、**玄武岩**に分けられ、深成岩は**花こう岩**、**閃緑岩**、**斑れい岩**、**かんらん岩**に分けられます（図1-10-2）。また、流紋岩と安山岩の中間的な化学組成をもつ火山岩を**デイサイト**と呼ぶこともあります。先ほども出

岩石の分類	超苦鉄質岩	苦鉄質岩	中間質岩	ケイ長質岩
SiO_2〔質量%〕	45	52	66	
火山岩		玄武岩	安山岩	流紋岩
深成岩	かんらん岩	斑れい岩	閃緑岩	花こう岩
色指数	70	35	10	
造岩鉱物（体積比）	かんらん石	輝石	斜長石、角閃石	石英、カリ長石、黒雲母

図1-10-2 **火成岩の分類**

ケイ長質岩	66%以上
中間質岩	52 ~ 66%
苦鉄質岩	45 ~ 52%
超苦鉄質岩	45%以下

表1-5 **SiO_2 による火成岩の分類**

てきましたが、いずれも重要な用語です。

有色鉱物と無色鉱物

火成岩には白っぽい岩石もあれば黒っぽい岩石もあります。火成岩の色は、火成岩に含まれる鉱物によって変化します。

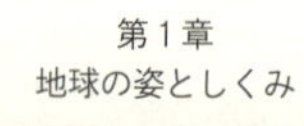

火成岩に含まれる**かんらん石**、**輝石**、**角閃石**、**黒雲母**などの鉱物は、黒っぽい色であるため、**有色鉱物**と呼ばれます。有色鉱物を多く含む苦鉄質岩（玄武岩や斑れい岩）や超苦鉄質岩（かんらん岩）は黒っぽい色の岩石になります。また、有色鉱物はマグネシウムや鉄を多く含んでいるため、**苦鉄質鉱物**と呼ばれることもあります。

一方、**石英**、**カリ長石**、**斜長石**（曹長石）などの鉱物は白っぽい色であるため、**無色鉱物**と呼ばれます。無色鉱物を多く含むケイ長質岩（流紋岩や花こう岩）は白っぽい色の岩石になります。また、無色鉱物はケイ素を多く含んでいるため、**ケイ長質鉱物**と呼ぶこともあります。

このように、火成岩には有色鉱物と無色鉱物がさまざまな割合で含まれています。火成岩に含まれる有色鉱物の占める割合を体積比で示したものを**色指数**といいます。たとえば、色指数が20の火成岩は、岩石全体のうち20体積パーセント（V/V％）が有色鉱物になります。有色鉱物の量が少ないケイ長質岩の色指数は一般に10以下であり、有色鉱物の量が多い苦鉄質岩や超苦鉄質岩の色指数は一般に40以上になります。

ケイ酸塩鉱物

岩石を構成している鉱物は、原子やイオンが規則正しく配列している固体であり、**結晶**と

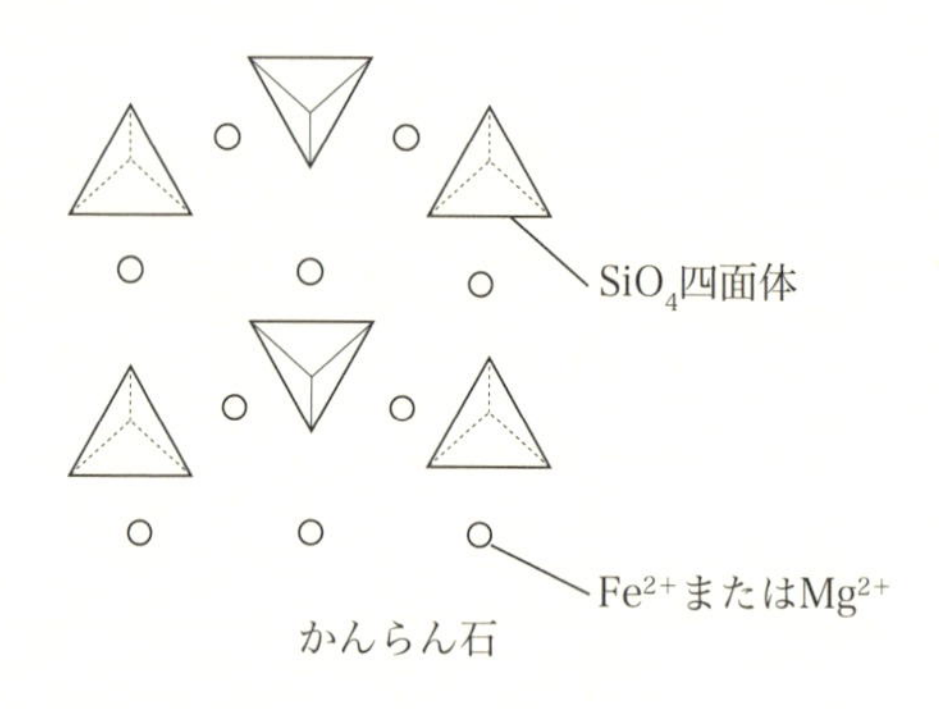

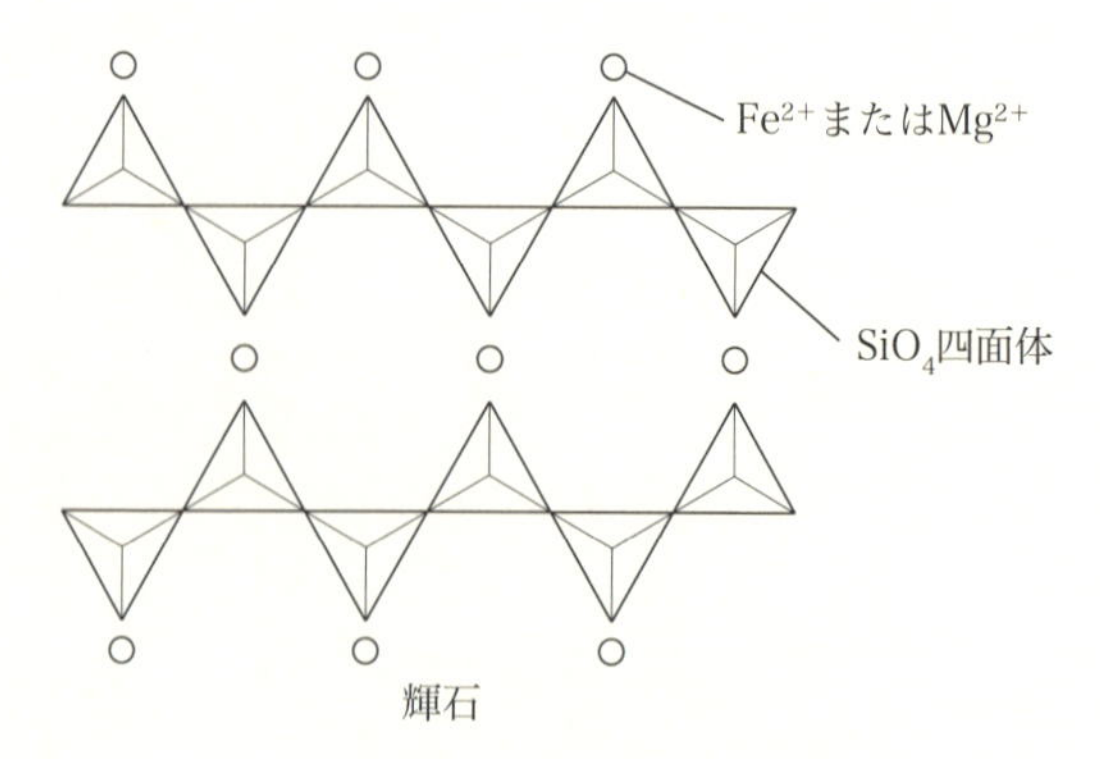

図 1-10-3 **かんらん石と輝石の結晶構造**

呼ぶこともあります。火成岩の造岩鉱物は、1個のケイ素と4個の酸素からなるSiO_4四面体が骨組みとなって結晶構造をつくっています(図1－10－3)。

たとえば、かんらん石では、SiO_4四面体が結合せずに独立していますが、輝石では、SiO_4四面体が鎖状につながっています。どちらもSiO_4四面体のあいだ

には、鉄やマグネシウムのイオンが入り込んでいます。このように、SiO_4四面体が結晶構造の骨組みになっている鉱物を**ケイ酸塩鉱物**（さんえんこうぶつ）といいます。

鉱物は特定の方向に割れることもあれば、不規則に割れることもあります。鉱物が特定の方向に割れる性質を**へき開**（かい）といいます。

ケイ酸塩鉱物において、SiO_4四面体どうしは非常に強く結合していますので、鉱物が割れるときには、SiO_4四面体のつながりがないところで割れます。たとえば、かんらん石では、SiO_4四面体が独立していますので、さまざまな割れ方をします。すなわち、かんらん石にはへき開がありません。

一方、輝石では、SiO_4四面体が鎖状につながっていますので、鎖を切るような割れ方はしませんが、SiO_4四面体の鎖と鎖のすき間で割れます。すなわち、輝石は、特定の方向に割れますので、へき開があります。

固溶体

かんらん石や輝石には、SiO_4四面体の骨組みのあいだに鉄やマグネシウムなどイオンが入り込んでいます。鉄とマグネシウムはどちらが入り込んでいてもかんらん石や輝石はできますので、かんらん石や輝石には、鉄が多く含まれているものもあれば、マグネシウムが多く含まれ

ているものもあります。

鉄が入り込んでいても、マグネシウムが入り込んでいても、他の原子やイオンの配列の仕方は変わりません。このように、結晶構造（原子やイオンの配列の仕方）は同じですが、化学組成が連続的に変化する鉱物を**固溶体**（こようたい）といいます。

かんらん石と輝石だけでなく、角閃石や黒雲母などの苦鉄質鉱物には、鉄とマグネシウムが含まれていますが、その割合はさまざまに変化します。すなわち、かんらん石、輝石、角閃石、黒雲母などの苦鉄質鉱物は固溶体です。

マグマの発生

マントル上部は主にかんらん岩でできていますが、かんらん岩の一部が融けることによって、マグマが発生することがあります。岩石の融けやすい成分が部分的に融けることを**部分溶融**（ぶぶんようゆう）といいます（図1-10-4）。

マントル上部でかんらん岩が融け出すためには、マントル上部の温度がかんらん岩の融け出す温度（**融点**（ゆうてん））よりも高くなる必要があります。通常は、マントル上部の温度はかんらん岩の融け出す温度よりも低いため、かんらん岩は融けていません。

ところが、海嶺やホットスポットの地下では、マントル上部の物質が深いところから上昇し

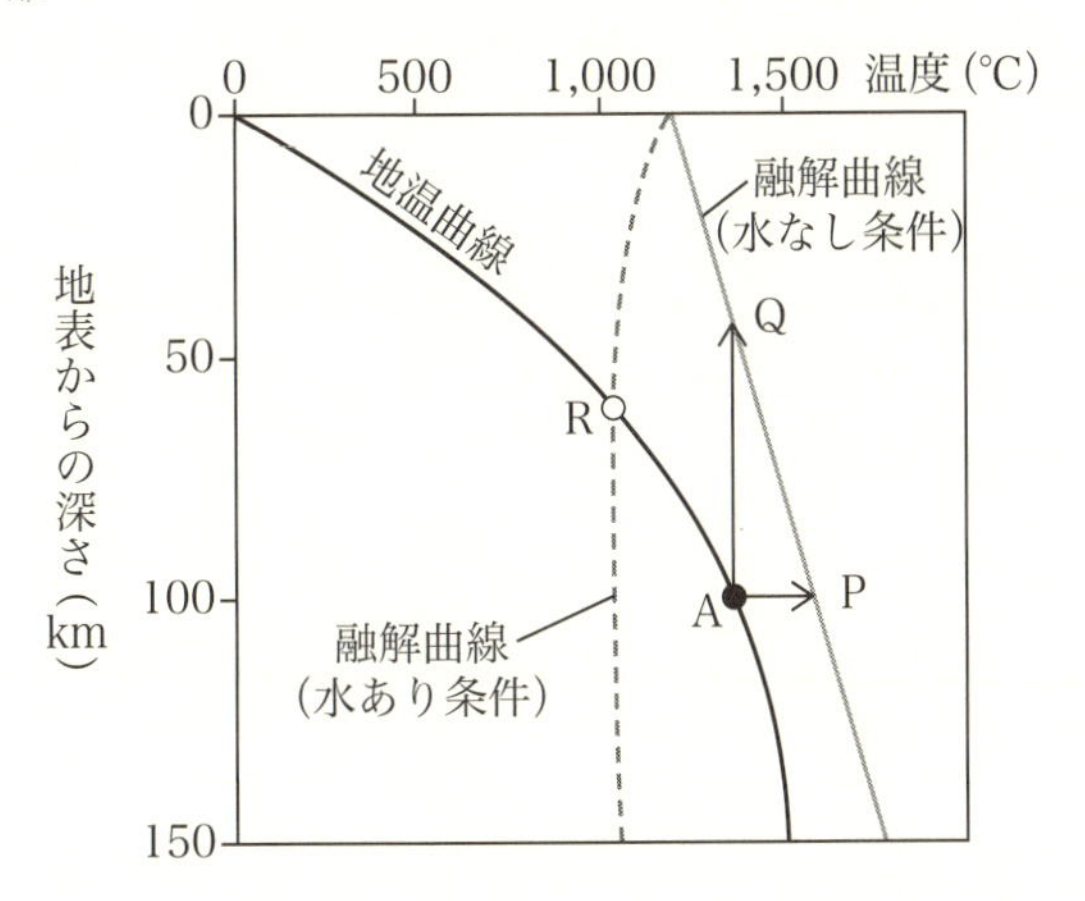

図 1-10-4　**かんらん岩の融解曲線**

かんらん岩が部分的に融け始める温度を薄い実線と破線で示す。

かんらん岩が融け始める温度は、水を含む場合と含まない場合で異なる。

実線よりも温度が高ければ、かんらん岩は部分的に融け始める。

海嶺やホットスポットの地下を上昇するマントル物質は、矢印のように圧力が低下するため、かんらん岩の融け出す温度を超えて部分的に融け始める。

（鎌田浩毅著『地学ノススメ』講談社ブルーバックスP144・図5-5を一部改変）


ていますので、圧力の低下によってマントル物質の温度がかんらん岩の融け出す温度を超え、かんらん岩の部分溶融が起こります（図1－10－4のAからQへ移動）。

かんらん岩は融けやすい成分だけが融けていますので、このようにして発生したマグマはかんらん岩とは少し成分の異なる玄武岩質マグマになります。このマグマが上昇して、海嶺やホットスポットでは玄武岩質マグマの活動が起こっています。

一方、日本列島のようなプ

レートの沈み込み境界で発生するマグマは、海嶺やホットスポットで発生するマグマとは生成過程が異なります。日本の地下には海洋プレートが沈み込むことによって水が供給されています。この水が地下のかんらん岩に含まれると、かんらん岩の融け出す温度が低下するため、マグマが発生しやすくなるのです。図1-10-4ではRがこの条件に当たります。

マグマの結晶分化作用

マントル上部でかんらん岩の部分溶融によって発生した玄武岩質マグマは、地殻内を上昇しながら温度が低下していきます。マグマの温度が下がると、マグマに溶けている成分が結晶（鉱物）となって冷え固まります。

一般にマグマから晶出する鉱物は、石英、斜長石、カリ長石、黒雲母、角閃石、輝石、かんらん石などがありますが、これらが同じ温度で同時に冷え固まるわけではありません。高い温度で冷え固まる鉱物もあれば、低い温度で冷え固まる鉱物もあります。

マントル上部で発生した高温の玄武岩質マグマの温度が下がり始めると、最初にかんらん石やカルシウムに富む斜長石が晶出します。これらの鉱物がマグマの底に沈んで、マグマから取り除かれると、残りのマグマの化学組成（溶け込んでいる成分の割合）が変化します。

たとえば、かんらん石には鉄やマグネシウムが多く含まれていますので、かんらん石がマグマから取り除かれると、残りのマグマに溶け込んでいる鉄やマグネシウムの割合は減少します。一方で、残りのマグマに溶け込んでいる二酸化ケイ素（SiO_2）の割合は上昇します。

このようにして、玄武岩質マグマとは異なる化学組成のマグマができるのです。マグマから鉱物が晶出して、残りのマグマの化学組成が変化することを「**マグマの結晶分化作用**（けっしょうぶんかさよう）」といいます（図1-10-5）。

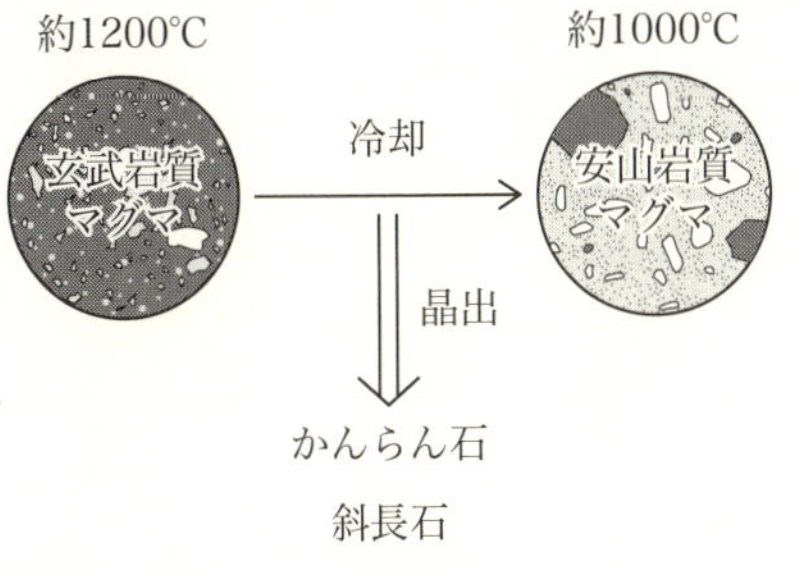

図1-10-5 **マグマの結晶分化作用**
玄武岩質マグマの温度が下がると、かんらん石やカルシウムに富む斜長石が晶出し、これがマグマから取り除かれると、安山岩質マグマができる。

玄武岩質マグマからかんらん石やカルシウムに富む斜長石が取り除かれると、玄武岩質マグマよりもSiO_2に富み、鉄やマグネシウムの少ない安山岩質マグマが生成されます。さらに、安山岩質マグマから輝石や斜長石などの鉱物が冷え固まって取り除かれると、デイサイト質マグマが生成されます。

また、デイサイト質マグマから角閃石や斜長石などの鉱物が冷え固まって取り除かれると、流紋岩質マグマが生成されます。温度の低い流紋岩質マグマからは黒雲母、ナトリウムに富む斜長石、カリ長石、石英などが冷え固まります。

このように、マグマの結晶分化作用によって、さまざまな種類のマグマが生成されるため、火成岩には玄武岩や安山岩などのさまざまな種類があるのです。

次章では、地球を形づくる岩石の話の続きから話を始めて、地球がどのようにできたのか、その形成から現在までの歴史をひもといてみたいと思います。

第2章 46億年の地球史

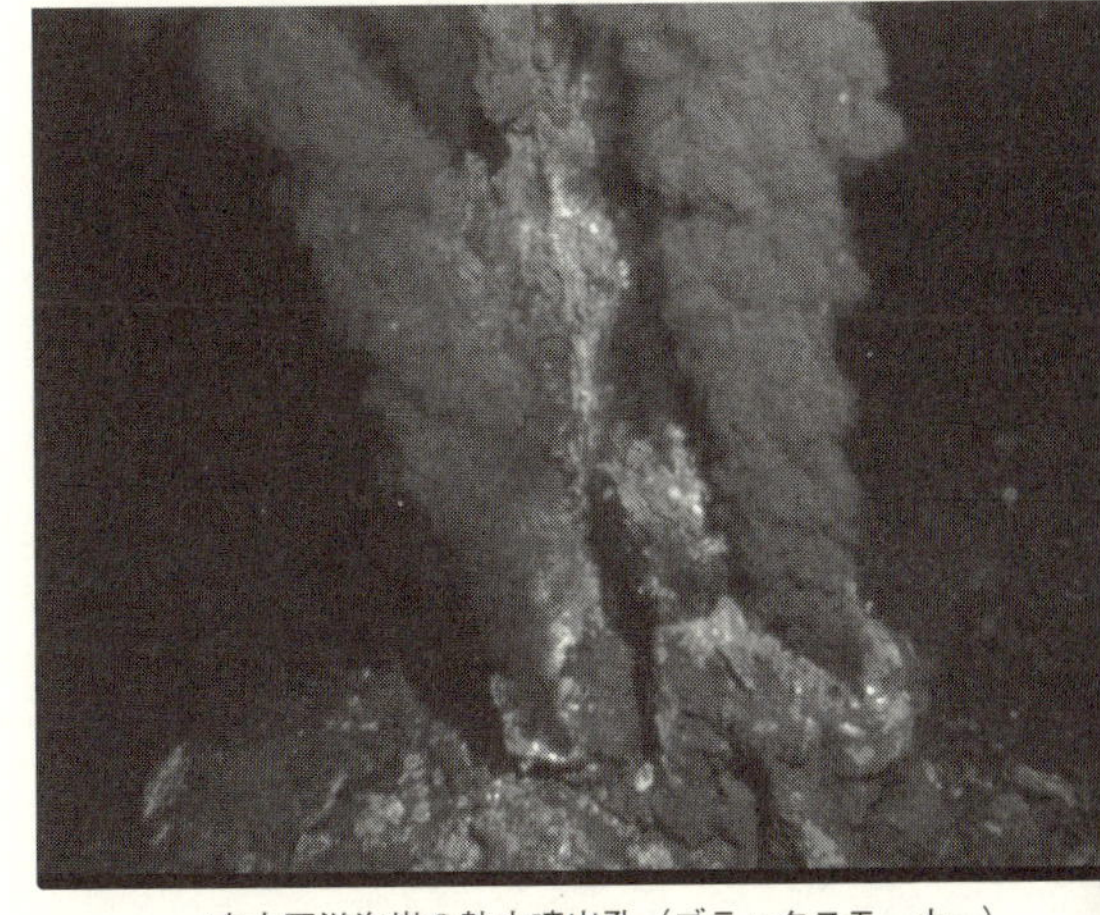

東太平洋海嶺の熱水噴出孔（ブラックスモーカー）

写真：Ralph White/Getty Images

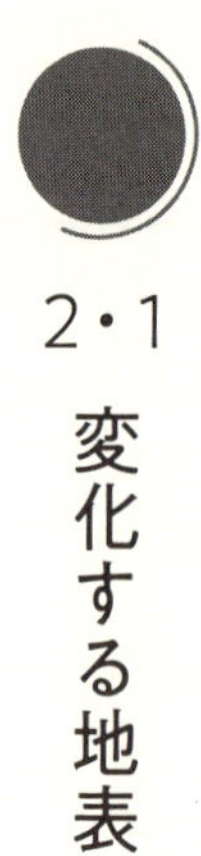

2・1 変化する地表

岩石の風化

地球の歴史とは地球の表面、すなわち地表がどう変わってきたかということでもあります。そこで、まずは地表のなりたちを見ていきたいと思います。

地表の岩石が、自然のはたらきによって壊されたり、分解されたりする現象を**風化**（ふうか）といいます。岩石が風化するしくみを確認してみましょう。

岩石を構成している鉱物は、温度変化によって膨張したり収縮したりします。一般に温度が上がると鉱物は膨張し、温度が下がると鉱物は収縮するため、これがくり返されるうちに岩石に割れ目ができます。

また、岩石の割れ目に雨水などが入り込み、その水が凍結して氷になると膨張するため、割れ目が広がって岩石が破壊されます。このように、温度変化や水の凍結などによって、岩石が破壊されることを**物理的風化**（機械的風化）といいます。

一方、岩石が二酸化炭素を含む水と化学反応を起こして壊されることもあります。これを**化学的風化**といいます。一般に、雨水には二酸化炭素が含まれています。地表の岩石がこのような雨水と反応すると、化学的風化が進行します。

たとえば、花こう岩などに含まれるカリ長石は、雨水と反応して**カオリナイト**という鉱物に変化します。さらに、カオリナイトが水と反応すると、**ボーキサイト**（アルミニウムの原料）の主成分である水酸化アルミニウムになります。

また、炭酸カルシウム（$CaCO_3$）を主成分とする**石灰岩**は、雨水と反応して溶けていきます。地表の石灰岩が雨水に溶けると、**ドリーネ**と呼ばれるくぼ地ができることがあります。さらに、地下にしみ込んだ雨水が石灰岩を溶かすと、**鍾乳洞**（しょうにゅうどう）と呼ばれる洞窟（どうくつ）を形成することもあります。石灰岩の化学的風化によってできたドリーネや鍾乳洞などの独特な地形を**カルスト地形**といいます。

物理的風化が進行しやすい地域は、温度変化の大きい乾燥地域や寒冷地域などです。一方、化学的風化が進行しやすい地域は、降水量の多い熱帯や亜熱帯などの温暖湿潤な地域になります。

風化が進行すると、**砕屑物**（さいせつぶつ）と呼ばれる岩石の粒ができます。砕屑物は大きさによって、**礫**（れき）、**砂**（すな）、**泥**（どろ）などに分類されます。泥は、さらに**シルト**と**粘土**に分類されることもあります（表2-

砕屑物		大きさ（直径）
礫		2mm 以上
砂		1/16 ~ 2mm
泥	シルト	1/256 ~ 1/16mm
	粘土	1/256mm 未満

表 2-1　砕屑物の分類
砕屑物は大きさで分類される。

1）。

流水のはたらき

河川などの流水には、岩石を侵食するはたらきがあります。風化や侵食によってできた砕屑物は、流水によって運搬されます。水の流速が大きいほど、侵食作用や運搬作用は強くなります。水の流速が小さくなると、砕屑物は水底に堆積します。侵食、運搬、堆積などの流水のはたらきは、水の流速や砕屑物の粒径（粒の大きさ）と関係があります（図2-1-1）。

まず、水の流速が遅く、礫、砂、泥などの砕屑物（さいせつぶつ）が川底などに静止している状況を考えてみましょう。河川の上流で大雨が降り、水の流速が大きくなっていくとき、水の平均流速が移動開始速度（図2-1-1の曲線A）を上回ると、砕屑物は運搬され、侵食されるようになります。この状況では、礫、砂、泥のうち、最初に運搬されるのは、直径が約1／8㎜の砂になります。

次に、水の流速が大きく、礫、砂、泥などの砕屑物が運搬されて

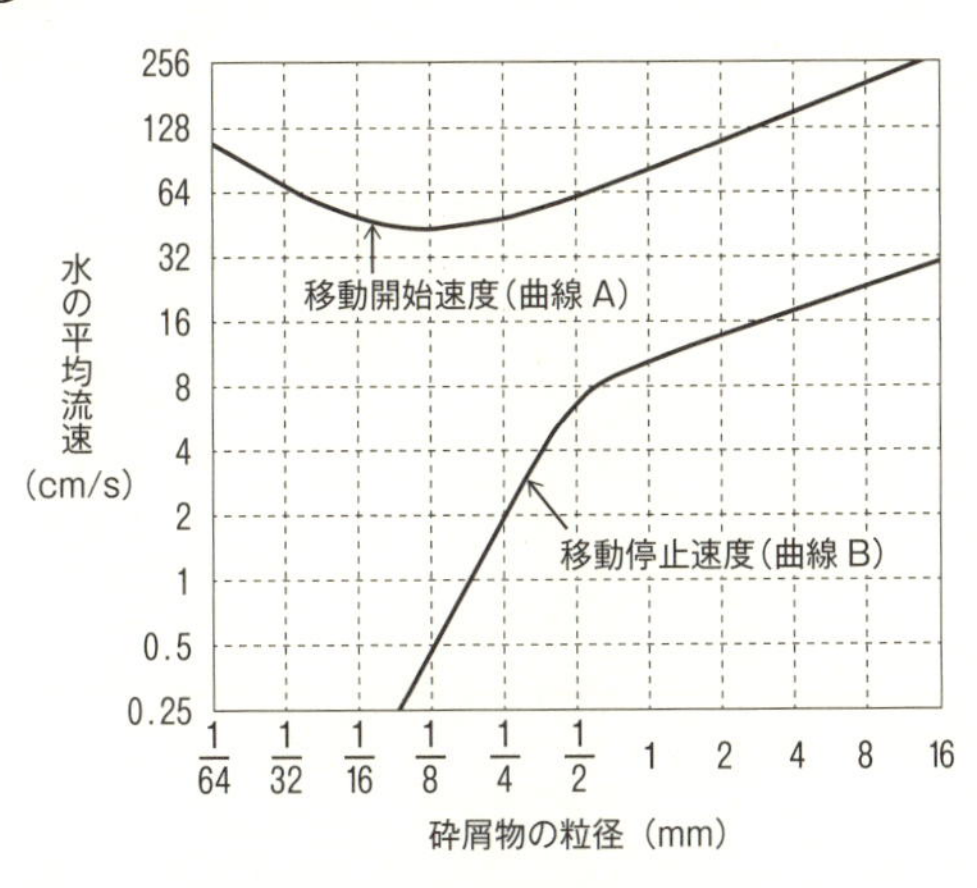

図 2-1-1　**流水のはたらき**
水の平均流速が曲線Aを上回ると、川底の砕屑物は動き出す。
水の平均流速が曲線Bを下回ると、水中の砕屑物は堆積する。

いる状況を考えてみましょう。水の平均流速が少しずつ小さくなり、移動停止速度（図2-1-1の曲線B）を下回ると、砕屑物は運搬されなくなり、川底などに堆積します。この状況では、礫、砂、泥のうち、粒径の大きい礫が最初に堆積します。粒径の小さい泥は、水の平均流速がかなり小さくならないと堆積しませんので、泥は遠くまで運ばれる性質があるのです。

河川沿いの地形

河川の流水による侵食（しんしょく）には、川底を掘り下げる**下方侵食**（かほう）と川幅を広げる**側方侵食**（そくほう）があります。山地では地形の傾斜が急であり、水の流速が速いため、下方侵食が強くはたらき、**V字谷**（ぶいじこく）と呼ばれる深い谷ができ

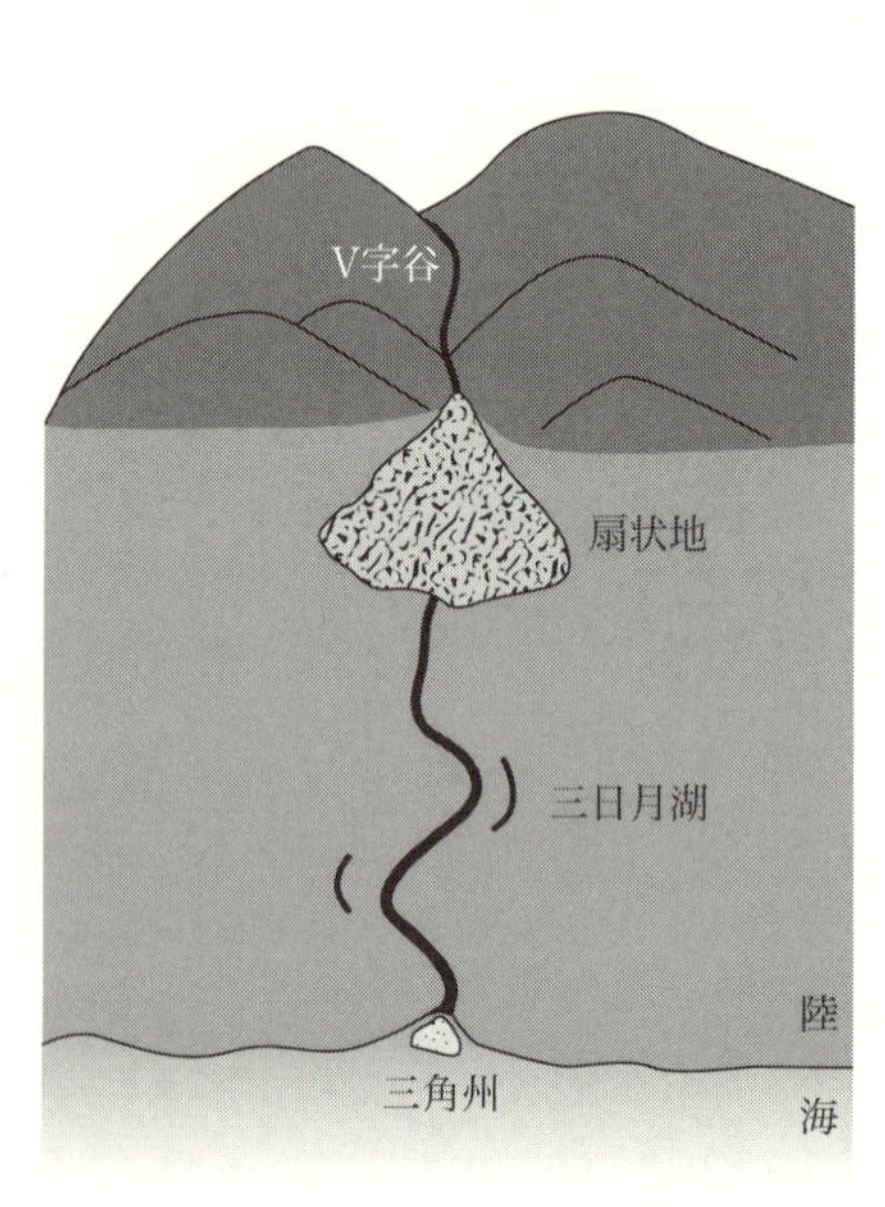

図2-1-2 **河川のはたらきによる地形**

ます（図2－1－2）。

山地で侵食されてできた砕屑物は下流へ運搬されます。山地は傾斜が急ですが、平野は傾斜が緩やかなので、河川が山地から平野に流れ出るところでは水の流速が遅くなります。流速が遅くなると、大きい砕屑物から堆積していきますので、山地と平野の境界には礫や砂などが堆積して**扇状地**（せんじょうち）が形成されます。

傾斜の緩やかな平野では、下方侵食よりも側方侵食が強まるため、河川が蛇行しやすくなります。河川の蛇行によって流路が変化すると、もとの流路が**三日月湖**（みかづきこ）として取り残されることがあります。

河口付近では流速がさらに遅くなるため、小さい砕屑物も堆積するようになり、砂や泥などが堆積して**三角州**（さんかくす）が形成されます。このようにして、砕屑物は河川によって運ばれ、その一部は河川の周辺に堆積して、特徴的な地形を形成していきます。

斜面災害

河川のような流水には、侵食、運搬、堆積などのはたらきがあり、これらのはたらきは災害を引き起こすことがあります。日本列島は山地が多く、降水量も多いため、山の斜面などで岩石や土砂が移動して起こる斜面災害（土砂災害）が起こりやすくなっています。

傾斜の急な斜面が、大雨の水や地震などによって崩れ落ちる現象を**崖崩れ**（がけくずれ）といいます。山間部の多い日本では、崖下が住宅地となっているところも多くありますが、崖崩れでは土砂の移動速度が速く、瞬時に崩れ落ちるため、逃げ遅れてしまう事故も多く発生しています。

山間部では大量の土砂が大量の水とともに一気に流れ下る**土石流**（どせきりゅう）が発生することがあります。土石流は大雨によって増水したときに、河川や渓流沿いで発生することが多く、大きな岩塊を遠くまで運ぶような強い破壊力をもっています。

また、広い範囲で大量の土砂が下方に移動する現象を**地すべり**（じすべり）といいます。地中に滑りやすい粘土の地層や地下水を多く含んだ地層があると、その地層の境界面に沿って土砂が滑り出すことがあります。土石流にくらべると土砂の移動速度は遅くなりますが、広い範囲が動いて大きな災害となることもあります。

2・2 堆積岩——地球を形づくる岩石②

海底には堆積物がいっぱい

海岸付近の海底には、**大陸棚**と呼ばれる傾斜の緩やかな平坦な面が広がっています。大陸棚の水深は深いところでも200mくらいです。河川を運ばれてきた砂や泥などの砕屑物は、大陸棚に堆積します。

大陸棚の先端には**大陸斜面**と呼ばれる急斜面があり、その斜面下には水深数千mの**深海底**が広がっています。大陸棚の先端付近の堆積物は、地震動などによって**海底地すべり**や**海底土石流**を起こすことがあります。

このとき、砂や泥が水と混ざった高密度の流れが発生することもあります。これを**混濁流**（乱泥流）といいます。海底地すべり、海底土石流、混濁流などによって、大陸棚の堆積物は大陸斜面下の深海底へ運搬されます。

一方、陸から遠く離れた深海底には、陸からの砕屑物はほとんど運ばれてきません。このよ

うな海底には、二酸化ケイ素（SiO_2）を主成分とする**放散虫**の殻や**珪藻**の遺骸などが堆積します。放散虫や珪藻は水中の微小な単細胞生物です。

海水中には炭酸カルシウム（$CaCO_3$）の殻をもつ**有孔虫**も生息していますが、炭酸カルシウムはある深さよりも深いところでは堆積しません。炭酸カルシウムは浅い海では溶けませんが、深い海では溶けてしまうからです。

炭酸カルシウムが溶けずに堆積することができる最大の深度を**炭酸塩補償深度**といいます。一般に、炭酸塩補償深度は約４０００～５０００ｍであり、場所によって大きく異なります。

堆積岩の形成

礫、砂、泥などの砕屑物、火山灰などの火山砕屑物、生物の遺骸などが特定の場所に積み重なった堆積物は長い時間をかけて固結していきます。海底の堆積物は、その上に積み重なった堆積物の重みで圧縮され、砂粒などの粒子の間隔が狭くなっていきます。この過程を**圧密作用**といいます。

さらに、水中から炭酸カルシウムや二酸化ケイ素などが、堆積物の粒子のすき間に晶出して粒子どうしを結びつけます。炭酸カルシウムはセメントの原料ですので、セメントで固めるようなイメージです。この過程を**膠結作用**（セメント化作用もしくはセメンテーション）といいま

す。

このようにして堆積物は硬く固結した**堆積岩**になります。また、圧密作用や膠結作用などの堆積岩をつくる過程を**続成作用**といいます。

堆積岩の分類

これからひとつずつ説明していきますが、堆積岩は、堆積物の種類やでき方によって、**砕屑岩**、**火山砕屑岩**、**化学岩**、**生物岩**に分類されています。

陸地に近い海底では砕屑物が堆積したり、深海底には放散虫の殻が堆積したりするように、堆積岩の種類は、堆積した環境を反映しています。

砕屑岩

礫、砂、泥などの砕屑物が固結してできた堆積岩をそれぞれ、**礫岩**、**砂岩**、**泥岩**といい、これらをまとめて砕屑岩といいます（表2-2）。砕屑岩は、砕屑物が堆積する河川の流路沿い、湖沼、大陸棚、大陸斜面下の深海底などで形成されます。

火山砕屑岩

堆積岩	堆積物
礫岩	直径 2mm 以上の礫
砂岩	直径 1/16 ~ 2mm の砂
泥岩	直径 1/256 ~ 1/16mm のシルト
	直径 1/256mm 未満の粘土

表 2-2　砕屑岩の分類

火山灰などの火山砕屑物が固結してできた堆積岩を火山砕屑岩といいます。火山砕屑岩は、火山灰（直径２㎜以下）、火山礫（直径２～64㎜）、火山岩塊（直径64㎜以上）の割合によって分類されています。

火山砕屑岩のうち、主に火山灰でできたものを**凝灰岩**、主に火山岩塊でできたものを**火山角礫岩**といいます。また、火山岩塊を比較的多く含むものを**凝灰角礫岩**、比較的少ないものを**火山礫凝灰岩**といいます。

化学岩

海水中の成分が沈殿し、固結してできた岩石を化学岩といいます。化学岩のうち炭酸カルシウム（$CaCO_3$）を主成分とするものを**石灰岩**、二酸化ケイ素（SiO_2）を主成分とするものを**チャート**といいます（表２−３）。

また、内陸に閉じ込められた海水が蒸発して、塩化ナトリウム（NaCl）が沈殿すると**岩塩**ができます。水の蒸発によってできる化学岩は、**蒸発岩**と呼ばれることもあります。**石膏**も海水の蒸発によって形成され、硫酸カルシウム（$CaSO_4$）と水（H_2O）を含む蒸発岩です。

生物岩

生物の遺骸が、海底に堆積してできた堆積岩を生物岩といいます。有孔虫、**サンゴ**、**貝殻**などは、主成分が炭酸カルシウムであるため、これらが堆積すると石灰岩ができます。このような生物起源の石灰岩には、サンゴの化石や有孔虫の仲間である**フズリナ**（紡錘虫）の化石を含んでいることがよくあります。

また、放散虫や珪藻は二酸化ケイ素を主成分とするため、これらが堆積するとチャートができます。石灰岩は比較的やわらかいため、釘で傷をつけることができますが、チャートはとても硬いため、釘で傷をつけることはできません。

堆積岩	主成分
石灰岩	炭酸カルシウム（$CaCO_3$）
チャート	二酸化ケイ素（SiO_2）
岩 塩	塩化ナトリウム（NaCl）
石 膏	硫酸カルシウム（$CaSO_4$）と水（H_2O）

表2-3 化学岩の分類

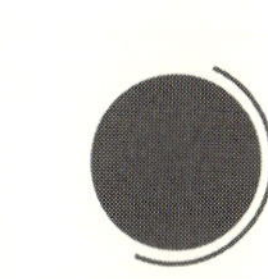

2・3 変成岩——地球を形づくる岩石③

変成作用と変成岩

火成岩や堆積岩などが、地球内部の温度や圧力の高い場所に長くおかれると、鉱物の結晶構造が変化したり、他の鉱物に変化したりして、別の岩石ができることがあります。このような作用を**変成作用**(へんせいさよう)といい、できた岩石を**変成岩**(へんせいがん)といいます。

地殻は、火成岩、堆積岩、変成岩で構成されています。これらは岩石のでき方によって分類されています。火成岩はマグマが冷え固まってでき、堆積岩は堆積物が続成作用を受けてでき、変成岩は温度や圧力の高いところで変成作用を受けてできます。

接触変成作用

泥岩、砂岩、石灰岩などが分布しているところに、地下から高温のマグマが貫入してくると、マグマに接触した岩石は温度が高くなりますので、変成作用を受けます。このような変成

作用を**接触変成作用**といいます。

泥岩や砂岩が接触変成作用を受けると、**ホルンフェルス**と呼ばれる変成岩ができます。ホルンフェルスは硬くて細かい粒が集まった緻密な岩石であり、**紅柱石**や**菫青石**などの鉱物が含まれていることもあります。

また、石灰岩が接触変成作用を受けると、粗粒な**方解石**を含んだ**結晶質石灰岩**（大理石）ができます。方解石は炭酸カルシウムでできた鉱物です。

接触変成作用でできたホルンフェルスや結晶質石灰岩などの岩石を**接触変成岩**といいます。一般に接触変成岩はマグマに接触したところから、幅数十m～数百mの範囲で形成されます。

広域変成作用

日本列島などのプレートが沈み込む境界の地下では、周囲よりも温度や圧力の高いところが海溝とほぼ平行に帯状にでき、広い範囲で変成岩がつくられます。このような変成作用を**広域変成作用**といい、できた岩石を**広域変成岩**といいます。

一般に地球の内部は深いところほど温度も圧力も高くなりますが、温度や圧力が上昇する割合は場所によって異なります。圧力の上昇にくらべて温度の上昇する割合が高いところで形成された変成岩を**高温低圧型変成岩**といい、温度の上昇にくらべて圧力の上昇する割合が高いと

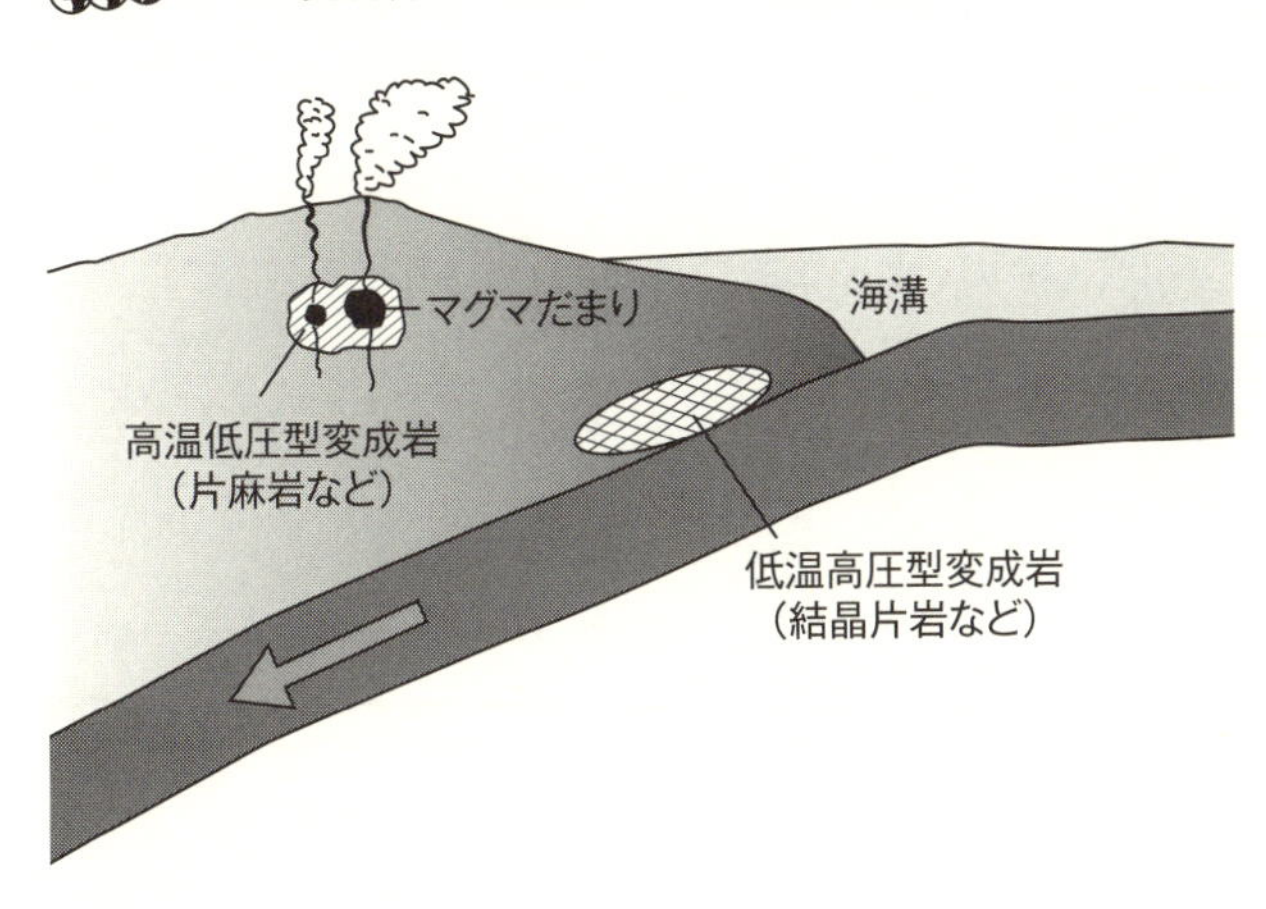

図2-3-1　広域変成岩が形成される沈み込み境界

ころで形成された変成岩を**低温高圧型変成岩**といいます。

日本列島の地下ではマグマが発生し、上昇してきたマグマが地下数kmのところにマグマだまりを形成しています。マグマだまりの周囲は温度が高くなるため、**片麻岩**などの高温低圧型変成岩が形成されます（図2－3－1）。片麻岩には、石英や長石でできた白い部分と黒雲母でできた黒い部分の縞模様が見られます。

また、海溝付近では、大陸プレートと海洋プレートの収束によって、圧力が高くなっています。このような場所では**結晶片岩**などの低温高圧型変成岩が形成されます。結晶片岩は、柱状の鉱物が一定の方向に配列してできる面状の構造をもっているため、平行な面で割れやすい性質があります。この構造を**片理**といいます。

多形

鉛筆の芯の原料などに使われている**石墨**と天然で最も硬い物質である**ダイヤモンド**は、どちらも炭素（C）だけでできている鉱物です。石墨とダイヤモンドが異なる性質をもつのは、結晶構造（原子の配列）が異なるためです。このように、化学組成が同じで結晶構造が異なる鉱物の関係を**多形**（同質異像）といいます。

変成岩には**らん晶石**、**紅柱石**、**珪線石**などの鉱物が含まれていることがあります。これらはすべて化学組成が Al_2SiO_5（ケイ酸アルミニウム）で同じですが、結晶構造が異なっています。すなわち、らん晶石、紅柱石、珪線石も多形の関係にあります。

変成作用と温度圧力条件

多形の関係にある鉱物が異なる結晶構造をもつのは、鉱物が生成されたときの温度や圧力が異なっていたからです。ダイヤモンドは高い圧力のもとで生成されます。らん晶石も高圧のもとで生成され、紅柱石は低温低圧のもとで、珪線石は高温のもとで生成されます。このように鉱物の中には特定の温度圧力条件のもとで生成されるものがあります（図2－3－2）。

この性質を利用して、変成岩ができたときの温度圧力条件を推定することができます。たと

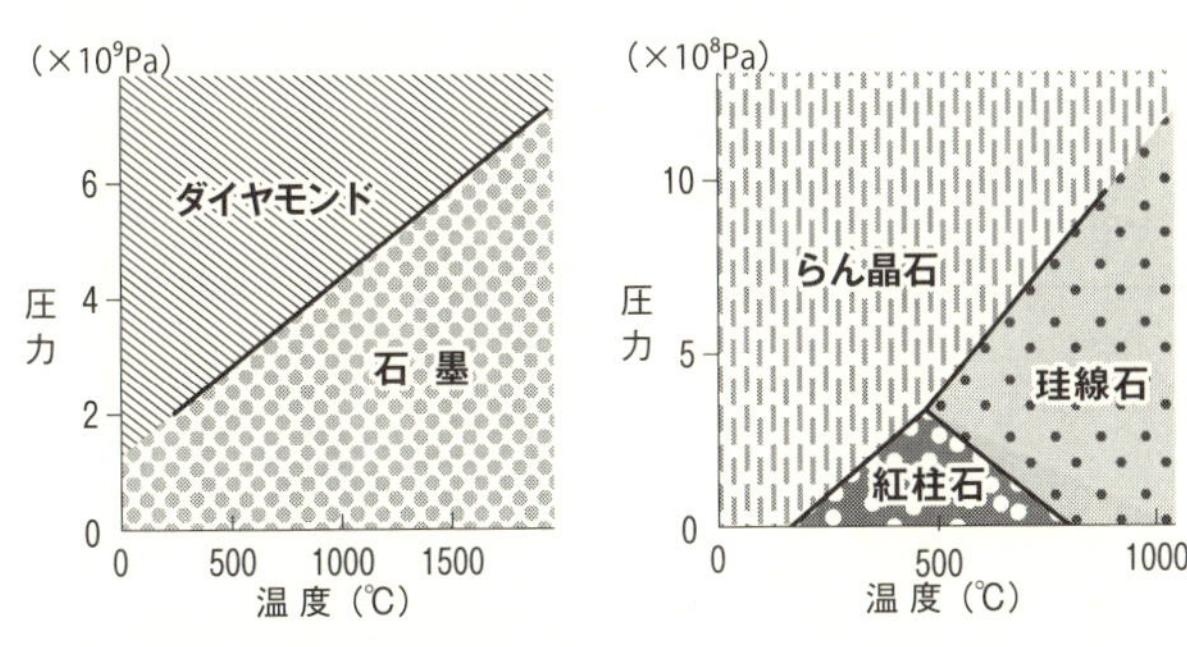

図2-3-2　鉱物の温度圧力条件

えば、変成岩にらん晶石が含まれていれば、その変成岩は比較的高圧のもとで生成されたと考えられ、また別の変成岩に紅柱石や珪線石が含まれていれば、その変成岩は比較的低圧のもとで生成されたと考えられます。

火成岩に含まれるナトリウムに富む斜長石（曹長石）は、高圧のもとでは石英と**ひすい輝石**に分解します。ひすい輝石は、白色～淡緑色の鉱物で、新潟県糸魚川市などで産出されます。

ひすい輝石は高圧のもとで生成されるため、変成岩にひすい輝石が含まれていれば、その変成岩は高圧のもとで生成されたと考えられます。低温高圧型変成岩の結晶片岩には、らん晶石やひすい輝石が含まれていることがあります。

2・4

地層のなりたち

地層の形成

次に、地球の歴史を知る手がかりについてお話ししましょう。

風化や侵食によってできた砕屑物は河川によって運ばれ、海や湖の底に堆積していきます。一般に水中では砕屑物の上面が水平となるように堆積するため、これがくり返されることによって水平な境界面をもつ砕屑物の層ができます。これが**地層**となります。

海底に運ばれてきた砕屑物は、次々と上に積み重なっていきますので、古い地層は下位に、新しい地層は上位に重なることになります。これを**地層累重の法則**(ちそうるいじゅう)といいます。

堆積構造

地層には過去の地球のできごとが記録されていますので、地層を調べることによって地球の歴史を明らかにすることができます。新しい地層ほど上位に堆積しますが、地層が形成された

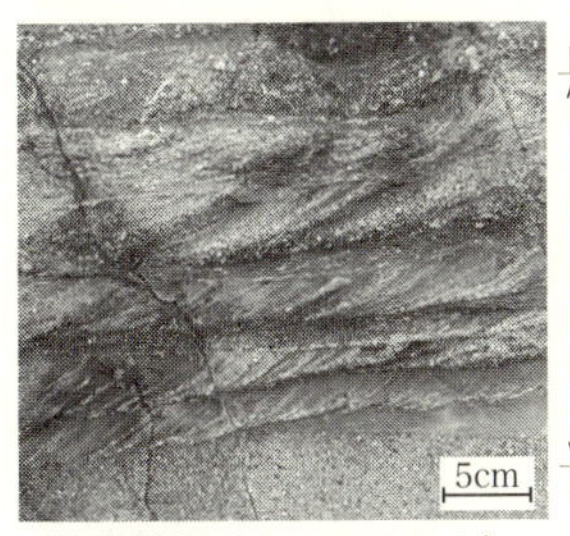

斜交葉理（クロスラミナ）

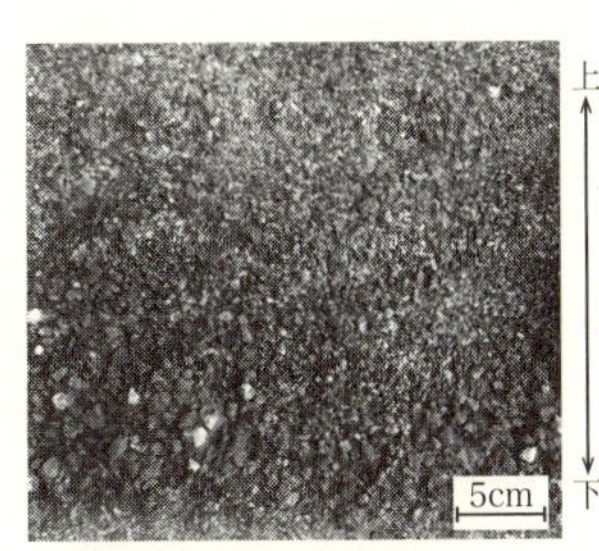

級化層理（級化構造）

図2-4-1　**斜交葉理と級化層理**
堆積構造を観察すると、地層ができたときの上下関係を知ることができる。

後、地殻変動によって地層の上下が逆転することがあります。

もし、地層が逆転していることに気がつかなければ、地球の歴史を正しい順序で理解することはできません。そのため、地層を観察するときにはその地層の上下関係（新旧関係）を知る必要があります。

砕屑物が水中に堆積するとき、砕屑物を運んだ水流などの影響によって、地層には特徴的な構造ができることがあります。これを**堆積構造**といいます。堆積構造は地層の上下関係を知る手がかりとなります。

砕屑物が堆積するところで、水流の速さや向きが変化すると、地層の境界面（層理面）に対して傾いた「細かい縞模様」ができることがあります。これを**斜交葉理**（しゃこうようり）（クロスラミナ）といいます（図2-4-1）。細かい線はラミナと呼ばれ、切られているラミナは古く、切っているラミナは新しいものです。すなわち、斜交葉理を観察することによって、地層が堆積したときの上下関係がわかります。

砂や泥などを含む混濁流が大陸斜面の下に流れるとき、大きな砕屑物ほど先に沈んでいくため、大陸斜面の下に堆積した地層には、下部から上部に向かって、砕屑物の粒径(りゅうけい)が小さくなるような構造ができます。これを**級化層理**(きゅうかそうり)(級化構造)といいます。また、混濁流によって運ばれた砕屑物が堆積してできた地層を**タービダイト**といいます。

このように、斜交葉理や級化層理などの堆積構造によって、地層が堆積したときの上下関係を知ることができます。また、水流によって形成された構造であるため、地層が堆積した環境を推定することにも役立ちます。

整合と不整合

地層にはいくつかの重なり方があります。砕屑物が海底などで連続して堆積すると、時間の間隔があいていない地層が形成されます。このような地層の重なり方を**整合**(せいごう)といいます。一方、下位の地層と上位の地層が連続して堆積せず、大きな時間の間隔があるような地層の重なり方を**不整合**(ふせいごう)といいます(図2-4-2)。

海底に堆積した地層が隆起して陸上に現れると、その表面が風化や侵食によって失われます。その後、その地層が沈降して、再び海底で地層が堆積すると、下位の地層と上位の地層の

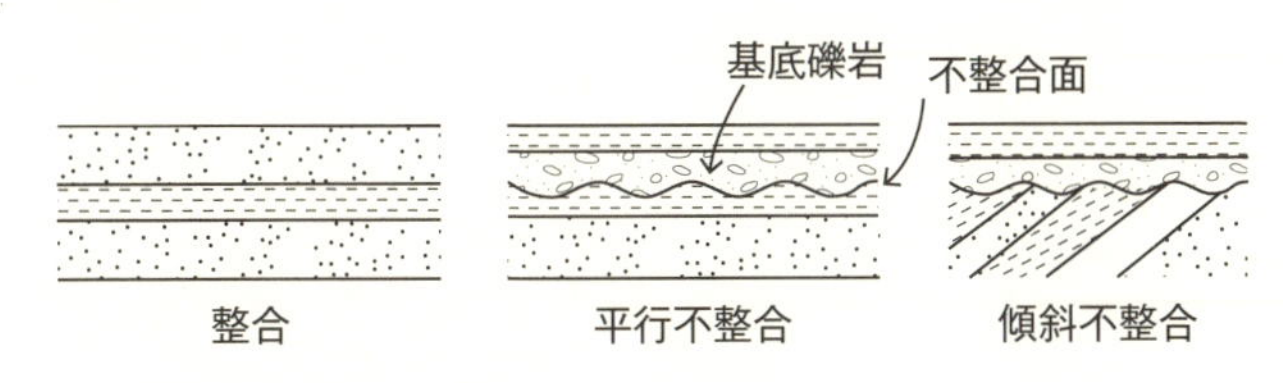

図2-4-2　整合と不整合

あいだには大きな時間の間隔ができます。このような時間の間隔がある地層の境界面は**不整合面**といいます。

不整合面を境に、上下の地層が平行に接している場合を**平行不整合**といい、上下の地層の傾きが異なっている場合を**傾斜不整合**といいます。不整合は、下位の地層が隆起したり沈降したりして形成されるため、その過程で下位の地層は傾くことがあります。

また、不整合面の上には、礫や礫岩がよく見られます。これらの礫や礫岩は、不整合面の下の地層が、陸上で風化や侵食を受けてできたものです。このような礫や礫岩は、**基底礫**（基底礫岩）と呼ばれています。

褶曲

序章でも触れたように、一般に形成されたばかりの地層は水平な構造となっていますが、その後、地層が変形して曲げられることがあります。このような地質構造を**褶曲**といいます。特に、山状に曲がった部分を**背斜**といい、谷状に曲がった部分を**向斜**といいます（図2-

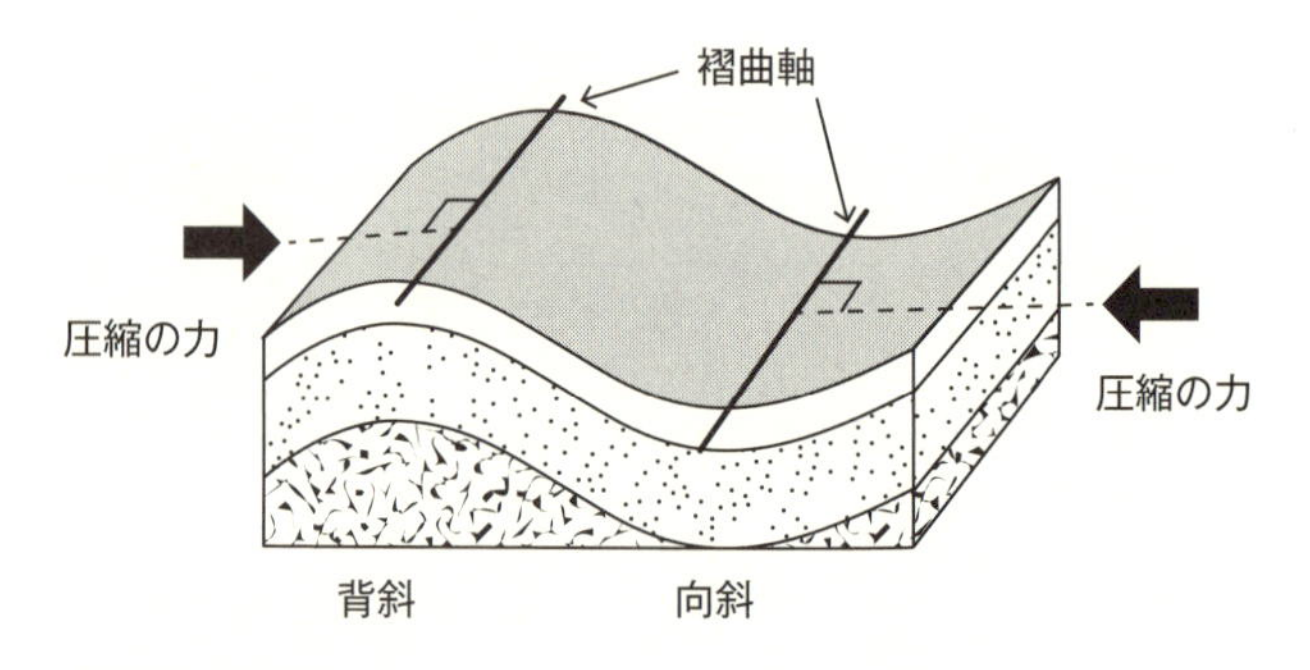

図2-4-3 **褶　曲**
地層に水平方向の圧縮する力がはたらいて形成される。

4-3)。

褶曲の最も大きく曲がった部分を結んだ線を**褶曲軸**（しゅうきょくじく）といいます。褶曲は、褶曲軸に直交する方向に圧縮する力がはたらいて形成されます。プレートの収束する境界には圧縮する力がはたらくため、日本列島、アンデス山脈、ヒマラヤ山脈などでは、多くの褶曲構造が形成されています。

2・5 地層からたどる地球の歴史

化石

過去の生物の遺骸（骨や歯など）やその生物の活動の痕跡を**化石**といいます。特に、生物の遺骸を**体化石**、巣穴や足跡などの活動の痕跡を**生痕化石**、生物起源の分子や原子を**化学化石**といいます。

多くの生物はそれぞれ特定の環境に適応して生存しています。化石として産出した過去の生物が、現在の生物と特徴が似ているとき、過去の生物が生息していた環境を推定できることがあります。このような化石を**示相化石**といいます。

サンゴは熱帯や亜熱帯の浅い海に生息しています。シジミは淡水域（河川や湖沼など）や汽水域（河口付近）に生息しています。マンモスは毛皮が厚く、寒冷な地域に生息していました。これらは示相化石として用いられます。

生物は形態を変化させながら進化してきたため、ある形態の生物の化石は、特定の時代の地層からしか産出されません。このような特徴をもつ化石が地層から産出されれば、その地層が堆積した時代がわかります。

さらに、その化石の数が多く、広い範囲の地層から産出されれば、離れた地域の地層ができた時代を調べることもできます。このような特徴をもつ化石を**示準化石**（標準化石）といいます。

浮遊性有孔虫や放散虫などの微化石は、大型化石よりも数が多く、広い範囲に分布しています。また、進化の速度が速く、特定の形態で生存している期間が短いため、地層が堆積した時代を決めたり、離れた地域の地層の年代を調べたりするときに利用されています。浮遊性有孔虫や放散虫は重要な示準化石となっています。

地層の対比

離れた地域の地層をくらべて、同じ時代の地層を決めることを**地層の対比**といいます。地層から示準化石が見つかれば、地層が堆積した時代がわかりますので、地層の対比ができます。離れた地域の地層から同じ形態の示準化石が見つかれば、それらの地層は同じ時代に堆積したと考えられます。

また、火山灰の地層（凝灰岩）を利用して地層の対比ができます。火山灰は、上空で風によって遠くまで運ばれますので、短期間に広い範囲に堆積することがあります。

火山灰は、同じ火山起源のものであっても噴火の時期が変わると、火山灰の性質（含まれる鉱物の量比など）が変わります。すなわち、離れた地域の地層から同じ性質の火山灰が見つかれば、その火山灰の地層は同じ時代の地層と考えられます。火山灰の地層のように地層の対比に利用できる地層を**鍵層**（かぎそう）といいます。

古地磁気を利用して地層の対比を行うこともできます。過去の地磁気は、地層を構成する堆積岩にも堆積残留磁気として記録されています。地層が形成されているときに地磁気が逆転すると、地層のある面を境に、残留磁気の向きが反転します。このような面を「同時間面」として設定することができます。

地球の歴史は非常に長いので、ある場所の地層だけを調べても歴史のすべてを解明することはできません。地球規模で地層の対比を行うことで、それぞれの地層から明らかにされた過去のできごとがつながりますので、地球全体の長い歴史を解明することができるようになるのです。

地質年代

約46億年間の地質時代は、地層や岩石に残された示準化石や古地磁気を利用して区分されて

放射性同位体	崩壊してできる安定同位体	半減期
^{238}U	^{206}Pb	4.5×10^9 年
^{40}K	^{40}Ar・^{40}Ca	1.3×10^9 年
^{87}Rb	^{87}Sr	4.9×10^{10}年
^{14}C	^{14}N	5.7×10^3 年

表2-4 **放射性同位体と半減期**

きました。どちらが新しいか、どちらが古いかという相対的な新旧関係を明らかにして区分した年代を**相対年代**といいます。一方、具体的な数値で示した年代を**放射年代**（絶対年代）といいます。

放射年代は、岩石に含まれる**放射性同位体**（放射線を出して他の安定な同位体に変化する元素）が崩壊することを利用して求められます。放射性同位体は温度や圧力によらず一定の割合で崩壊する性質があります。

放射性同位体が崩壊して、その原子数がもとの半分になるまでに要する時間を**半減期**といいます。半減期は、それぞれの放射性同位体ごとに一定の値となります（表2－4）。

たとえば、ある花こう岩に^{40}K（カリウム40）が、花こう岩が形成されたときの4分の1だけ残されていたとします。^{40}Kの半減期は約13億年ですから、花こう岩が形成されてから13億年経過すると、^{40}Kの数はもとの2分の1となり、さらに13億年（形成されてから26億年）経過すると、^{40}Kの数はさらに半分となって、もとの4分の1となります。すなわち、この花こう岩は約26億年前に形成されたもの

ということがわかります。

また、^{14}C（炭素14）を利用すると、植物の化石を含む堆積岩の年代を知ることができます。生きている植物は呼吸や光合成により、空気中と炭素のやりとりをしていますので、植物体の中の^{12}Cと^{14}Cの割合は空気中と同じ割合で含まれています。

ところが植物が枯死すると、呼吸や光合成ができなくなるため、空気中と炭素のやりとりができなくなります。その後、植物内の^{14}Cは崩壊し、^{12}Cに対する^{14}Cの割合は減少していきます。^{14}Cの半減期は約５７００年ですから、枯死した５７００年後には^{14}Cの数はもとの2分の1となります。これを利用して植物の化石を含む地層が堆積した年代（植物が枯死してからの時間）を知ることができます。

このように、岩石や化石などに残されている放射性同位体の数と最初に含まれていた放射性同位体の数（または崩壊してできた安定同位体の数）がわかれば、放射年代を求めることができます。このようにして、地層や岩石が形成された年代を具体的な数値で知ることができるのです。

一般に半減期の長い^{40}Kや^{238}U（ウラン２３８）は、古い時代の年代測定に利用されます。半減期の短い放射性同位体は、長い時間経過すると、そのほとんどが崩壊してなくなってしまうため、古い時代の年代測定はできません。

また、半減期の短い^{14}Cは新しい時代の年代測定に利用されます。半減期の長い放射性同位体は、短い時間ではほとんど崩壊しないため、新しい時代の年代測定はできません。

地質年代の区分

ここまでの解説をふまえ、いよいよ地球の歴史をたどっていきましょう。

地質時代のうち、地球が誕生した約46億年前から約5億3900万年前までを**先カンブリア時代**といいます。また、約5億3900万年前から現在までを**顕生代**といいます（図2－5－1）。

さらに、先カンブリア時代は古いほうから、**冥王代**（約46億～40億年前）、**太古代**（約40億～25億年前）、**原生代**（約25億～5億3900万年前）の3つの時代に分けられています。先カンブリア時代には硬い殻をもつ生物がほとんど存在しなかったので、化石がほとんど見つかっていません。

一方、顕生代は、古いほうから、**古生代**、**中生代**、**新生代**の3つの時代に分けられています。顕生代には硬い殻をもつ生物が現れたので、顕生代の地層からは多くの化石が発見され、地質時代が細かく区分されています。なお、後の節で地球の歴史（生物界の変遷）を説明する際にあらためて取り上げます。

	代	紀（世）		数値年代（年前）	大量絶滅	特徴的な生物	
顕生代	新生代	第四紀	完新世	1万		哺乳類	被子植物
			更新世	260万			
		新第三紀	鮮新世	530万			
			中新世	2300万			
		古第三紀	漸新世	3390万			
			始新世	5600万			
			暁新世	6600万	←5回目		
	中生代	白亜紀		1億4500万		爬虫類	裸子植物
		ジュラ紀		2億100万	←4回目		
		三畳紀（トリアス紀）		2億5200万	←3回目		
	古生代	ペルム紀		2億9900万		単弓類	シダ植物
		石炭紀		3億5900万	←2回目	両生類	
		デボン紀		4億1900万		魚類	
		シルル紀		4億4400万	←1回目		菌類・藻類
		オルドビス紀		4億8500万		無脊椎動物	
		カンブリア紀		5億3900万			
先カンブリア時代	原生代			25億		（真核生物）	
	太古代（始生代）			40億		（原核生物）	
	冥王代			46億		（無生物）	

図 2-5-1　**地質年代の区分**

2・6 地球と生命の誕生——地球の歴史①

冥王代

先カンブリア時代（約46億～5億3900万年前）のうち、約46億～40億年前の地質年代を**冥王代**（めいおうだい）といいます。地球は、今から約46億年前に、**微惑星**（びわくせい）（直径10㎞程度の小天体）が衝突・合体をくり返して誕生しました。

微惑星の衝突によって熱が発生したため、地球は高温となり、地球表面の岩石は融けてマグマとなっていました。地球の表面全体を覆っていたマグマを**マグマオーシャン**（magma ocean）といいます。

マグマオーシャンの中で、密度の大きい鉄は内部に沈んでいき、核を形成しました。一方、密度の小さい岩石成分は上昇してマントルを形成しました。このように、地球内部の層構造は冥王代に形成されていきました（図2-6-1）。

また、微惑星には水や二酸化炭素が含まれていたため、微惑星が衝突したときに水や二酸化

①　②

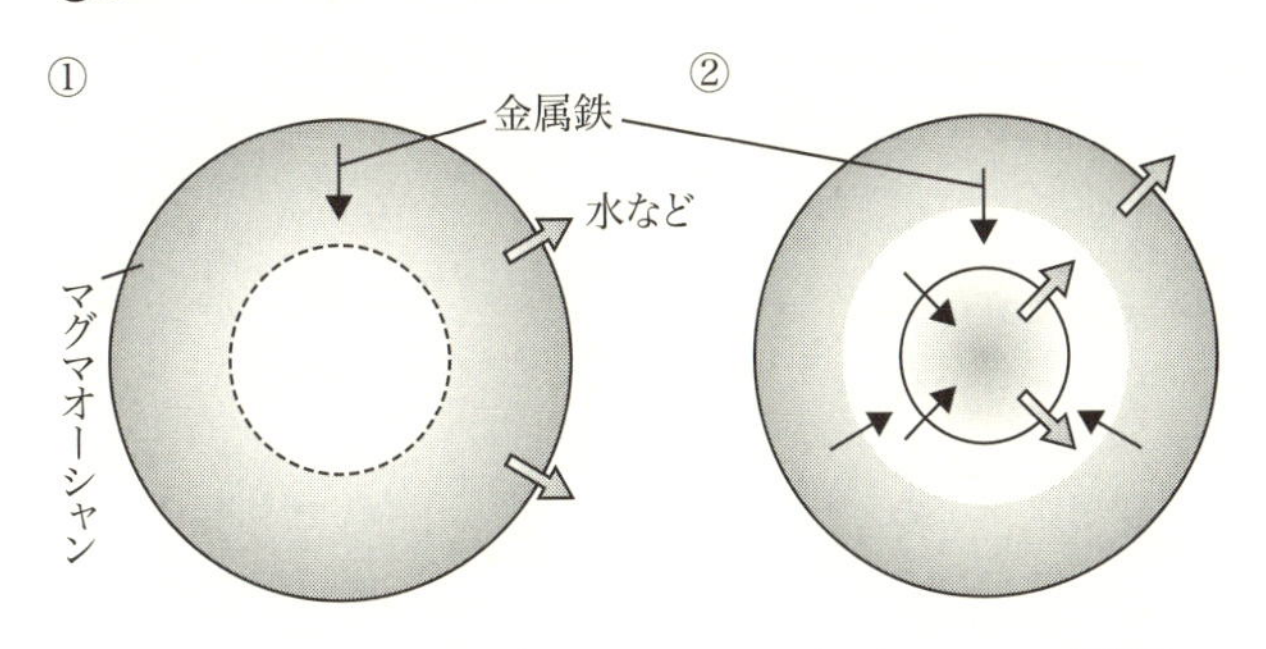

地球の表面はマグマで覆われた

マグマオーシャンは時間とともに冷え、底部にたまった鉄が中心にあった物質と置き換わった

③

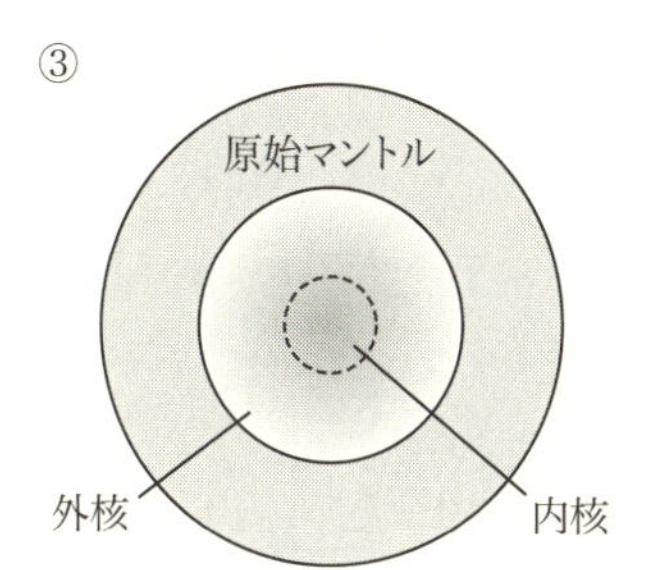

④

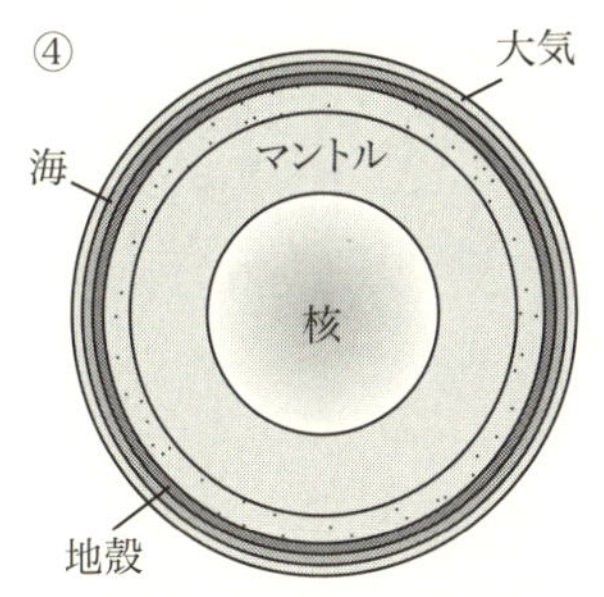

鉄とニッケルが地球の中心に向かい、核を形成した。さらに固体の内核ができた

マグマオーシャンが冷えて岩石となり、マントルを形成した。軽い成分は表層の地殻となった。地表が冷えると大気に含まれる水蒸気が雨になり海ができた

図 2-6-1　**地球内部の形成**

炭素が気体として放出され、地球の大気を形成しました。水蒸気や二酸化炭素を主成分とする地球の初期の大気を**原始大気**（げんしたいき）といいます。

地球に衝突する微惑星が少なくなり、地球の温度が低下すると、地球表面のマグマが冷え固まり、地殻を形成しました。また、大気中の水蒸気は凝結して雨となって降り、**原始海洋**（げんしかいよう）が形成されました。原始海洋は今から約40億年前に形成されたと考えられています。

海が形成されると、大気中の多くの二酸化炭素は海に吸収されました。海水中で二酸化炭素はカルシウムイオンと結合して炭酸カルシウムとなり、海底に堆積して石灰岩となりました。このようにして大気中の二酸化炭素はリソスフェアに固定されたため、大気中の二酸化炭素濃度は減少していきました。

太古代

約40億〜25億年前の地質年代を**太古代**（たいこだい）といいます。地球上で見つかっている最古の岩石は、今から約40億年前の片麻岩（へんまがん）（カナダ北部のアカスタ片麻岩）です。地球上には冥王代の岩石は存在しませんが、太古代の岩石は大陸の内部に残されています。

グリーンランドからは約38億年前の礫岩や**枕状溶岩**（まくらじょうようがん）が見つかっています。礫岩は水によって侵食されてできた礫が海底などに堆積してでき、枕状溶岩は海底などでマグマが水中に噴出してできます。つまり、どちらも形成されるためには水が必要ですので、約38億年前の礫岩や枕状溶岩は、この時代にすでに海が存在していたことを示しています。

　生命の起源についてはまだ解明されていないことが多くありますが、今から約40億年前に生命活動が始まったと考えられています。これは、「生物に由来する炭素」が、堆積岩を起源とする約40億年前の変成岩の中から見つかっているからです。炭素の安定同位体には、質量数12の炭素（^{12}C）と質量数13の炭素（^{13}C）があります。生物が二酸化炭素から有機物をつくるときには、質量数12の炭素を多く取り込む性質があるため、炭素を含む物質が生物に由来するものかどうかを推定できるのです。

　生物の外形を残す最古の化石は、西オーストラリアから発見された約35億年前の**原核生物**の化石です。原核生物とは、核を持たないシンプルな細胞構造の生物です。現在の海嶺付近の海底には熱水が噴出する**熱水噴出孔**があり、その周囲では酸素のない環境でも生息できる微生物の存在が確認されています。太古代初期の海には酸素がほとんど存在しなかったため、このような微生物が最古の生命ではないかと考えられています。

　今から約27億年前には、地球上で初めて酸素発生型の**光合成**を行う原核生物の**シアノバクテリア**が出現していました。シアノバクテリアの光合成によって、海水中に酸素が放出されるようになりました。シアノバクテリアの遺骸は海水中の炭酸カルシウムなどと固定されて、直径

図2-6-2 ストロマトライト(オーストラリア)

数十㎝のドーム状の岩石となります。この岩石を**ストロマトライト**(stromatolite)といいます。ストロマトライトは、全体的にはドーム状に膨らんだ形をしていますが、積み重なるように成長したため、断面には層状の構造が見られます。シアノバクテリアは現在の海にも生息し、オーストラリアのシャーク湾では、現在でもストロマトライトが形成されています(図2-6-2)。

原生代

約25億~約5億3900万年前の地質年代を**原生代**(げんせいだい)といいます。シアノバクテリアの光合成によって海水中に増えた酸素は、海水中に溶けていた鉄イオンと結合して酸化鉄(さんかてつ)になります。この酸化鉄が海底に堆積して、**縞状鉄鉱層**（しまじょうてっこうそう）と呼ばれる地層が約27億～19億年前に形成されました。

縞状鉄鉱層の形成には酸素が必要ですので、原生代初期に大規模な縞状鉄鉱層が形成されたことから、当時の海に多くの酸素が含まれていたことがわかります。また、人類が利用している鉄の大部分は、縞状鉄鉱層から採掘されたものになります。

約21億年前の地層からは、細胞の中に核をもつ**真核生物**（しんかくせいぶつ）の化石が見つかっています。原生代には海水中に酸素が含まれるようになったため、酸素を利用してエネルギーを得ることができるように、生物が進化したと考えられています。また、15億年前には**多細胞生物**（たさいぼうせいぶつ）が出現しました。

約23億～22億年前と約7億5000万～6億年前には、地球のほぼ全体が氷に覆われた状態となりました。このような地球の状態を**全球凍結**（スノーボールアース）といいます。

全球凍結を示す証拠が地層に残されることがあります。氷河が陸地の岩石を削り、礫（れき）を取り込んで海まで移動し、海で氷山となった後、氷が融けると海底に礫が落下します。このようにして海底の堆積物にめり込んだ礫を**ドロップストーン**（drop stone）といいます（図2-6-3）。

カナダ（オンタリオ州）の約22億年前の地層にはドロップストーンが含まれており、全球凍結によるものと考えられています。また、ドロップストーンなどの氷河堆積物が、当時の低緯度の地層からも見つかっているため、地球全体が氷河で覆われていたと考えられます。

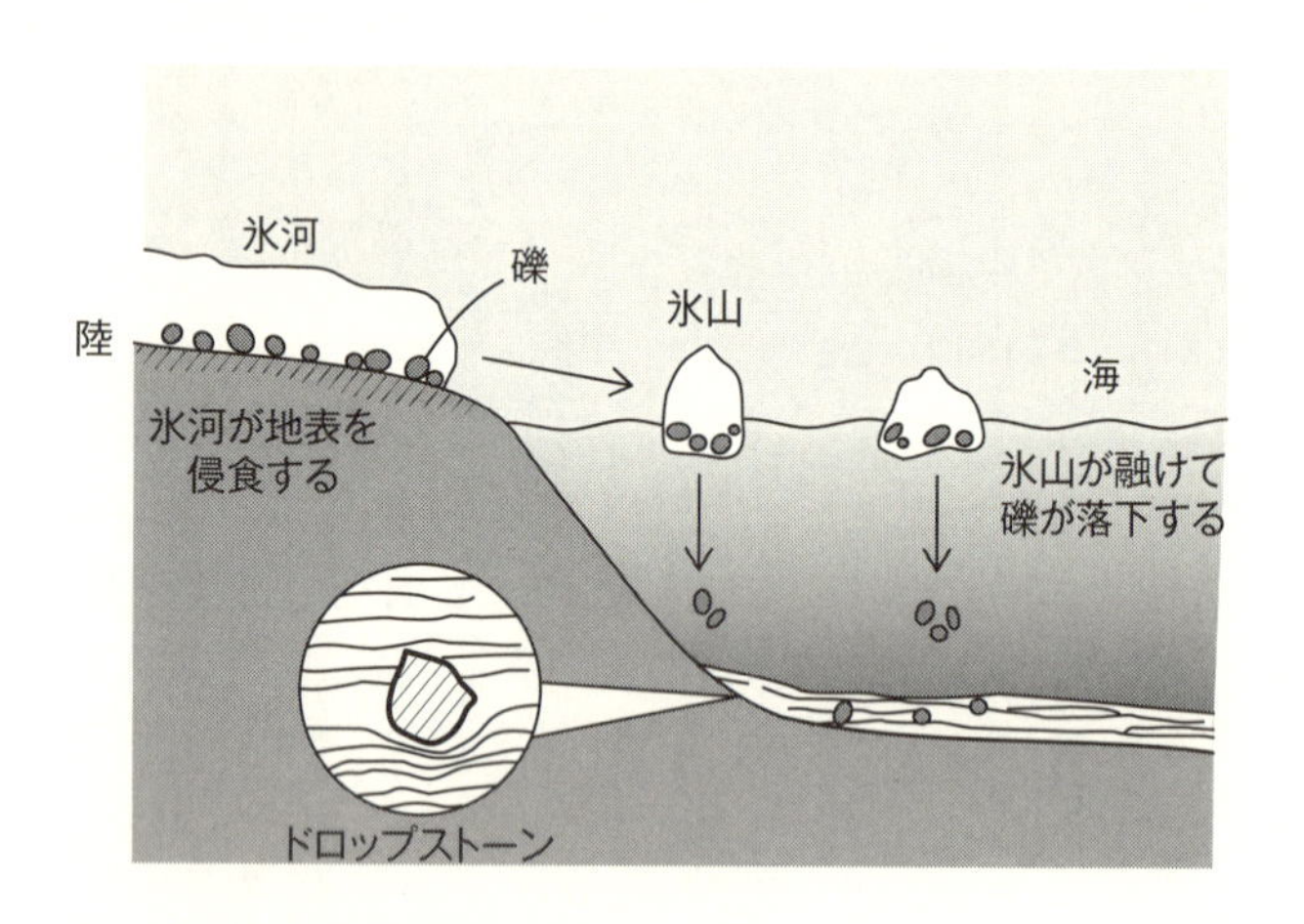

図2-6-3 **ドロップストーン**

氷河が地表を侵食し、礫を取り込んで海へ移動し、氷山となる。
氷山が融けると礫が海底に落下して堆積物にめり込む。

図2-6-4 **エディアカラ生物群の想像図**

第一学習社『地学基礎』(令和6年度用)P.159・図35を一部改変

約6億年前に全球凍結が終わると、大型の多細胞生物が出現するようになりました。オーストラリアをはじめ、世界各地の5億5000万年前ごろの地層から発見された大型の化石群を**エディアカラ生物群**といいます（図2-6-4）。

エディアカラ生物群は、硬い組織をもたないため、遺骸自体は残っていませんが、生物の形態が残されています。このような化石を**印象化石**といいます。体長が数十cmにもなるディキンソニアやカルニオディスクスなど、大型の印象化石が残されています。

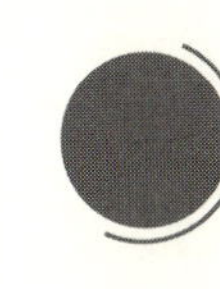

2・7 生物の陸上進出——地球の歴史②

古生代の時代区分

約5億3900万〜約2億5200万年前の地質年代を**古生代**といいます。古生代は古いほうから、**カンブリア紀**、**オルドビス紀**、**シルル紀**、**デボン紀**、**石炭紀**、**ペルム紀**に分けられています。

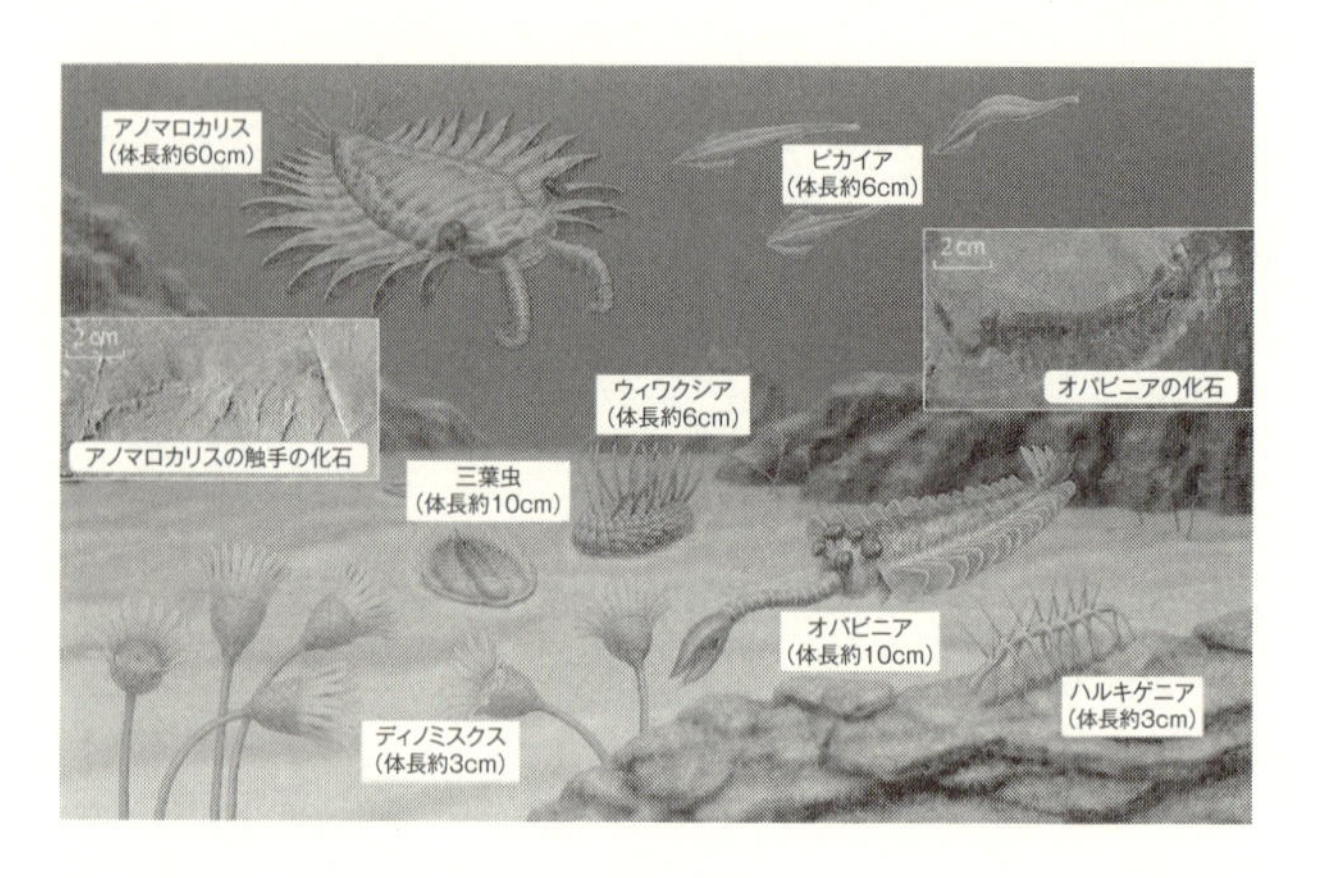

図2-7-1　**バージェス動物群の復元図**
第一学習社『地学基礎』（令和6年度用）P.160・図38を一部改変

カンブリア紀

カンブリア紀には、硬い殻や骨をもつ多様な**無脊椎動物**が一斉に出現しました。これを**カンブリア爆発**といいます。**節足動物**の三葉虫、体長数十㎝にもなるアノマロカリス、5個の目をもつオパビニア、背中に7対の棘があるハルキゲニアなどが、世界各地の地層で発見されています。

特に中国南部（雲南省）のカンブリア紀前期の地層から見つかる化石群は**澄江動物群**と呼ばれ、カナダ西部（ブリティッシュコロンビア州）のカンブリア紀中期の地層から見つかる化石群は**バージェス動物群**と呼ばれています（図2-7-1）。これらの化石の中には、**無顎類**（原始的な魚類）の化石も見つかっています。

カンブリア紀の生物には、捕食者と被食者の関係がありました。生物は食べるために硬い歯をもつようになったり、身を守るために硬い殻をもつようになったりしたと考えられています。

オルドビス紀

オルドビス紀は温暖な気候であり、海水中には、**刺胞動物**のサンゴ、**半索動物**のフデイシ、歯のような構造をもつ無顎類のコノドントなどが繁栄しました。また、カンブリア紀に出現した三葉虫も繁栄していました。

オルドビス紀の地層からは、植物の胞子の化石や節足動物の足跡の化石などが見つかっています。このことから、**コケ植物**や**昆虫**などが陸上に進出していたと考えられます。

原生代や古生代の海では藻類が繁栄し、光合成によって海水中や大気中の酸素が増加しました。大気中の酸素分子（O_2）は、太陽からの紫外線を吸収すると酸素原子（O）に分解します。分解してできた酸素原子が別の酸素分子と結合すると、オゾン（O_3）ができます。

オゾンは太陽からの生物に有害な**紫外線**を吸収するはたらきがあります。オルドビス紀に生物が海から陸へ進出できたのは、上空に**オゾン層**が形成され、地上に届く紫外線が減少したためと考えられています（図2−7−2）。

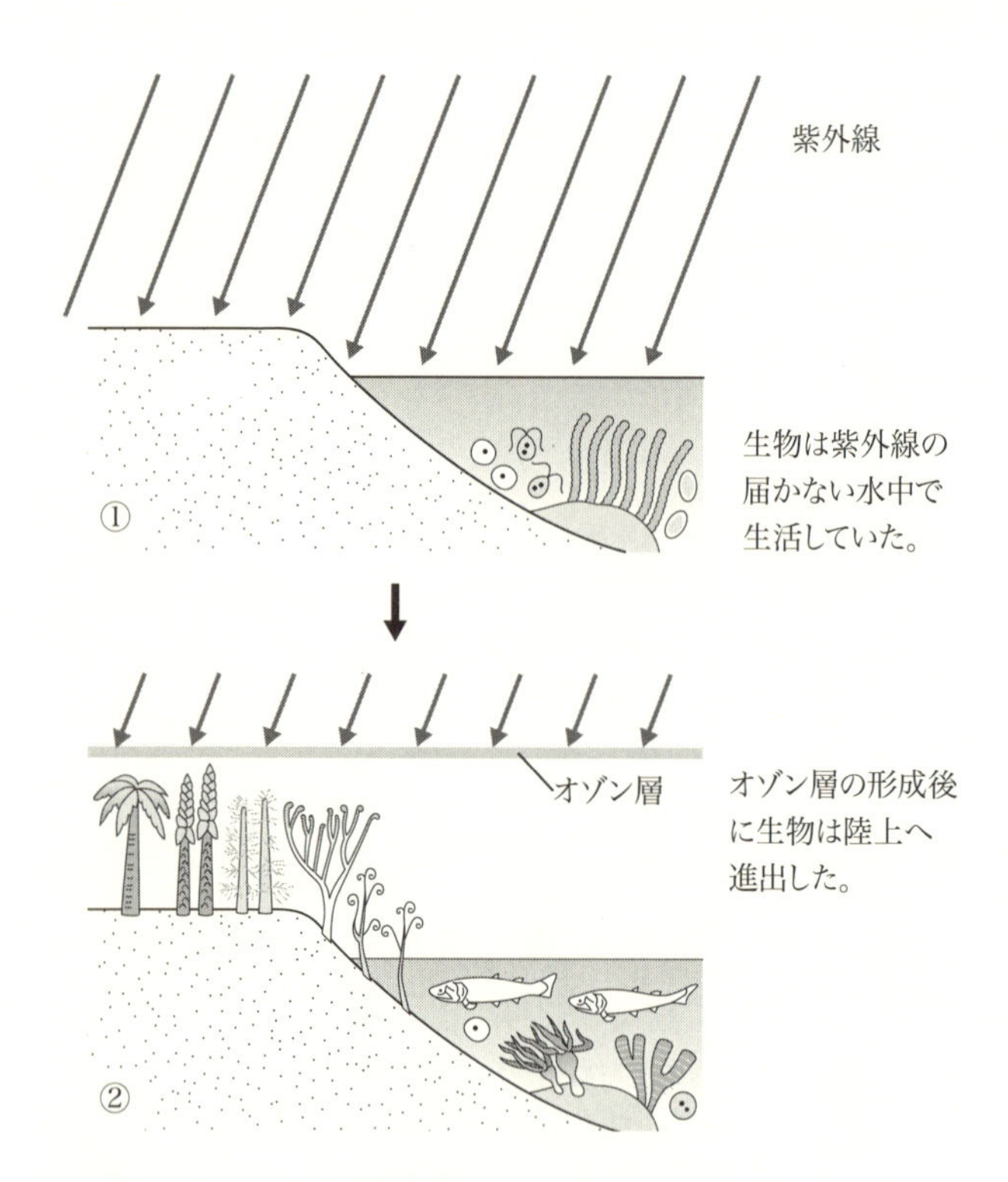

図2-7-2 **オゾン層の形成**

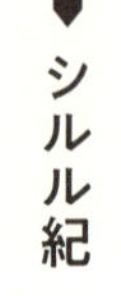

シルル紀

シルル紀の地層から、形を確認できる最古の陸上植物であるクックソニアの化石が見つかっています（図2-7-3）。

その後、水分や養分を運ぶ**維管束**（いかんそく）が発達した**シダ植物**が出現し、水の少ない陸上の環境に適応していきました。

海では、クサリサンゴやハチノスサン

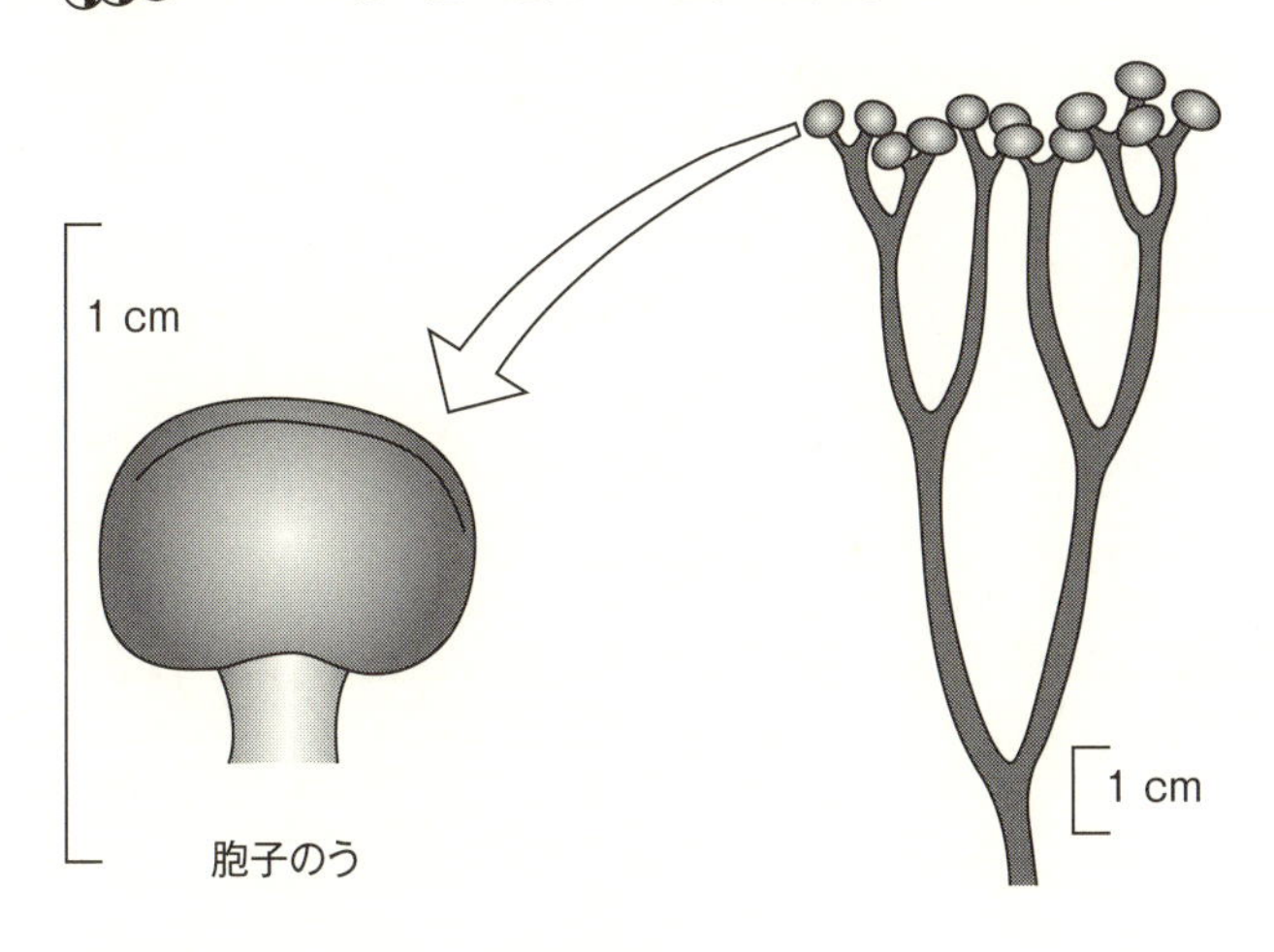

図 2-7-3　**クックソニアの復元図**

啓林館『地学』（令和6年度用）P.164・図29を一部改変

ゴなどが繁栄していました。また、無顎類は顎を発達させて魚類へと進化しました。

デボン紀

デボン紀には、**魚類**（ぎょるい）が多様化し、ひれに骨格をもつユーステノプテロンやサメの仲間の**軟骨魚類**（なんこつぎょるい）などが生息していました。陸上ではプシロフィトンなどのシダ植物が繁栄して森林を形成し、種子をつくる**裸子植物**（らししょくぶつ）が出現しました。

デボン紀は**脊椎動物**（せきついどうぶつ）が上陸した時代でもあります。魚類から進化したアカンソステガやイクチオステガなどの**両生類**（りょうせいるい）が現れました。これらの両生類は、指の骨格が発達していて、陸上を這（は）うこともできたと考えられています。

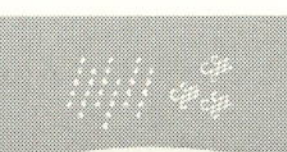

石炭紀

石炭紀には、幹に節があるロボク、幹に鱗（うろこ）のような模様をもつリンボク、幹に六角形の模様をもつフウインボクなどのシダ植物が繁栄し、森林が広がりました。これらのシダ植物の光合成によって、大気中の二酸化炭素濃度は減少し、酸素濃度は上昇しました。

シダ植物が枯死して、その遺骸が沼地などに堆積すると、地中で**石炭**が形成されます。人類が利用してきた石炭の多くは、石炭紀の植物からできたものです。

また、陸上では、殻のある卵を産む爬虫類（はちゅうるい）や、哺乳類（ほにゅうるい）の祖先である**単弓類**（たんきゅうるい）が出現しました。昆虫は巨大化し、体長60㎝程度のメガネウラ（原始的なトンボ）なども生息していました。

そして、石炭紀の終わりごろ（約3億年前）には、気候が寒冷化し、南半球の**ゴンドワナ大陸**に巨大な**氷河**が発達しました。

ペルム紀

ペルム紀には、世界の大陸が集まって超大陸パンゲアが形成されました。陸上では爬虫類や単弓類が繁栄し、海では有孔虫の仲間であるフズリナ（紡錘虫）、サンゴ、**棘皮動物**（きょくひどうぶつ）のウミユリなどが繁栄しました。フズリナは炭酸カルシウムの殻をもち、石炭紀～ペルム紀の石灰岩か

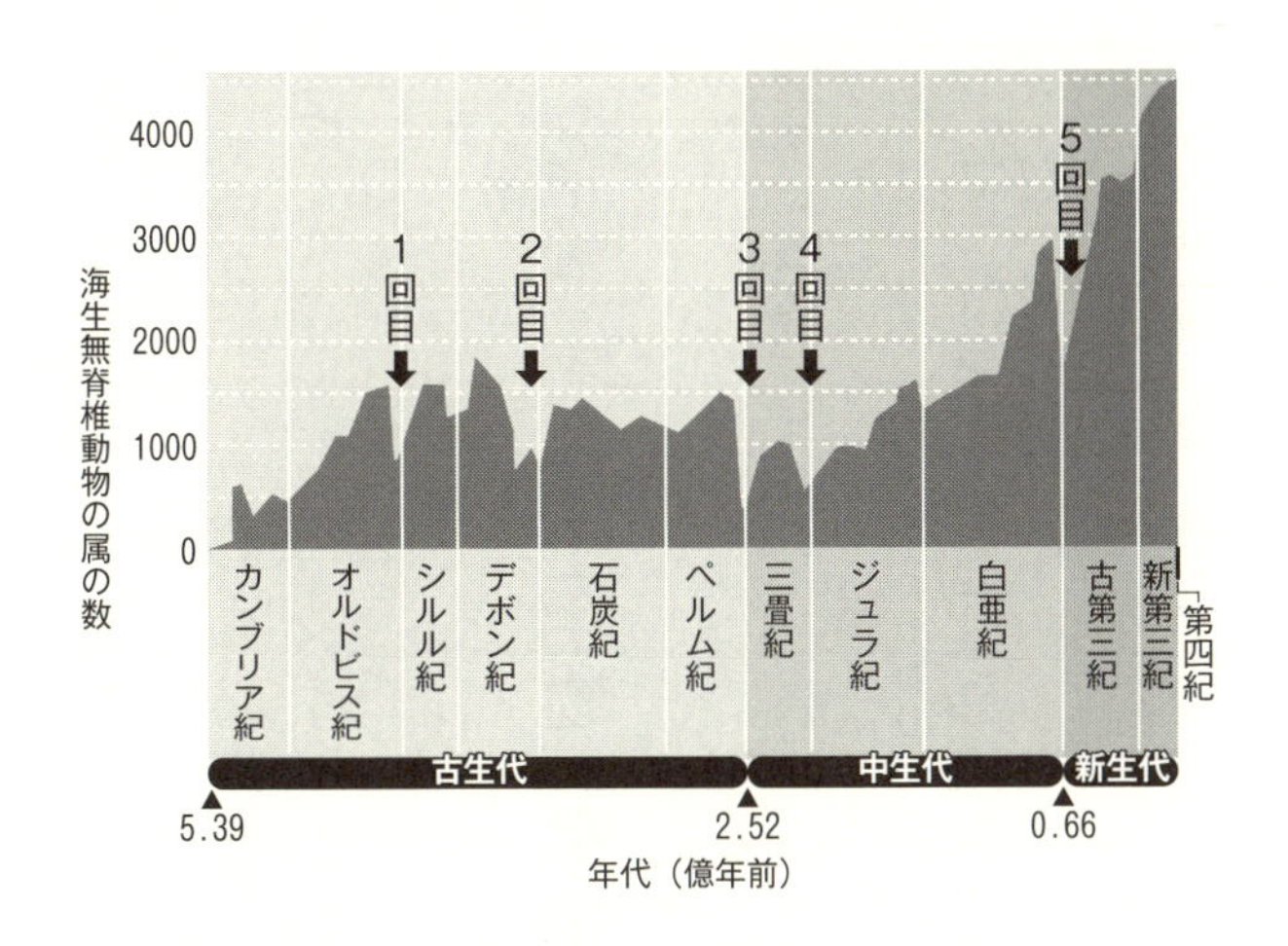

図2-7-4　**地球史における5回の大量絶滅**

ら化石として見つかります。

地球規模で短期間に多くの生物が絶滅するできごとを**大量絶滅**といいます。約5億3900万年前以降の顕生代には、5回もの大量絶滅が起こりました（図2−7−4）。その中でもペルム紀末（約2億5200万年前）の大量絶滅は最大規模であり、三葉虫やフズリナなどが絶滅しました。

ペルム紀末に形成された地層に黒色の**泥岩層**があります。この地層は分解されなかった有機物を含んでおり、海底の酸素が欠乏していたことを示しています。海水中の酸素が広い範囲で欠乏する現象を**海洋無酸素事変**といいます。

ペルム紀には火山活動が活発となり、大気中の二酸化炭素濃度が上昇し、地球が温

暖化しました。海面付近の海水の温度が上昇すると、酸素を含んだ海面付近の海水は深いところへ沈み込みにくくなりますので、海底付近の酸素が欠乏します。酸素が欠乏している海底では、プランクトンなどの遺骸が分解されず、有機物が残されてしまうため、黒色の泥岩ができることになります。

2・8 陸上生物の繁栄——地球の歴史③

中生代

約2億5200万～約6600万年前の地質年代を**中生代**といいます。中生代は古いほうから、**三畳紀**（さんじょうき）、**ジュラ紀**、**白亜紀**（はくあき）に分けられています。全体的には温暖な気候が続いた時代です。

三畳紀

三畳紀（約2億5200万～2億100万年前）の陸上では**爬虫類**が繁栄し、**恐竜**が出現しました。また、単弓類から進化した小型の**哺乳類**が出現しました。植物では、イチョウやソテツなどの裸子植物が繁栄しました。

古生代末に形成された超大陸パンゲアは分裂し、それぞれの大陸が移動し始めました。北側の**ローラシア大陸**（現在のユーラシア大陸や北アメリカ大陸など）と南側のゴンドワナ大陸（現在のアフリカ、南アメリカ、南極、オーストラリア、インドなど）のあいだには、**テチス海**と呼ばれる海が広がっていきました。その海では、古生代に出現していた**頭足類**（とうそくるい）のアンモナイトや二枚貝のモノチスなどが繁栄しました。

ジュラ紀

ジュラ紀（約2億100万～1億4500万年前）の陸上では爬虫類が大型化し、体長が約10mのステゴサウルスやアロサウルス、体長が20m以上あるマメンチサウルスなどの恐竜が生息していました。海生の魚竜や首長竜、空を飛ぶ翼竜なども生息していました。

ジュラ紀後期には、恐竜に似た原始的な**鳥類**が出現しました。その化石はドイツの地層から発見され、日本では**始祖鳥**（しそちょう）と呼ばれています。

白亜紀

白亜紀（約1億4500万～6600万年前）の陸上では、体長が10m以上あるティラノサウルスや3本の角をもつトリケラトプスなどの恐竜が生息していました。また、白亜紀の初期には、花を咲かせる**被子**（ひし）**植物**が出現しました。

白亜紀には火山活動が活発となり、大気中に大量の二酸化炭素が放出されたため、中生代の中でも特に温暖な気候となりました。海面が上昇して、大陸棚（たいりくだな）上の浅海域の面積が拡大したため、浅い海に生息する生物が増え、その生物の大量の遺骸が海底に堆積しました。

白亜紀の海底では、酸素が欠乏することがあったため、海底の有機物が分解されずに地層中に埋没しました。この有機物が現在利用されている**石油**のもとになりました。

白亜紀の海では、アンモナイト、トリゴニア、イノセラムスなどが繁栄しました。トリゴニアは三畳紀～白亜紀に生息し、イノセラムスはジュラ紀～白亜紀に生息していた二枚貝です。

今から約6600万年前の白亜紀末には、直径約10㎞の**隕石**が地球に衝突し、地球環境が急激に変化しました。そのため、恐竜やアンモナイトなどの中生代に繁栄した多くの生物が絶滅しました。

白亜紀末に堆積した地層には、イリジウムという元素が多く含まれています。イリジウムは

地球表層にはほとんど存在しませんが、隕石には多く含まれている元素です。日本では北海道の浦幌町（うらほろちょう）でイリジウムを多く含んだ**黒色粘土層**（こくしょくねんどそう）が発見されています。

また、メキシコのユカタン半島付近には隕石の衝突でできたクレーター（「**チクシュルーブ・クレーター**」といいます）が見つかっています。隕石の衝突によって津波が発生したため、クレーターの周囲には津波によって運ばれた堆積物が分布しています。

新生代

約6600万年前以降の地質年代を**新生代**といいます。新生代は古いほうから、**古第三紀**、**新第三紀**、**第四紀**に分けられています。新生代は、主に哺乳類や被子植物が繁栄した時代です。

古第三紀

古第三紀（約6600万～2300万年前）は温暖な気候で始まりました。特に約5500万年前には、メタンと水が結びついた氷のような物質である**メタンハイドレート**が融け、大気中のメタンが増加したことによって、温暖な気候となりました。

陸上では、サルやヒトの仲間である**霊長類**（れいちょうるい）など、さまざまな哺乳類が出現しました。クジ

ラやアシカなど、海に進出した哺乳類もいます。

浅い海には、直径数cmの貨幣石（ヌンムリテス）が生息していました。エジプトのピラミッドに使用されている石灰岩には、貨幣石の化石が多く含まれています。

インドは中生代には南半球にありましたが、中生代から新生代にかけて北上し、約4000万年前には**アジア大陸**に衝突して、ヒマラヤ山脈が形成され始めました。

約3000万年前には気候が寒冷化し、高緯度には氷河が形成されるようになりました。

新第三紀

新第三紀（約2300万〜260万年前）には寒冷化が進みましたが、温暖な時期もありました。太平洋の沿岸には哺乳類のデスモスチルスが生息していました。また、温暖な**汽水域**（淡水と海水が混ざった水域）には、巻き貝のビカリアが生息していました。デスモスチルスとビカリアは、日本の地層から多くの化石が産出されています。

二足歩行をしていた初期の猿人（**サヘラントロプス・チャデンシス**）の化石が、アフリカの約700万年前の地層から発見されています。また、約390万年前には、猿人（**アウストラロピテクス・アファレンシス**）が出現しました。これらの猿人の化石は主にアフリカの東部で発見されています。

第四紀

第四紀（約260万年前〜現在）は、全体的に寒冷な時代でした。特に寒冷な時期を**氷期**といい、氷期と氷期のあいだの比較的温暖な時期を**間氷期**といいます。最近の約70万年間は、約10万年周期で氷期と間氷期をくり返しています。

氷期には海面が低下し、日本列島の一部は大陸と陸続きとなったため、大陸からナウマンゾウやオオツノジカなどの哺乳類が日本列島にやってきたと考えられています。長野県の野尻湖では、多くのナウマンゾウの化石が見つかっています。

新第三紀後期に出現した人類は、第四紀にはアフリカ以外の地域に進出し、進化していきました。約230万年前には初期のホモ属である**ホモ・ハビリス**や**ホモ・ルドルフエンシス**が出現し、約190万年前には**ホモ・エレクトス**（北京原人やジャワ原人など）が出現しました。この時代に、人類は石器を使用し始めたとされます。

約30万年前には、原人から進化した**ネアンデルタール人**（旧人）が出現し、ヨーロッパからシベリア西部にわたる広域に進出しました。約20万年前には、現生人類である**ホモ・サピエンス**（新人）がアフリカに出現し、約6万年前の**出アフリカ**を経て、世界中に広がっていきました。ホモ・サピエンスは、言語や道具を使用し、文明を発展させていきました。

2・9 地質からみた日本列島

日本列島の基盤岩

壮大な地球史を一望してきました。続いては、身近な日本列島に目を移していきましょう。日本列島の地殻の大部分(**基盤岩**(きばんがん))は、大陸プレートの先端で形成された**付加体**(ふかたい)と、その一部が変成作用を受けてできた変成岩、マグマが冷え固まってできた火成岩などで構成されています。付加体とは、海洋プレートが大陸プレートの下に沈み込むときに、海洋プレート上の堆積物がはぎ取られて、大陸プレートの先端部に付加したものです。

西南日本の地質構造

西南日本では、付加体を構成する地層や岩石が、東西方向に長く伸びて配列しています。代表的な付加体として、ペルム紀に形成された**秋吉帯**(あきよしたい)、ジュラ紀に形成された**美濃**(みの)**・丹波帯**(たんば)、白亜紀〜新第三紀に形成された**四万十帯**(しまんと)などがあります(図2-9-1)。付加体は、太平洋側の

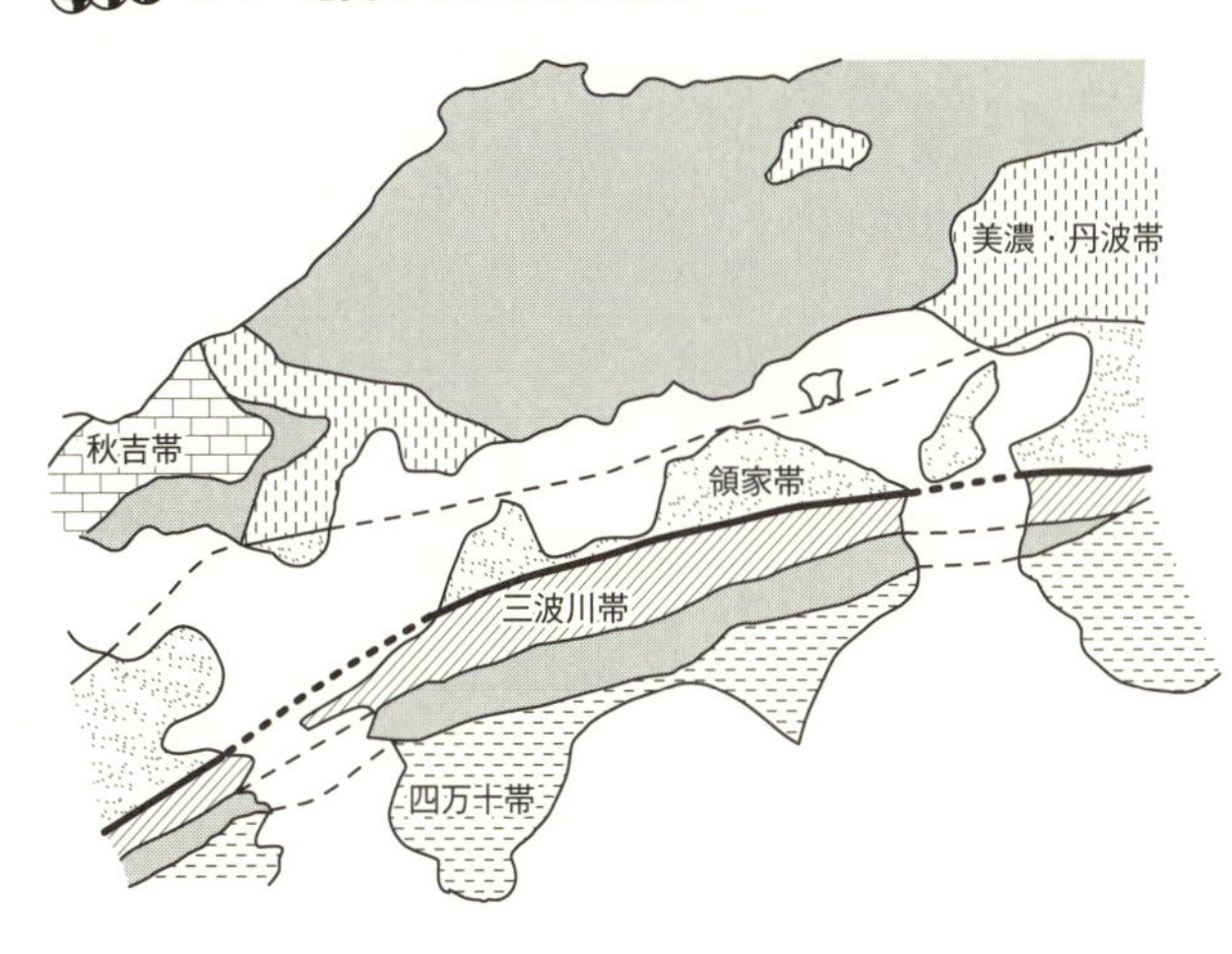

図2-9-1　**西南日本の地質構造**

海溝で形成されますので、古い付加体は日本海側（大陸側）、新しい付加体は太平洋側（海溝側）に分布します。

付加体の一部は広域変成作用を受け、変成岩となっています。特に、広域変成岩が広い範囲に帯状に分布する場所を**広域変成帯**といいます。西南日本には、高温低圧型変成岩（片麻岩など）が分布する**領家変成帯**や低温高圧型変成岩（結晶片岩など）が分布する**三波川変成帯**などがあります。領家変成帯と三波川変成帯は、白亜紀に形成された広域変成帯です。

高温低圧型変成岩は地下のマグマの周囲で形成されますので、領家変成帯には花こう岩なども含まれています。また、徳島県の大歩危・小歩危や埼玉県の長瀞では、三波川変成

帯の結晶片岩を観察できます。

領家変成帯と三波川変成帯のあいだには、**中央構造線**と呼ばれる右横ずれ断層があります。中央構造線は、関東地方から九州地方まで伸び、第四紀にも活動しています。中央構造線よりも北側（大陸側）を西南日本の**内帯**といい、中央構造線よりも南側（太平洋側）を西南日本の**外帯**といいます。

日本列島のほぼ中央部（関東山地周辺）には、**フォッサマグナ**と呼ばれる南北に伸びる地溝帯が存在します。この地溝帯に新しい時代の地層が堆積しているため、現在では山地になっている部分もあります。

フォッサマグナの西側の縁には、**糸魚川**（いといがわ）-**静岡構造線**（しずおか）と呼ばれる南北方向に伸びる断層があります。中央構造線は、糸魚川-静岡構造線によって切られているため、糸魚川-静岡構造線のほうが新しい時代にできた断層であることがわかります。

東北日本の地質構造

東北日本の基盤岩も西南日本のように主に付加体で構成されていると考えられています。ただし、東北日本は、新生代の地層や火山噴出物などに覆われているため、詳しくわかっていない部分が多くあります。また、北海道では、**日高山脈**（ひだか）を境に、東側と西側で地質構造が異なる

ため、東側と西側の陸地が衝突して日高山脈が形成されたと考えられています。

2・10 日本列島の歴史

日本列島の起源

約5億年前の日本列島は大陸（**南中国地塊**）の縁（ふち）にありました。その海側では、新しいプレートの沈み込み帯ができ、海洋プレートの沈み込みによって付加体が次々と形成されました。

古生代ペルム紀（約2億9900万〜2億5200万年前）に形成された秋吉帯には、石炭紀〜ペルム紀に形成された石灰岩が含まれています。これは**パンサラサ海**（当時の太平洋）の海山の上に堆積したサンゴ礁石灰岩が、海洋プレートとともに移動し、海溝から沈み込むときに付加体に取り込まれたものと考えられています（図2-10-1）。

中生代ジュラ紀（約2億100万〜1億4500万年前）には、美濃・丹波帯が形成されまし

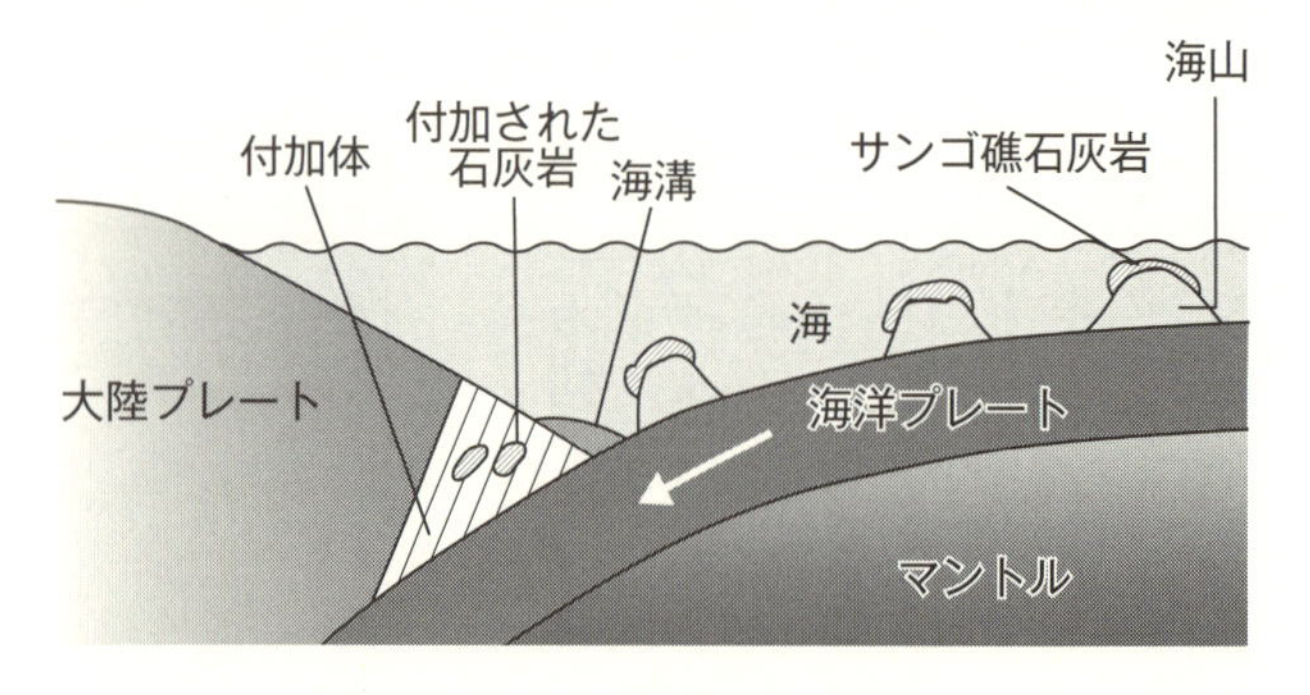

図 2-10-1 付加体に石灰岩が取り込まれる過程

た。付加体は海側に形成されますので、日本列島は海側へ成長し、海溝の位置も海側へ移動していきました。ジュラ紀〜白亜紀の地層からは恐竜の化石が発見されていますので、中生代の日本列島は大陸の一部であったと考えられています。

海洋プレートの沈み込みは付加体を形成することもありますが、付加体の下部を侵食することもあります。これを**構造侵食**（こうぞうしんしょく）といいます。侵食された部分はマントルへ運ばれていきます。現在では日本海溝で構造侵食が確認されています。

新生代古第三紀（約6600万〜2300万年前）にも海洋プレートの沈み込みによって付加体が形成されました。日本列島の内陸では**低湿地**が広がり、植物の遺骸から石炭層が形成されました。福岡県の**筑豊炭田**（ちくほうたんでん）、福島県の**常磐炭田**（じょうばんたんでん）、北海道の**夕張炭田**（ゆうばりたんでん）などで採掘された石炭は、古第三紀の植物からできたものです。

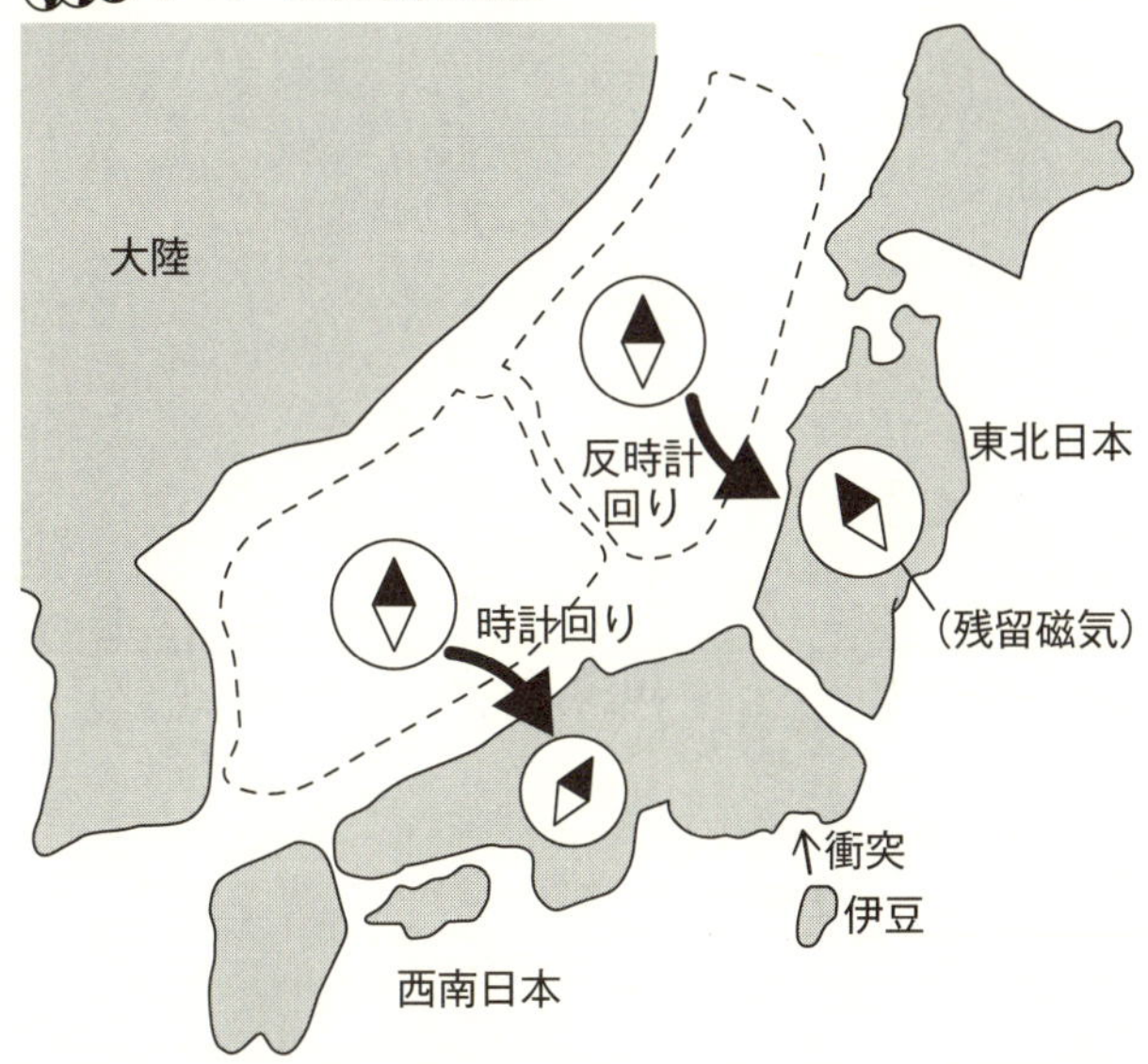

図 2-10-2　日本列島の誕生と日本海の拡大
日本海の拡大前に形成された岩石の残留磁気は北向きであったが、西南日本は時計回りに回転するように大陸から離れたため、残留磁気は東に傾き、東北日本は反時計回りに回転するように大陸から離れたため、残留磁気は西に傾いた。

日本列島の誕生

今から約1500万年前（新第三紀）に、アジア大陸の東側の一部が大陸から離れ、日本列島が誕生しました。日本列島が大陸から離れるとともに、**日本海**が拡大していきました。

日本列島が大陸から離れるとき、東北日本は反時計回りに、西南日本は時計回りに回転するように離れたという考え方（**観音開き説**）があります（図2-10-2）。

一般に岩石の残留磁気は北

を指しますが、東北日本の岩石の残留磁気は西に傾き、西南日本の岩石の残留磁気は東に傾いています。このことは、岩石が形成された後に、日本列島が回転したことを示しています。

また、日本列島が横ずれ断層によって、大陸から離れたという考え方（**押し出し説**）もあります。この説では、**棚倉構造線**（茨城県北部と福島県南部のあいだを通る断層）に沿って西南日本が大陸から離れたと考えられています。

一方、南側に移動した日本列島の南方からは、**伊豆・小笠原弧**が北上してきました。一般に、西南日本の付加体は東西方向に伸びていますが、現在の伊豆半島の北側では、付加体が北側へ張り出すように屈曲しています。

新第三紀の日本列島

新第三紀（約2300万〜260万年前）の日本列島では、活発な火山活動が起こりました。このときに形成された火山岩や凝灰岩は緑色に変成しているため、**グリーンタフ**（green tuff）と呼ばれています。グリーンタフは日本海側の地域に多く見られます。

また、海底の火山活動に伴って、銅、鉛、亜鉛などの硫化物を含んだ熱水が噴出しました。この硫化物が海底に沈殿し、銅、鉛、亜鉛などに富む**黒鉱鉱床**が形成されました。

新第三紀後期には、日本列島が東西方向に圧縮されるようになり、断層運動や褶曲運動に伴って、隆起や沈降などの地殻変動が起こり、山脈が形成され、起伏に富んだ日本列島となりました。また、伊豆・小笠原弧が日本列島に衝突し、**伊豆半島**が形成されました。

第四紀の日本列島

第四紀（約260万年前～現在）は特に寒冷な時代であり、約7万～1万年前は最後の氷期でした。海面が100m以上低下したため、日本列島が大陸と陸続きになり、このときに人類が日本列島へやってきたと考えられています。

最終氷期のピークであった約1万8000年前には、日本の平均気温は今よりも約5℃低かったと考えられています。その後の気候は比較的温暖であり、約8000～6000年前には、日本の平均気温は今よりも約5℃高かったと考えられています。

比較的気温の高い間氷期には、陸域の氷河が融解し、その水が海に流れ込むため、海面は上昇します。約8000～6000年前の関東地方では、海面が今よりも数m高く、内陸まで海水が進入していました。

縄文（じょうもん）時代の海岸線の位置は、貝塚（かいづか）の分布などから推定されています。約8000～6000年前の海面の上昇は**縄文海進**（じょうもんかいしん）と呼ばれています。ただし、海面の上昇は、海水の量だけで決まるものではなく、水温の上昇に伴う海水の膨張や地殻変動による影響などもありま

す。

数万年の時間スケールで見ると、現在は比較的温暖な間氷期になりますが、その中でも気候の変動はあります。縄文時代は温暖な気候でしたが、古墳時代には寒冷な時期が何度かあり、平安時代には再び温暖な気候となりました。このような過去の気候は、樹齢２０００年を超える屋久杉の年輪などから推定されています。

また、江戸時代は全体的に気温の低い時代であり、**小氷期**と呼ばれています。江戸時代には４回の大飢饉があり、その中でも**享保の大飢饉**（１７３２年）や**天明の大飢饉**（１７８２〜１７８８年）は、梅雨の長雨や冷夏が主な原因と考えられています。

さらに、天明の大飢饉では、１７８３年のアイスランドの**ラキ火山**（ラカギガル）の大噴火が追い打ちをかけました。上空の火山灰が日射量を低下させることによって、さらなる寒冷化を引き起こしたり、降灰によって農作物に大きな被害を与えたりしました。

このように、気候変動が私たちの生活に影響を与えることは、これまでの歴史が証明しています。また、気候変動に火山噴火などの自然災害が加わると壊滅的な被害を受けることになります。このように自然の脅威は単独で襲ってくるのではなく、重なって現れる場合があることを私たちは想定しておかなければなりません。

第3章

地球をめぐる大気と海洋

アンダマン海（タイ）、熱帯低気圧によって引き起こされる高潮

写真：Placebo365/Getty Images

3・1 大気圏

地球上で起こる自然現象や地球環境を理解するうえで、もうひとつ欠かせないのが「大気」と「海洋」です。本章では、そのメカニズムを解説したいと思います。

地球の大気圏

地球を取り巻く大気の層を**大気圏**(たいきけん)といいます。大気圏では、さまざまな気象現象が起こり、私たちの生活に大きな影響を与えています。

大気中にはさまざまな物質が含まれています。体積比では、窒素が約78%、酸素が約21%を占めます。ただし、この割合は水蒸気を除いて示しています。大気中の水蒸気の量は、雨が降る日もあれば降らない日もあるように、時間や場所によって大きく変動します。

気　圧

地球の大気は、重力によって地表に引きつけられていますので、大気圏の底にいる私たち

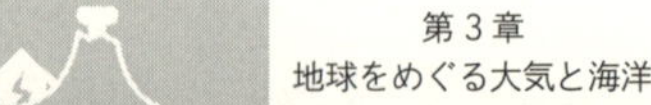

は、大気の重さによる圧力を受けています。単位面積あたりの大気の重さを**気圧**(きあつ)といいます。高いところにいくほど、その上にある空気の量が少なくなるため、気圧は小さくなります。

面積が1m²の面を1N（ニュートン）の力で押すときの圧力を1Pa（パスカル）と表します。また、1Paの100倍の圧力を1hPa（ヘクトパスカル）と表します。すなわち、1hPaは100Paと等しくなります。

海面における平均的な気圧はおよそ1013hPaであり、これを1気圧と定めています。天気予報の地上天気図では、気圧が等しい地点を結んだ**等圧線**(とうあつせん)が引かれています。この等圧線の気圧の単位にはhPaが用いられています。地表の高度が高いほど気圧が小さくなりますので、地上天気図では海面における気圧（海面更正気圧(かいめんこうせいきあつ)）に修正して表されています。そのため、地上天気図では1013hPaに近い数字を見ることが多くなるのです。

上空の気圧は、高さ1500mで約850hPa、高さ3000mで約700hPa、高さ5500mで約500hPaになります。世界最高峰のエベレストの山頂（高さ8848m）では約300hPaになります。

大気圏の構造

大気圏は、高度が高いほど気温が上昇する部分もあれば、高度が高いほど気温が低下する部

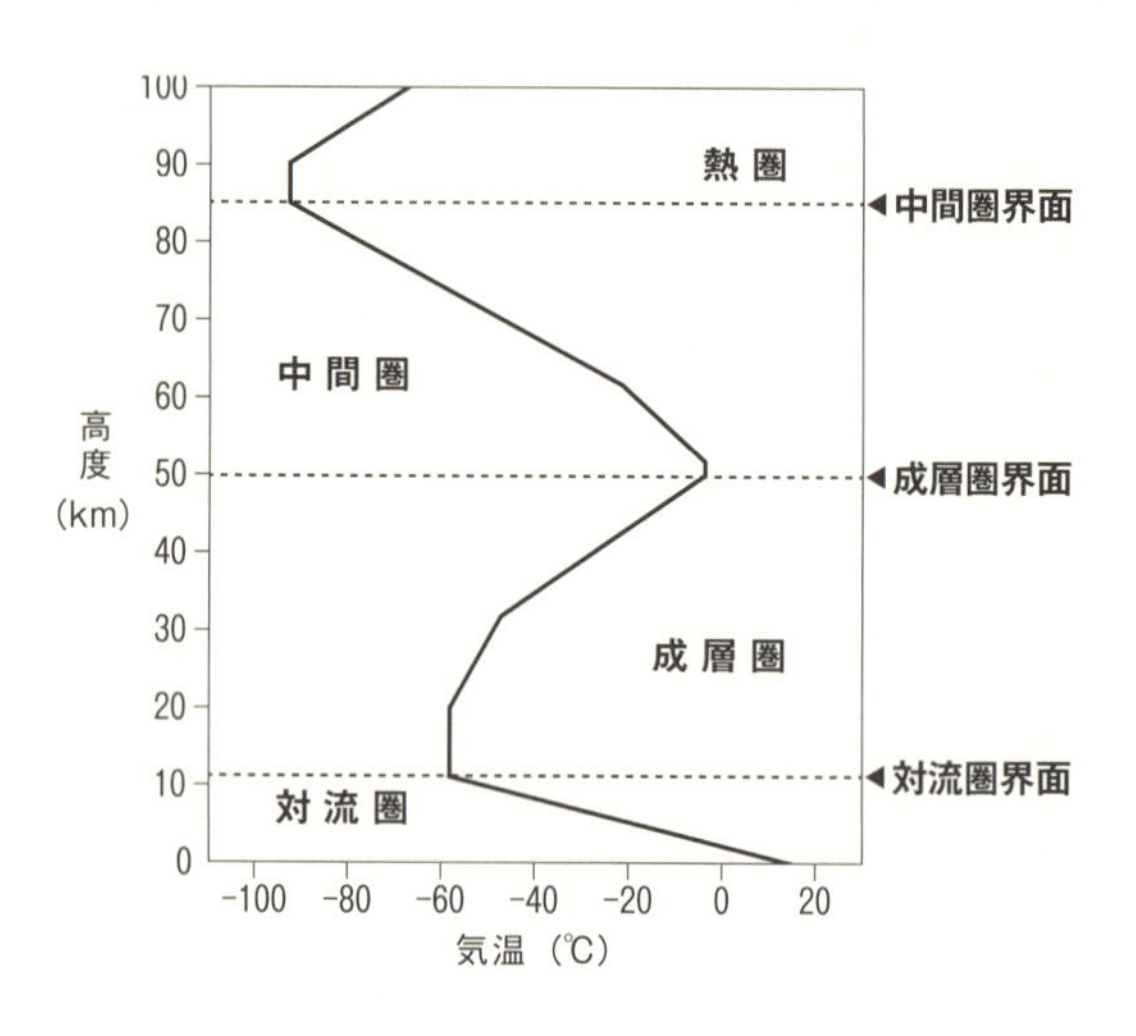

図3-1-1 **大気圏の区分**

対流圏と中間圏では高度とともに気温が低下する。
成層圏と熱圏では高度とともに気温が上昇する。

分もあります。このような高度による気温の変化をもとに、大気圏は、下層から上層に向かって、**対流圏**、**成層圏**、**中間圏**、**熱圏**に区分されています（図3-1-1）。対流圏では高度とともに気温が低下し、成層圏では高度とともに気温が上昇します。さらに、中間圏では再び高度とともに気温が低下し、熱圏では再び高度とともに気温が上昇します。

　対流圏と成層圏の境界を**対流圏界面**、成層圏と中間圏の境界を**成層圏界面**、中間圏と熱圏の境界を**中間圏界面**といいます。地球全体で平均すると、対流圏界面は高度約11㎞に、成層圏界面は高度約50㎞に、中間圏界面は高度

約85㎞にあります。

対流圏

地表から高度約11㎞までの対流圏では、高度とともに気温が低下しています。地球全体で平均すると、対流圏では高度が100m高くなると、気温が約0・65℃低下します。このように高度とともに気温が低下する割合を**気温減率**（きおんげんりつ）といいます。

大気圏には水蒸気が含まれていますが、その大部分は対流圏に存在します。そのため、雲ができたり、雨が降ったりするような気象現象は、対流圏で起こっているのです。

大気中の水蒸気は、地表または海面の水が蒸発することによって大気へ供給されたものです。また、大気中の水蒸気は、雨や雪となって地上へ落下します。そのため、大気中の水蒸気は、対流圏の中でも特に地表付近に多く集まっています。

成層圏

高度約11〜50㎞の成層圏では、高度とともに気温が上昇しています。これは、成層圏のオゾンが太陽からの紫外線を吸収しているからです。紫外線は太陽からエネルギーを運んできますので、紫外線を吸収するということは、太陽からのエネルギーの一部を吸収していることにな

るのです。そのエネルギーによって、成層圏の大気が暖められているのです。

　オゾンは成層圏の下部に多く含まれており、高度約20～30㎞のオゾン濃度の高い領域を**オゾン層**といいます。生物に有害な太陽からの紫外線は、そのほとんどがオゾン層で吸収されています。オゾン層が生物の陸上進出に大きな役割を果たしたことは、2-7で述べた通りです。

　ところで、気温が極大となっている高度は、オゾン濃度の高い成層圏下部ではなく、成層圏上部の高度約50㎞です。高度約20～30㎞のオゾン層にはオゾンが多く含まれているにもかかわらず、気温がそれほど高くはなっていません。

　太陽からの紫外線は、大気圏の上から入ってくるため、まず大気上層のオゾンによって少し吸収されます。すると、吸収された分だけ紫外線は弱まります。これが大気上層からくり返されると、大気下層では紫外線がかなり弱くなります。つまり、成層圏下部では、オゾンがたくさんあっても吸収することができる紫外線のエネルギーが少なくなっているのです。

　また、上空ほど空気が薄いため、少ないエネルギーで気温を上昇させることができます。たとえば、やかんに水を入れてガスコンロで加熱することを考えてみましょう。やかんの水がたくさんあるときには、水の温度がなかなか上昇しませんが、やかんの水が少ないときには、すぐに温度が上昇しますね。これと同じように、空気が少ないところでは、少ないエネルギーで気温を上昇させることができるのです。

このように、成層圏の上部は、下部よりも空気が薄く、太陽からの紫外線が強いため、成層圏では上空ほど気温が高くなっているのです。

中間圏

高度約50〜85㎞の中間圏では、高度とともに気温が低下しています。中間圏の上端の気温は、対流圏の上端の気温より低く、約マイナス90℃となっています。

熱　圏

高度約85〜500㎞の熱圏では、高度とともに気温が上昇しています。これは、大気中の窒素や酸素が太陽からの紫外線や**X線**を吸収しているからです。

紫外線やX線は**電磁波**の一種です。電磁波は、波長の短いほうから、**γ線**（ガンマ）、X線、紫外線、**可視光線**、**赤外線**、**電波**に分けられています（図3-1-2）。波長とは、波の山から山までの長さです。このうち、人間の目に見える電磁波が可視光線です。私たちは、波長の短い可視光線を「青い光」、波長の長い可視光線を「赤い光」として認識しています。可視光線以外の電磁波は人間の目には見えません。

電磁波は、太陽からの紫外線のように、エネルギーを運ぶことができます。すなわち、ある

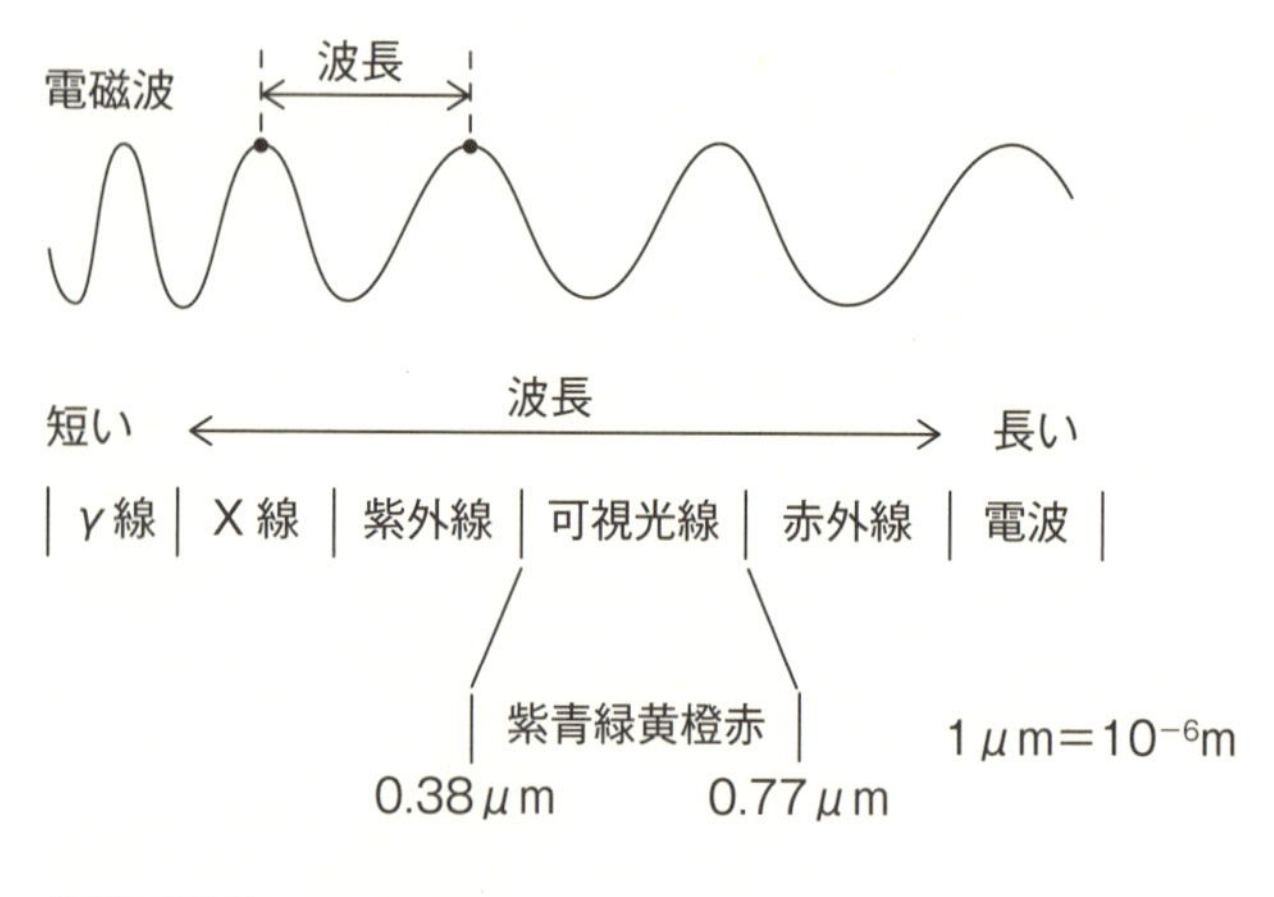

図3-1-2 **電磁波の種類**
電磁波は波長によって分類される。
可視光線のうち、青色の光は波長が短く、赤色の光は波長が長い。

物体から電磁波が放出されるということは、その物体からエネルギーが放出されたことになり、ある物体に電磁波が吸収されるということは、その物体にエネルギーが吸収されたことになります。地表や大気圏では電磁波の吸収や放出によってエネルギーが運ばれています。

対流圏、成層圏、中間圏などの大気の主成分は、窒素分子（N_2）や酸素分子（O_2）ですが、熱圏の大気の主成分は異なります。熱圏の酸素分子（O_2）は、太陽からの紫外線を吸収すると、分解して2個の酸素原子（O）となります。そのため、熱圏の大気の主成分は酸素原子となっているのです。

また、熱圏の原子や分子は、太陽からの

紫外線やX線によって電離し、イオンと電子に分かれています。電離とは、原子や分子が電子を放出したり取り込んだりして、正または負の電荷をもつことです。熱圏の中で特に電子の密度が高い層を**電離層**といいます。電離層は、地上からの電波を反射して遠方へ伝える性質がありますので、ラジオやアマチュア無線などの通信に利用されています。

流星とオーロラ

地球の大気圏には、宇宙空間からさまざまな物質が入り込んでいます。宇宙空間の微粒子が地球の大気圏に突入すると、微粒子が発光し、**流星**として観測されることがあります。流星は主に中間圏や熱圏の大気中で発生する現象です。

また、太陽が宇宙に放出している陽子や電子などの荷電粒子（かでんりゅうし）（電気を帯びた粒子）が高緯度の大気圏へ入り込んでくることがあります。荷電粒子が地球の大気に衝突すると、熱圏の酸素や窒素を発光させ、**オーロラ**が発生します。

通常のオーロラは高緯度で観測されますが、通常より低い緯度で観測されるオーロラを**低緯度オーロラ**といいます。2024年5月11～12日には、北海道や東北、佐渡島（さどがしま）や能登半島などで、赤紫色に見える低緯度オーロラが観測されました。

3・2 雲はなぜできるのか？

水蒸気量と水蒸気圧

空気中に含むことのできる水蒸気の量には限度があります。ある温度で1m³の空気中に含むことのできる最大の水蒸気の質量を**飽和水蒸気量**(ほうわ)といいます。飽和水蒸気量は気温が高いほど大きくなります（図3-2-1）。

空気中の水蒸気量が増えれば、水蒸気の重さによる圧力も大きくなりますので、空気中の水蒸気量は、**水蒸気圧**（水蒸気の圧力）で表すこともできます。水蒸気が飽和しているときの水蒸気圧を**飽和水蒸気圧**といいます。一般に、水蒸気圧の単位にはhPaが用いられています。

相対湿度

実際の空気中に含まれている水蒸気量は、含むことのできる最大の量とは限りません。飽和水蒸気量に対して、実際に含まれている水蒸気量の割合を**相対湿度**(そうたいしつど)（湿度）といいます。

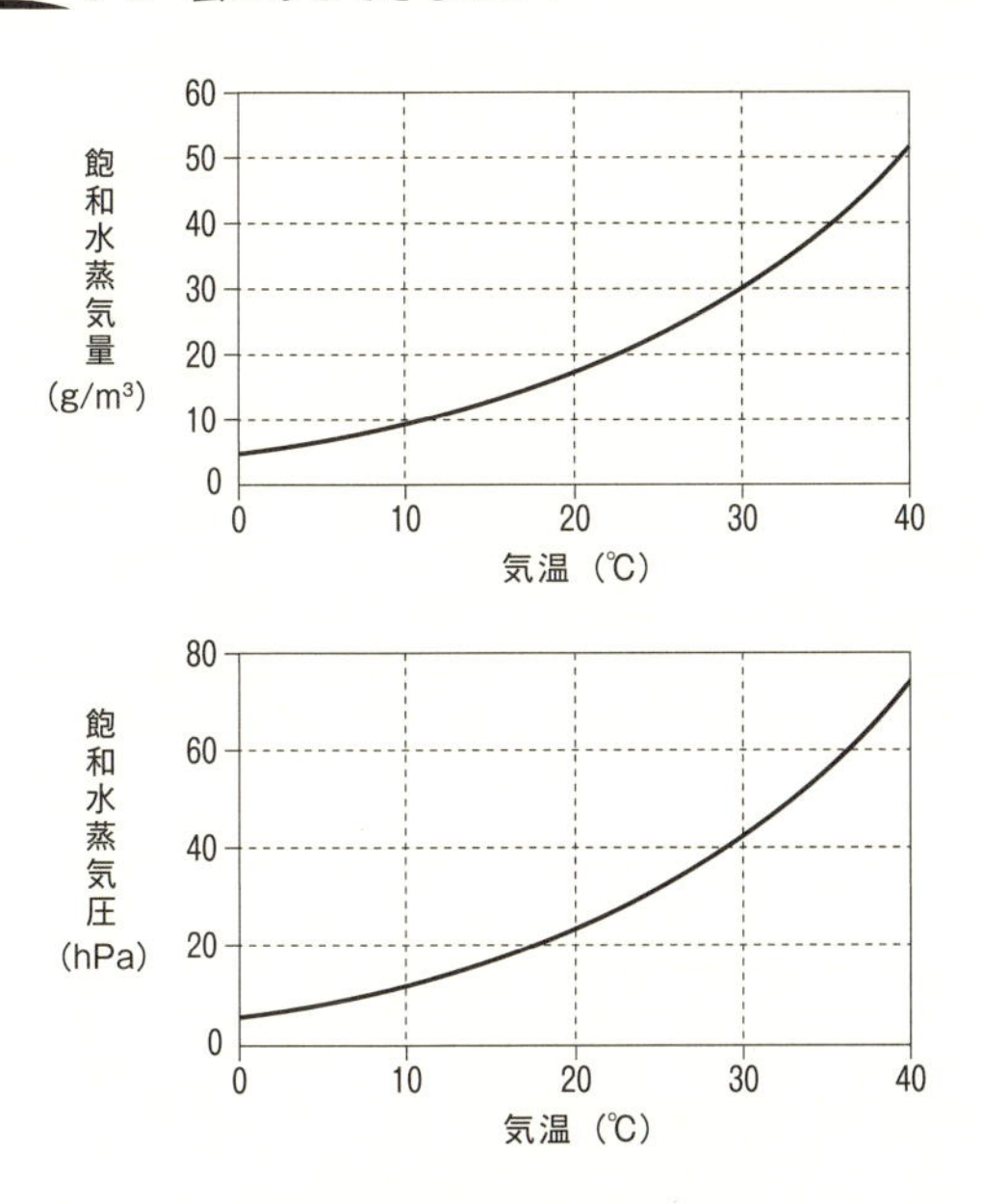

図3-2-1　**飽和水蒸気量と飽和水蒸気圧**
気温が高いほど、空気中に多くの水蒸気を含むことができる。

気温20℃の空気の飽和水蒸気量は17・3g／m³です。気温20℃の空気に含まれている水蒸気量が9・4g／m³である場合、この空気の相対湿度は約54％になります。また、気温20℃の空気に含まれている水蒸気量が12・8g／m³である場合、この空気の相対湿度は約74％になります（式3−1）。

露点

気温が低くなるほど飽和水蒸気量は減少しますので、水蒸気を含んだ空気の温度が下

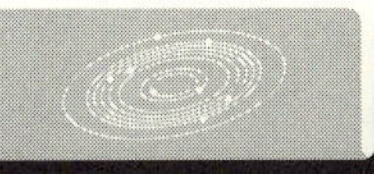

$$相対湿度 = \frac{水蒸気量}{飽和水蒸気量} \times 100\ (\%)$$

$$相対湿度 = \frac{水蒸気圧}{飽和水蒸気圧} \times 100\ (\%)$$

気温が 20℃で水蒸気量が 9.4g/m³ である空気の相対湿度

$$\frac{9.4}{17.3} \times 100 \fallingdotseq 54\ \%$$

気温が 20℃で水蒸気量が 12.8g/m³ である空気の相対湿度

$$\frac{12.8}{17.3} \times 100 \fallingdotseq 74\ \%$$

式 3-1 **相対湿度**

がると、ある温度で空気中の水蒸気量と飽和水蒸気量が等しくなります。この状態を**飽和**といいます。

さらに温度が下がると、空気中の水蒸気量が飽和水蒸気量を超えるため、空気中に含むことができなくなったぶんの水蒸気が凝結して、水滴ができ始めます。空気中の水蒸気量と飽和水蒸気量が等しくなり、水滴ができ始める温度を**露点**（ろてん）といいます。

たとえば、気温20℃の空気に含まれている水蒸気量が12・8g／m³である場合、この空気の露点を考えてみましょう。飽和水蒸気量のグラフ（図3－2－1）より、気温15℃の飽和水蒸気量が12・8g／m³ですので、この空気の温度が15℃まで下がると、空気中の水蒸気量と飽和水蒸気量が等しくなります。さらに、15℃よりも温度が下がると、空気中に含むことができなくなった水蒸気が凝結して、水滴ができ始めます。したがって、この空気の露点は15℃になります。

私たちは日常生活の中で、空気中の水蒸気が凝結してできた水をよく目にします。たとえば、明け方に植物の葉などに露(つゆ)が付着していることがあります。これは、明け方に気温が下がり、空気中に含むことができなくなった水蒸気が水滴となって出てきたものです。

また、夏に飲み物を冷やすために、コップに氷を入れることがあります。すると、飲み物だけでなく、冷たいコップに接する空気も冷えますので、空気中に含むことができなくなった水蒸気が凝結し、水滴となってコップの表面に付着します。これらの現象は、気温が低いほど飽和水蒸気量が減少することによって発生しているのです。

雲の発生

空気塊(くうきかい)（空気のかたまり）が山の斜面にぶつかって上昇するとき、上空ほど気圧が低いため、空気塊は膨張します。このとき、空気塊は膨張することにエネルギーを使うため、空気塊の温度は下がります。上昇する空気塊の温度が露点よりも下がると、空気塊に含まれていた水蒸気が水滴となって出てきます。

このようにしてできた水滴の集まりが**雲**となります。温度が低いときには**氷晶**(ひょうしょう)（氷の結晶）ができます。一般に、私たちが空に見る雲は、水滴や氷晶が集まったものです。また、雲をつくっている水滴や氷晶を**雲粒**(くもつぶ)といいます。

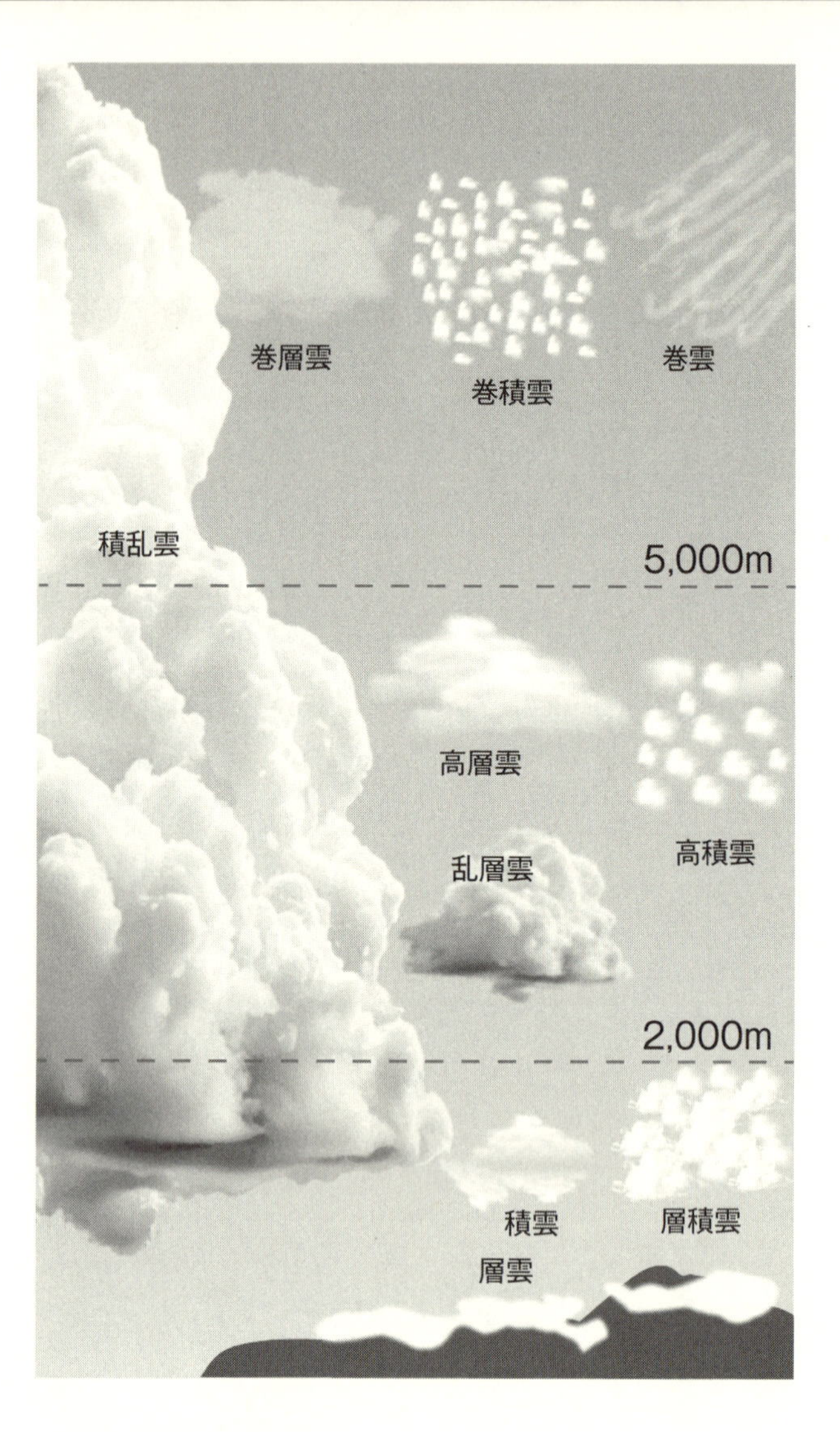

図3-2-2 **10種類の雲**

雲は、高さや形態によって10種類に分けられています（図3-2-2）。高度約5～13㎞には、**巻雲**（けんうん）、**巻積雲**（けんせきうん）、**巻層雲**（けんそううん）などの雲ができ、これらを**上層雲**といいます。上層雲は一般に氷晶でできています。

高度約2～7㎞には、**高積雲**（こうせきうん）、**高層雲**（こうそううん）、**乱層雲**（らんそううん）などができ、これらを**中層雲**といいます。乱層雲は雨を降らせる雲です。

地表付近～高度約2㎞には**層積雲**（そうせきうん）、**層雲**（そううん）などができ、これらを**下層雲**といいます。下層雲は一般に水滴でできています。

下層から上層に向けて、上下方向に発達した**積雲**（せきうん）や**積乱雲**（せきらんうん）が形成されることもあります。特に積乱雲は激しい雨を降らせることや雷を伴うこともある雲です。

降水過程

雲粒の大きさは直径約0.01㎜であり、雨や雪として降るためには、直径約1㎜の雨粒に成長しなければなりません。雨粒1個分の体積は、雲粒100万個分になります。

気温が0℃以上で、氷晶を含まない雲から降る雨を**暖かい雨**といいます。このような雲の内部では、雲粒（水滴）が大きいほど落下速度が速いため、大きな雲粒が小さな雲粒を捕えて、さらに大きく成長します。低緯度や夏の中緯度では、暖かい雨が降ります。

一方、気温が0℃以下で、氷晶と過冷却の水滴を含む雲から降る雨を**冷たい雨**といいます。このような雲では、氷晶が成長して落下するため、氷晶雨と呼ぶこともあります。

なぜ氷晶が成長するのでしょうか。水に対する飽和水蒸気圧は、氷に対する飽和水蒸気圧よりも大きいため、気温0℃以下の空気では、水蒸気圧が水に対しては不飽和となり、氷に対しては過飽和となることがあります。水蒸気圧が水に対して不飽和ということは、空気中にさらに水蒸気を含むことができる状態であるため、雲の中の過冷却の水滴は蒸発して水蒸気となります。また、水蒸気圧が氷に対して過飽和ということは、空気中の水蒸気量が含むことのできる量を超えている状態であるため、水蒸気が**凝華**（気体が固体になること）して雲の中の氷晶が成長するのです。

氷晶が融けずにそのまま落下すると**雪**が降りますが、落下の途中で融けると雨が降ります。高緯度や冬の中緯度では、冷たい雨が降ります。

3・3 大気の状態はどのように決まるか

水の状態変化

地球上の水は、気体（水蒸気）、液体（水）、固体（氷）と状態を変えながら循環しています。水が蒸発して水蒸気になるとき、周囲から熱を吸収します。一方、水蒸気が凝結して水になるとき、周囲に熱を放出します。このような水の状態変化に伴う熱を**潜熱**（せんねつ）といいます。

潜熱を吸収した水蒸気が風によって運ばれると、潜熱が輸送されたことになります。たとえば、海面で水が蒸発して水蒸気になり、その水蒸気が大気中で凝結すると、熱が海面から大気へ運ばれたことになります。水蒸気によって運ばれるこのような熱の移動を**潜熱輸送**（せんねつゆそう）といいます。

断熱膨張と断熱圧縮

空気は熱を伝えにくいため、空気塊が上昇したり、下降したりするときには、周囲の空気と

熱のやりとりをしていないと考えることができます。このような状態で、空気塊の温度や体積が変化することを**断熱変化**（だんねつへんか）といいます。

空気塊が上昇するとき、周囲の空気と熱のやりとりがない状態で膨張（断熱膨張）すると、周囲に仕事をする（空気塊のエネルギーが減少する）ため、空気塊の温度が低下します。また、空気塊が下降するとき、周囲の空気と熱のやりとりがない状態で圧縮（断熱圧縮）されると、周囲から仕事をされる（空気塊のエネルギーが増加する）ため、空気塊の温度が上昇します。

乾燥断熱減率と湿潤断熱減率

空気塊が上昇したときの温度の変化量は、水蒸気で飽和した空気塊と飽和していない空気塊で異なります。水蒸気で飽和していない空気塊が断熱的に（周囲の空気と熱のやりとりをせずに）100m上昇すると、空気塊の温度は約1.0℃低下します。この温度変化の割合を**乾燥断熱減率**（かんそう）といいます。一方、水蒸気で飽和した空気塊が断熱的に100m上昇すると、空気塊の温度は約0.5℃低下します。この温度変化の割合を**湿潤断熱減率**（しつじゅん）といいます。

水蒸気で飽和した空気塊が上昇して温度が低下すると、空気塊の水蒸気量が飽和水蒸気量よりも大きくなるため、空気中に含むことができなくなった水蒸気が水滴となって出てきます。このとき、水蒸気の凝結によって放出された潜熱が空気塊を加熱するため、温度低下の割合

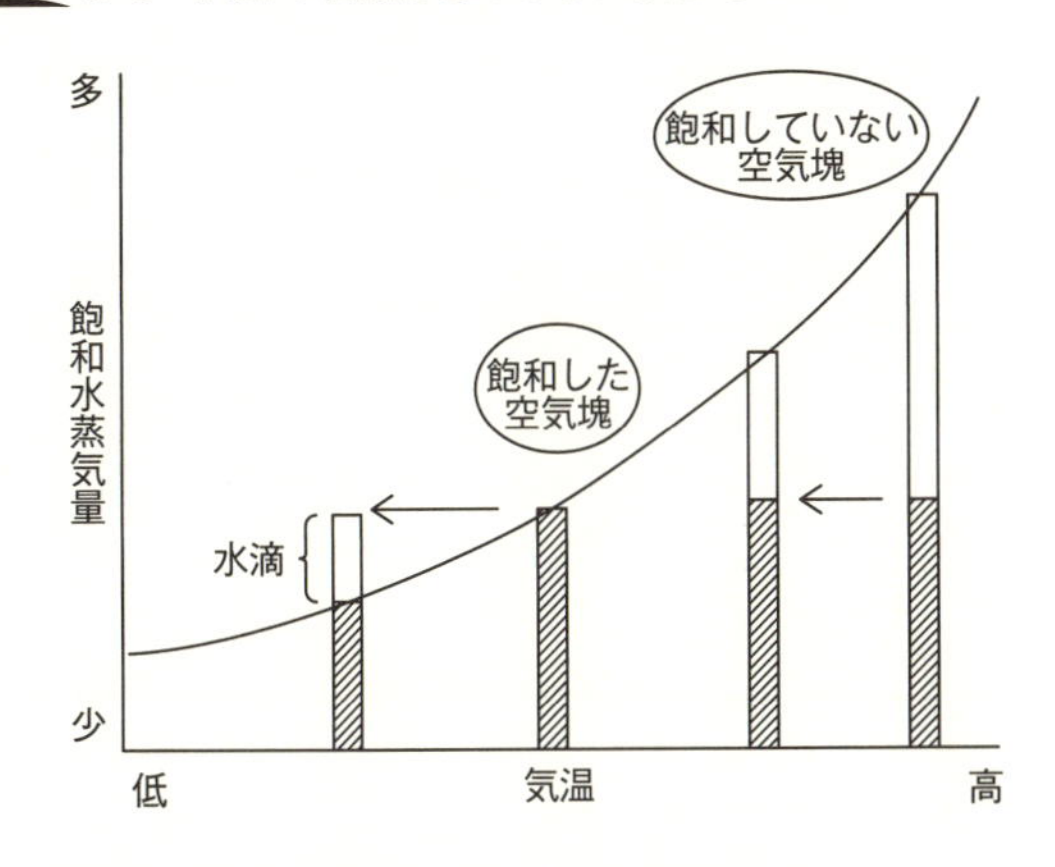

図3-3-1　**乾燥断熱減率と湿潤断熱減率**
斜線部分は空気塊に含まれる水蒸気量を示す。
飽和していない空気塊では水蒸気が凝結しないため潜熱が放出されない。飽和した空気塊では水蒸気が凝結するため潜熱が放出される。

は、乾燥断熱減率よりも小さい値となるのです（図3－3－1）。

乾燥断熱減率の値はほぼ一定ですが、湿潤断熱減率の値は気温によって変化します。水蒸気で飽和した空気塊が100m上昇すると、空気塊の温度は、気温の高い地表付近では約0・4℃低下しますが、気温の低い上空では約0・6℃低下することがあります。

この温度変化の違いは、水蒸気から放出される潜熱の量が異なるためです。一般に空気塊の温度が高いほど、水蒸気の凝結量が多く、放出される潜熱の量が大きいため、空気塊の加熱量が大きくなり、空気塊の温度があまり下がらなくなるのです。

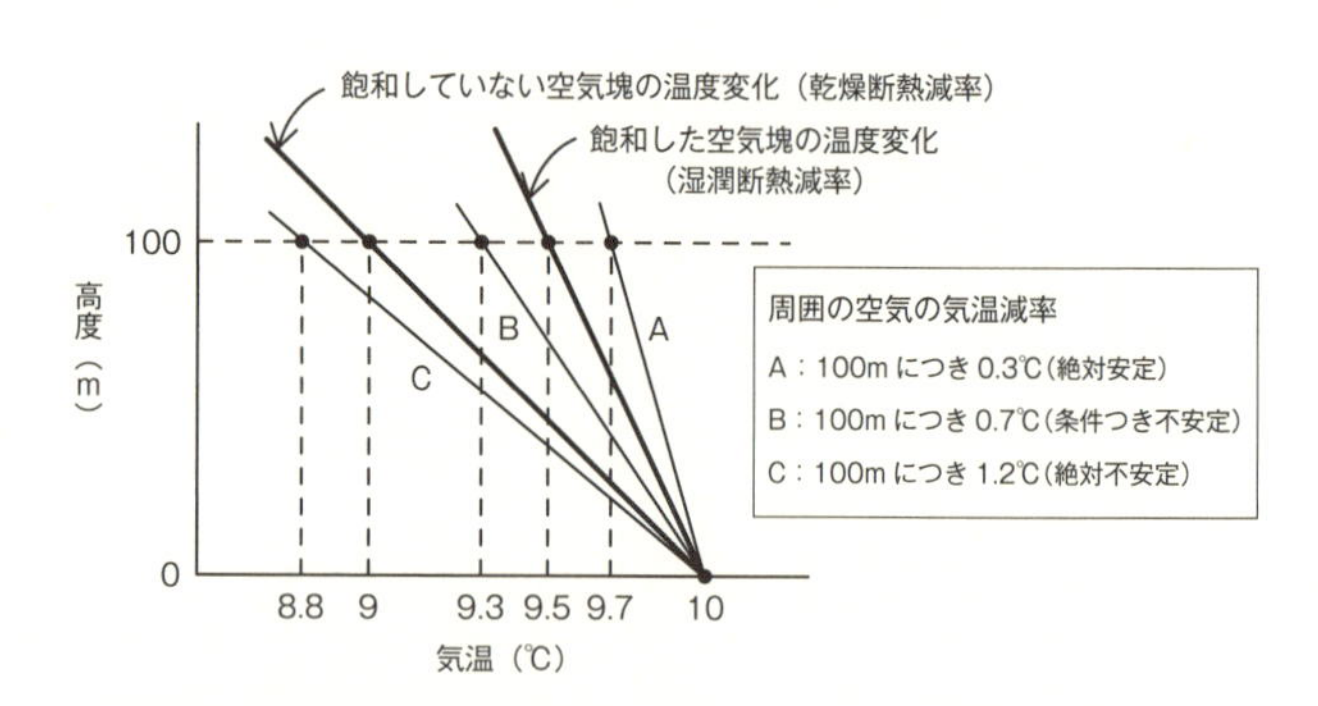

図 3-3-2 **大気の安定性**
空気塊の温度が周囲の空気の温度よりも低いときは、空気塊は下降する。
空気塊の温度が周囲の空気の温度よりも高いときは、空気塊は上昇する。

大気の安定性

一般に、空気の密度は気温が高いほど小さくなります。したがって、空気塊の温度が周囲の空気よりも高いとき、空気塊の密度は周囲の空気よりも小さいため、空気塊は上昇します。

ここで、地表付近（高度0m）から、気温10℃の空気塊が山の斜面などで強制的に100m上昇することを考えてみましょう。飽和していない空気塊の温度は乾燥断熱減率に従って1.0℃下がりますので、高度100mでは9.0℃になります。また、飽和した空気塊の温度は湿潤断熱減率に従って0.5℃下がりますので、高度100mでは9.5℃になります（図3−3−2）。

これらの空気塊がこの後、上昇するか下降するかは周囲の気温によって決まります。対流圏の平均の気温減率は100mにつき約0・65℃ですが、太陽による地表付近の加熱や、暖気や寒気の流入などによって、この値は大きく変化します。

たとえば、周囲の空気の気温減率が100mにつき0・3℃のとき、高度100mの気温は9・7℃になります。このとき、高度100mでは、飽和した空気塊と飽和していない空気塊は、ともに周囲の空気よりも温度が低く密度が大きくなっていますので、空気塊は下降します。上昇した空気塊が下降して元の高度に戻るような大気の状態を**絶対安定**といいます。ここでは、周囲の空気の気温減率が100mにつき0・3℃の場合を考えましたが、周囲の空気の気温減率が100mにつき0・5℃（湿潤断熱減率）よりも小さいときに大気の状態は絶対安定となります。

周囲の空気の気温減率が100mにつき1・2℃のとき、高度100mの気温は8・8℃になります。このとき、高度100mでは、飽和した空気塊と飽和していない空気塊は、ともに周囲の空気よりも温度が高く密度が小さくなっていますので、空気塊はさらに上昇します。上昇した空気塊がさらに上昇を続けるような大気の状態を**絶対不安定**といいます。ここでは、周囲の空気の気温減率100mにつき1・2℃の場合を考えましたが、周囲の空気の気温減率が100mにつき1・0℃（乾燥断熱減率）よりも大きいときに大気の状態は絶対不安定となります。

天気予報では、「明日は上空に寒気が入り込んで、大気の状態が不安定となるでしょう」と予報することがあります。上空に寒気が入り込んでくると、大気の下層と上層の温度差が大きくなります。すなわち、周囲の空気の気温減率が大きくなるため、大気の状態が絶対不安定となるのです。大気の状態が絶対不安定になると、空気塊が上昇を続けますので、上昇気流が生じます。すなわち、雲が発達して雨が降りやすくなるのです。

周囲の空気の気温減率が100mにつき0.7℃のとき、高度100mの気温は9.3℃になります。このとき、高度100mでは、飽和していない空気塊は周囲の空気よりも温度が低く密度が大きくなっていますので、下降します。一方、飽和した空気塊は周囲の空気よりも温度が高く密度が小さくなっていますので、さらに上昇します。このように、飽和していない空気塊は上昇しても下降して元の高度に戻り、飽和した空気塊は上昇を続けるような大気の状態を**条件つき不安定**といいます。ここでは、周囲の空気の気温減率が100mにつき0.7℃の場合を考えましたが、周囲の空気の気温減率が100mにつき0.5℃（湿潤断熱減率）よりも大きく、1.0℃（乾燥断熱減率）よりも小さいときに大気の状態は条件つき不安定となります。

フェーン現象

空気塊が山の斜面に沿って上昇し、風上側の斜面で雨を降らせ、風下側の山麓に吹き下りる

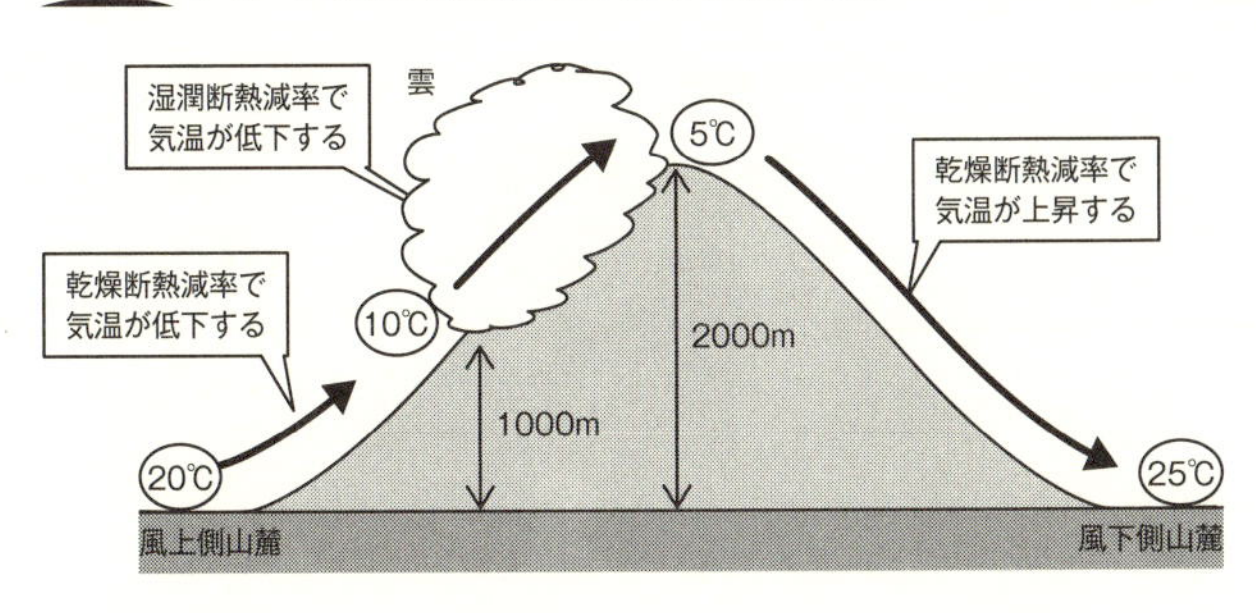

図3-3-3　**フェーン現象**

と、風下側の山麓では風上側の山麓とくらべて、高温で乾燥した空気になります。このような現象を**フェーン現象**といいます。

たとえば、風上側の山麓で20℃の空気塊が上昇し、高度1000mの中腹から高度2000mの山頂にかけて雲が発達している場合を考えてみましょう（図3-3-3）。地表（高度0m）から高度1000mまでは水蒸気が凝結していませんので、空気塊の温度は乾燥断熱減率に従って下がります。100mで1.0℃（1000mで10℃）下がりますので、風上側の高度1000mの気温は10℃になります。

雲が発達しているところでは、水蒸気が凝結して潜熱が放出されますので、空気塊の温度は湿潤断熱減率に従って下がります。100mで0.5℃（1000mで5℃）下がりますので、高度2000mの山頂の気温は5℃になります。

空気塊が山頂を越えて風下側の山麓に下降するとき、潜熱を吸収して水滴を蒸発させることは起こっていませんので、乾燥断熱減率に従って気温が上がります。空気塊の温度は１００ｍで１・０℃（２０００ｍで20℃）上がりますので、風下側の山麓の気温は25℃になります。

風下側の山麓に吹き下りた空気の水蒸気量は、山での降水によって減少しています。したがって、湿度の低い乾燥した空気となり、火災が発生しやすくなるので要注意です。

3・4 地球をとりまくエネルギー

太陽放射

地球をとりまくエネルギーの流れは、私たちにどのような影響を及ぼすのでしょうか。惑星規模で考えてみましょう。

太陽が宇宙へ放出している電磁波を**太陽放射**といいます。太陽は、赤外線、可視光線、紫外線などのさまざまな波長の電磁波を放射しています。波長別に太陽放射エネルギーの強さを見ると、波長約０・５㎛の可視光線が最も強くなっています。

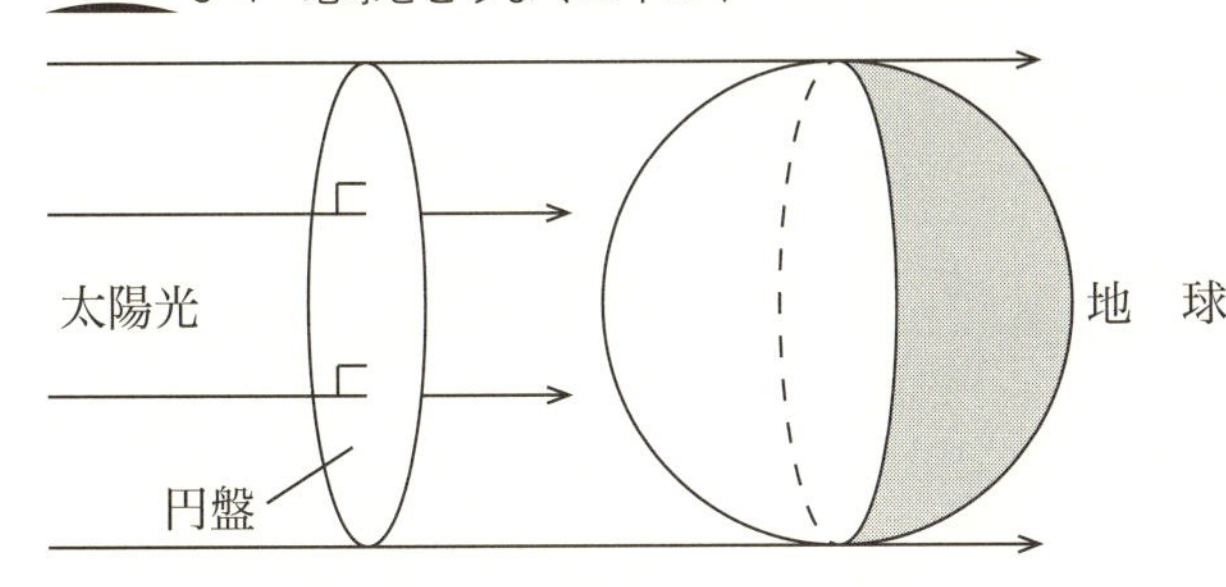

図3-4-1　**地球に入射する太陽放射**

大気圏の上端で、太陽光に垂直な1m^2の面が1秒間に受ける太陽放射エネルギーを**太陽定数**といいます。太陽定数は約1360W／m^2であり、人工衛星で観測されています。

ここで、地球に入射する太陽放射は、太陽光に垂直で、地球の半径と等しい円盤を通過したものと考えることができます（図3-4-1）。この円盤の面積は地球の断面積に等しいため、この円盤の1m^2を通過する太陽放射エネルギー（太陽定数1360W／m^2）に地球の断面積を掛けると、円盤全体を通過する太陽放射エネルギーを求められます。このようにして求めた地球の大気圏全体に1秒間に入射する太陽放射エネルギーは約1.7×10^{17}Wになります（式3-2）。

さらに、このエネルギーを地球大気の表面全体に均等に分ける（地球の表面積で割る）と、地球大気の1m^2の面に1秒間に入射する太陽放射エネルギーの平均値になります。その値は約340W／m^2です。

太陽定数：$1360 \mathrm{W/m^2}$

地球の平均半径：$6.37 \times 10^6 \mathrm{m}$

円周率：$\pi \fallingdotseq 3.14$

地球の断面積：$3.14 \times (6.37 \times 10^6)^2 \mathrm{m^2}$
（半径 R の円の面積は πR^2）

地球の表面積：$4 \times 3.14 \times (6.37 \times 10^6)^2 \mathrm{m^2}$
（半径 R の球の表面積は $4\pi R^2$）

1 秒間に地球に入射する太陽放射エネルギーは、

$$1360 \times 3.14 \times (6.37 \times 10^6)^2 \fallingdotseq 1.7 \times 10^{17} \mathrm{W}$$

地球 $1\mathrm{m^2}$ の面に 1 秒間に入射する太陽放射エネルギーの平均値は、

$$\frac{1360 \times 3.14 \times (6.37 \times 10^6)^2}{4 \times 3.14 \times (6.37 \times 10^6)^2} \fallingdotseq 3.4 \times 10^2 \mathrm{W/m^2}$$

式 3-2　地球に入射する太陽放射エネルギー

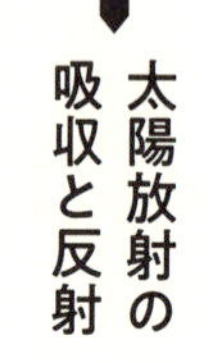

太陽放射の吸収と反射

地球の大気圏に入射した太陽放射エネルギーは、その約20％が大気圏に吸収され、約50％が地表に吸収されています。太陽放射の一部が大気圏で吸収されるのは、大気中の酸素やオゾンが太陽放射の紫外線を吸収したり、水蒸気や二酸化炭素が太陽放射の赤外線を吸収したりしているからです。

残りの約30％は雲、大気、地表などによって反射され、地球が吸収することなく宇宙へ放出されています。大気圏への入射量に対する宇宙への反射量の比を**アルベド**（反射率）といいます。地球のアルベドは約0・3になります。

地球放射

地球は大気圏に入射した太陽放射エネルギーの約70％を地表や大気圏で受け取っていますが、地球の温度はほぼ一定に保たれています。このことから、地球も宇宙にエネルギーを放出していると考えられます。

地表や大気が宇宙に放出している電磁波を**地球放射**といいます。地表や大気が放射している電磁波は赤外線であるため、地球放射は「赤外放射」と呼ばれることもあります。波長別にエネルギーの強さを見ると、波長約10㎛の赤外線が最も強くなっています。

地球のエネルギー収支

地球が受け取る太陽放射エネルギーと、地球が宇宙へ放出する地球放射エネルギーはつり合っています。このときの地球の表面温度（大気がないときの地表面の温度）を**放射平衡温度**といいます。

シュテファン・ボルツマンの法則

$$E = \sigma T^4$$

E：天体の $1\mathrm{m}^2$ の面が 1 秒間に放射するエネルギー
σ：シュテファン・ボルツマン定数　$5.67 \times 10^{-8}\ \mathrm{W/(m^2 \cdot K^4)}$
T：天体の表面温度〔K〕
（絶対温度〔K〕≒セルシウス温度〔℃〕+ 273）

地球が受け取る太陽放射エネルギー：$\pi R^2 S(1-A)$
地球放射エネルギー：$4\pi R^2 \sigma T^4$
（R：地球の半径、S：太陽定数、A：アルベド）
これらのつり合いより、$\pi R^2 S(1-A) = 4\pi R^2 \sigma T^4$
よって、地球の放射平衡温度 T は、

$$T = \sqrt[4]{\frac{S(1-A)}{4\sigma}} = \sqrt[4]{\frac{1360 \times (1-0.3)}{4 \times 5.67 \times 10^{-8}}} \fallingdotseq 255\mathrm{K}\ (= -18℃)$$

式 3-3　地球の放射平衡温度の計算

　太陽や地球などの天体が放射するエネルギーは、一般に天体の表面温度が高いほど大きくなります。天体の $1\mathrm{m}^2$ の面が1秒間に放射するエネルギーは、表面温度の4乗に比例し、これを**シュテファン・ボルツマンの法則**といいます。

　地球放射エネルギーがシュテファン・ボルツマンの法則に従うとして、地球の放射平衡温度を計算すると、約マイナス18℃になります（式3-3）。実際の地球表面の平均温度は15℃であり、放射平衡温度よりも33℃高くなっています。

大気の温室効果

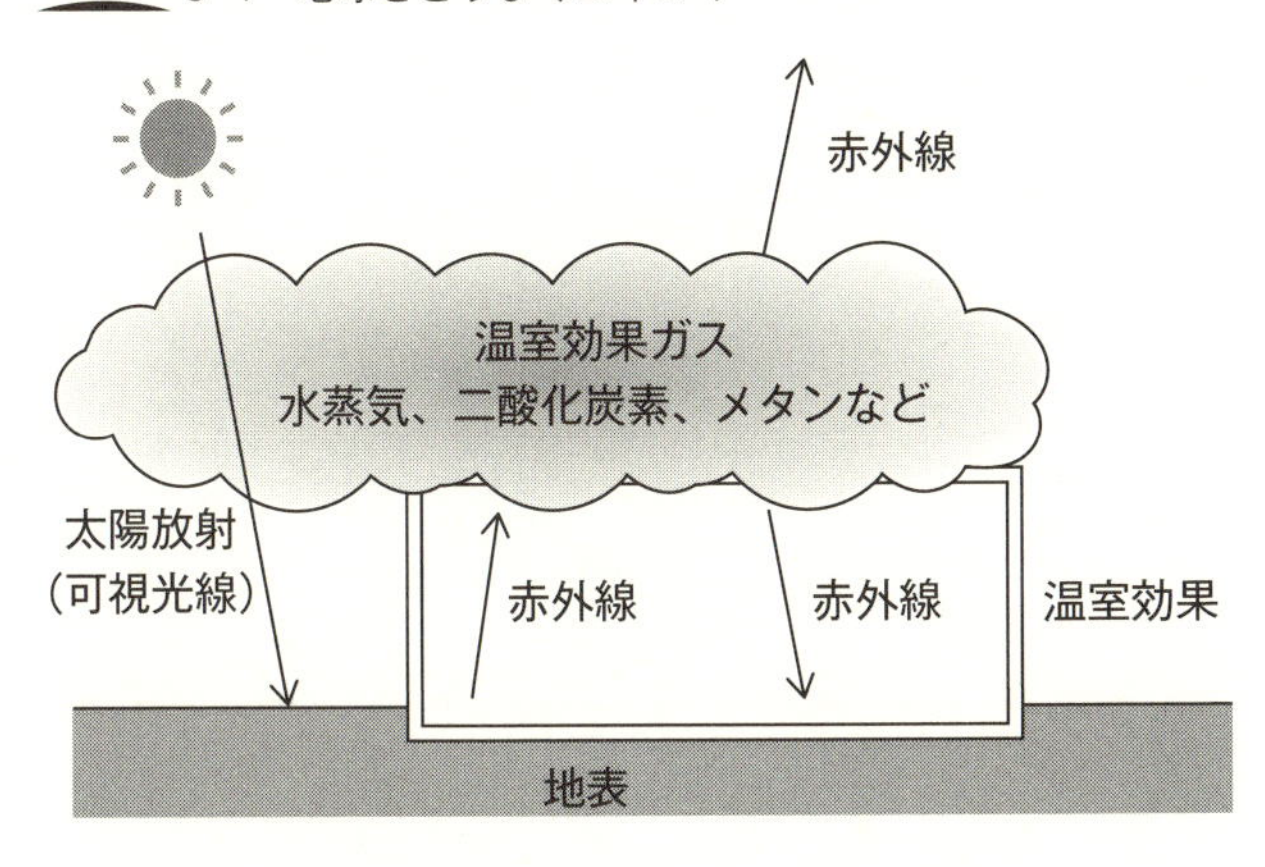

図3-4-2 **大気の温室効果**

温室効果ガス（水蒸気、二酸化炭素、メタンなど）は、太陽からの可視光線をほぼ透過するが、地表からの赤外線を吸収する。

地表から放射された赤外線のエネルギーは、そのほとんどが宇宙には放出されず、大気に吸収されます。大気中の水蒸気、二酸化炭素、メタンなどは、地表からの赤外線を吸収する性質があるからです。

エネルギーを吸収して暖まった大気も赤外線を放射します。そのエネルギーの一部は地表へ放射され、地表付近を暖めます。すなわち、地表から放出されるエネルギーの一部は、大気を通して地表へ戻ってくるのです（図3-4-2）。

このような大気のはたらきを**温室効果**といいます。実際の地球表面の平均温度が、地球の放射平衡温度よりも高いのは、温室効果がはたらくからです。また、地表からの赤外線を吸収する水蒸気、二酸化炭素、メタンなどの気体を**温室効果ガス**といいます。

放射冷却

夜は地表が吸収する太陽放射がなくなるため、地表が赤外線を放射することによって、地表の温度が下がります。このような現象を**放射冷却**（ほうしゃれいきゃく）といいます。

地表からの赤外線は、大気中の水蒸気に吸収されたり、雲によって反射されたりします。一方、水蒸気や雲の少ないよく晴れた夜には、地表からの赤外線が宇宙へ放出されやすくなります。このようなときに地表付近の温度が大きく低下します。

1月の最低気温の平均値は、新潟市が0・1℃なのに対して、水戸市はマイナス1・8℃です。冬の太平洋側の地域では、大気中の水蒸気や雲が少ない日が多く、放射冷却が強まります。そのため、明け方には気温が大きく低下していることがよくあるのです。

大気と海洋による熱輸送

地球が受け取る太陽放射エネルギーは、太陽光がよく当たる低緯度ほど大きくなります。一方、地球が宇宙へ放出する地球放射エネルギーも、温度の高い低緯度ほど、大きくなります。ただし、低緯度では「地球が受け取る太陽放射エネルギー」のほうが大きく、高緯度では「地

球が宇宙へ放射する地球放射エネルギー」のほうが大きくなっています。

地球のエネルギー収支を太陽放射と地球放射によるものだけとすると、低緯度では放出するエネルギーよりも吸収するエネルギーのほうが大きいため、エネルギーが蓄積されます。一方、高緯度では吸収するエネルギーよりも放出するエネルギーのほうが大きいため、エネルギーが不足します。この低緯度と高緯度の過不足を解消するように、大気や海洋が低緯度から高緯度へ熱を運んでいるのです。

3・5 風の吹き方

気圧傾度力

空気には気圧（圧力）の高いほうから低いほうへ力がはたらいています。この力を**気圧傾度力**（圧力傾度力）といいます。天気図の等圧線が密になっているところのように、2地点間の気圧の差が大きいところほど、気圧傾度力は大きくなります。

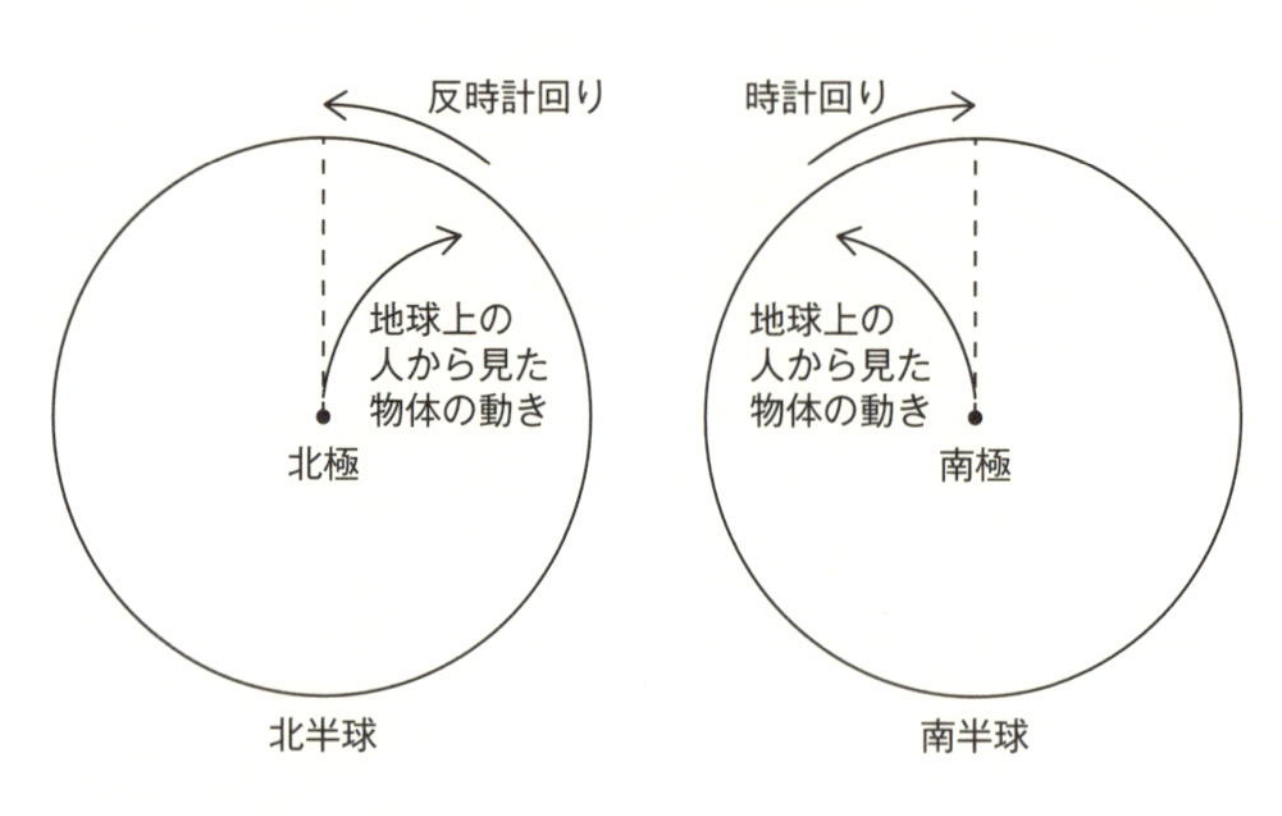

図3-5-1 **転向力**
破線は地球の外から見たときの物体の動きを示す。

転向力

地球上を運動する物体には、地球の自転による**見かけの力**がはたらきます。見かけの力とは、実際には物体に力がはたらいていなくても、地球上にいる人間から見ると力がはたらいているように見える力のことです。

たとえば、北極から赤道のほうへまっすぐ移動している物体を考えてみましょう（図3-5-1）。地球の北極側から見ると、地球は反時計回りに（西から東へ）自転しているため、この物体を地球上の人間が見ると、物体が右側へ曲がっていくように見えます。物体はまっすぐ移動しているだけなので、実際には物体の進行方向を変えるような力ははたらいていませんが、地球上の人間には、物体の進行方向を右側に曲げる力がはたらいたように見えるのです。この力が見かけの力です。特に、自転している地球上で運動している物体の進行方向を変えるような見かけの力を**転向力**といいます。転向力は、フランスの物理学者ガスパール＝ギュスターヴ・コリオリ（1792～1843）が発見したため、「コリオリの力」と呼ぶこともあります。

南半球でも確認してみましょう。南極から赤道のほうへまっすぐ移動している物体を考えてみます。地球の南極側から見ると、地球は時計回りに（西から東へ）自転しているため、この物体を地球上の人間が見ると、物体が左側へ曲がっていくように見えます。つまり、地球上の人間には、物体の進行方向を左側に曲げる力がはたらいたように見えるのです。

転向力のはたらく向きは、北半球と南半球では異なっています。転向力は、物体の進行方向に対して、北半球では直角右向き、南半球では直角左向きにはたらきます。また、転向力は、物体の速度（風速）が速いほど大きく、高緯度ほど大きくなります。赤道上では転向力の大きさは0となります。

地衡風

上空（高度約1km以上）の風は、気圧傾度力と転向力がつり合った状態で、等圧線と平行に吹いています（図3-5-2）。このような風を**地衡風**（ちこうふう）といいます。

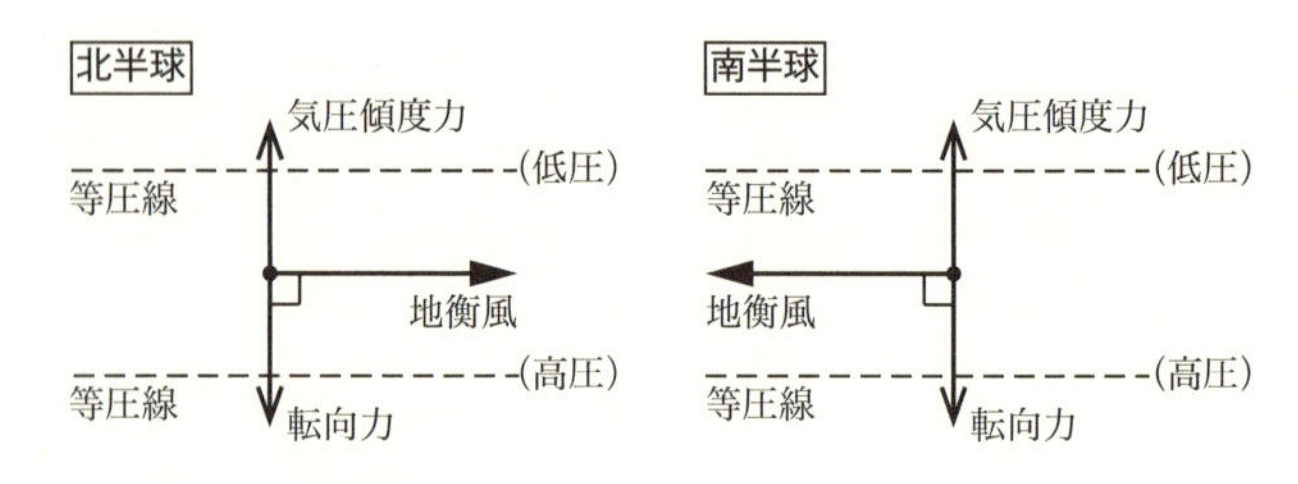

図3-5-2 **地衡風**

転向力は、風が吹く方向に対して、北半球では直角右向き、南半球では直角左向きにはたらきますので、北半球では風が吹く方向に対して右側が高圧部、南半球では風が吹く方向に対して左側が高圧部となっています。

傾度風

上空において、円形の等圧線に沿って吹く風を**傾度風**(けいどふう)といいます。傾度風では空気が円運動をしていますので、風が吹く方向に対して外向きに遠心力がはたらきます。傾度風は、気圧傾度力、転向力、遠心力がつり合うように吹きます（図3－5－3）。

低気圧のまわりの傾度風では、外向きにはたらく転向力と遠心力の合力が、内向きにはたらく気圧傾度力とつり合っています。一方、**高気圧**のまわりの傾度風では、外向きにはたらく気圧傾度力と遠心力の合力が、内向きにはたらく転向力とつり合っています。

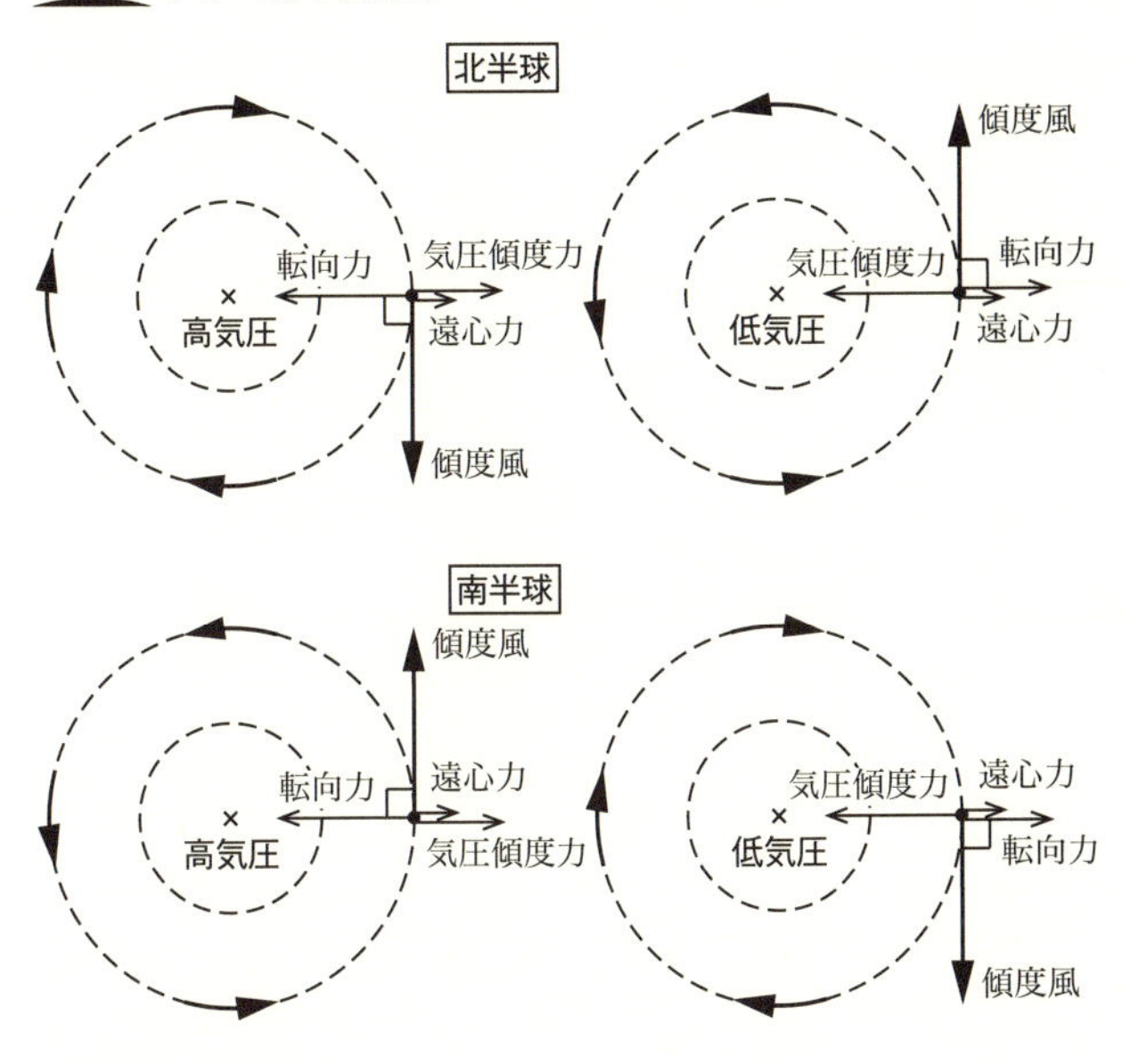

図3-5-3　**傾度風**

北半球では、風の吹く方向に対して直角右向きに転向力がはたらきますので、北半球の傾度風は、低気圧では反時計回り、高気圧では時計回りに吹きます。

一方、南半球では、風の吹く方向に対して直角左向きに転向力がはたらきますので、南半球の傾度風は、低気圧では時計回り、高気圧では反時計回りに吹きます。つまり、反対になるわけです。

地表付近の風

地表付近（高度約1km以下）の風には、地表と空気のあいだに**摩擦力**（まさつりょく）がはたらきます。摩擦力は

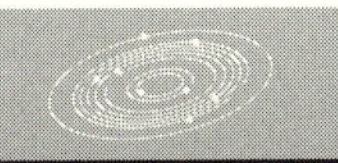

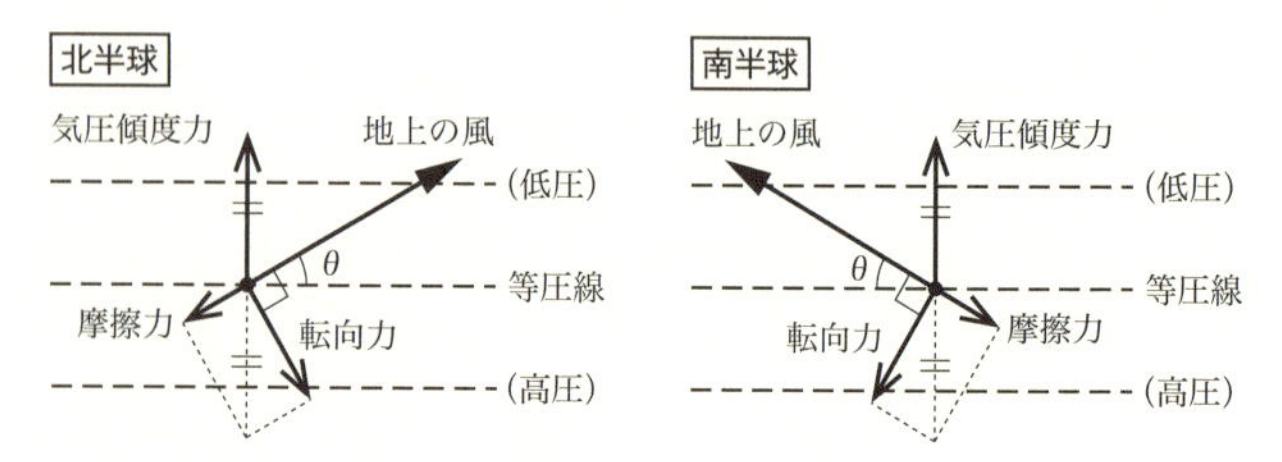

図 3-5-4 地表付近の風

風は等圧線に対して斜めに横切るように吹く。
風と等圧線のなす角をθとする。

風の吹く方向と反対向きにはたらきます。地表付近の風は、気圧傾度力、転向力、摩擦力がつり合うように、等圧線に対して斜めに高圧側から低圧側へ横切るように吹きます（図3-5-4）。

地表付近の風において、摩擦力が大きくなると、風速が小さくなりますので、転向力も小さくなります。北半球では右向きにはたらく転向力が小さくなると、風は左に向きを変えますので、風と等圧線のなす角は大きくなります。

一方、摩擦力が小さくなると、風速が大きくなりますので、転向力も大きくなります。北半球では右向きにはたらく転向力が大きくなると、風は右に向きを変え、風と等圧線のなす角は小さくなり、地衡風に近づくようになります。このように、摩擦力が変化すると、風速だけでなく、風向も変化することになるのです。

一般に摩擦力の大きさは、陸上で大きく、海上で小さくなります。したがって、風と等圧線のなす角は、陸上で大き

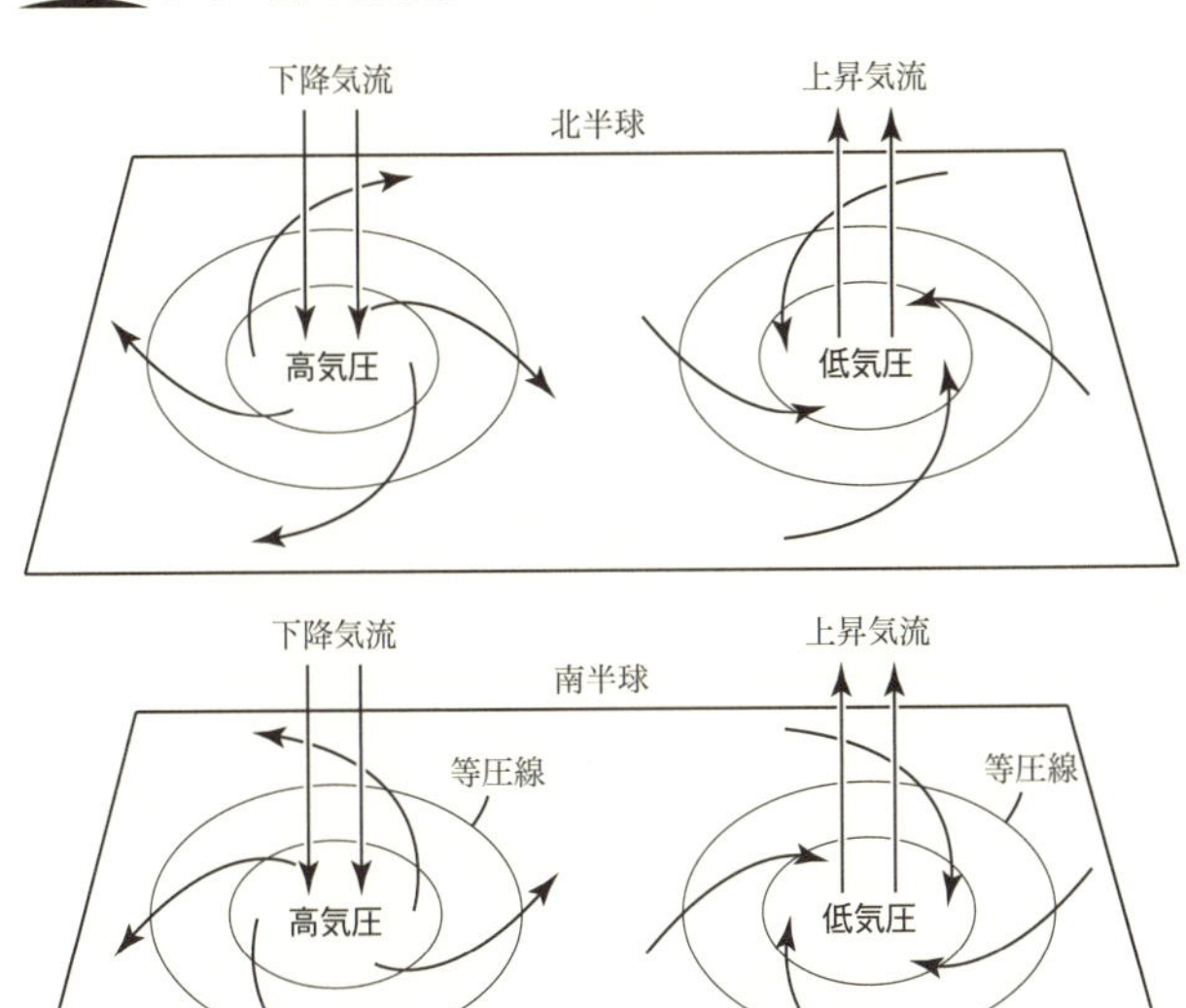

図3-5-5　**高気圧と低気圧**

く、海上で小さくなります。

高気圧と低気圧のまわりの風

高気圧とは周囲より気圧の高い領域、**低気圧**とは周囲より気圧の低い領域のことをいいます。高気圧や低気圧のまわりでも、地表付近の風には、気圧傾度力、転向力、摩擦力がはたらいていますので、風は等圧線に対して斜めに高圧側から低圧側へ横切るように吹きます。

北半球の風は、高気圧では時計回りに吹き出し、低気圧では反時計回りに吹き込んでいます。一

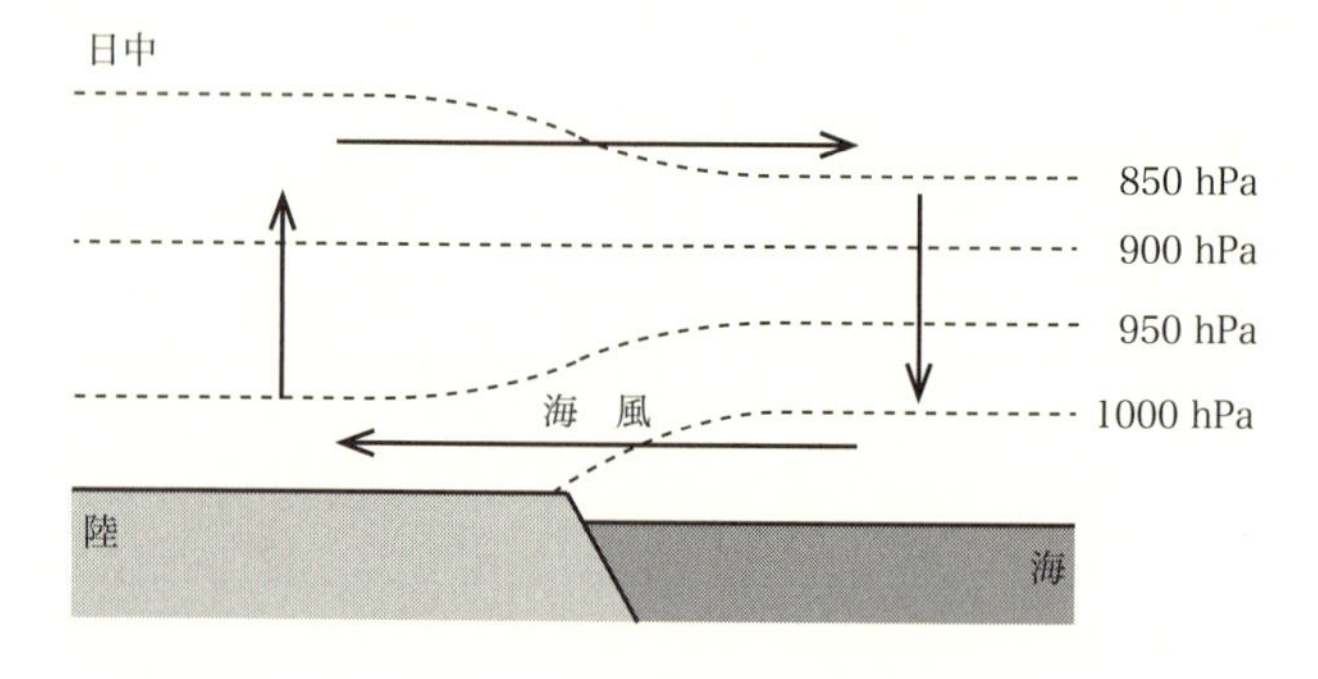

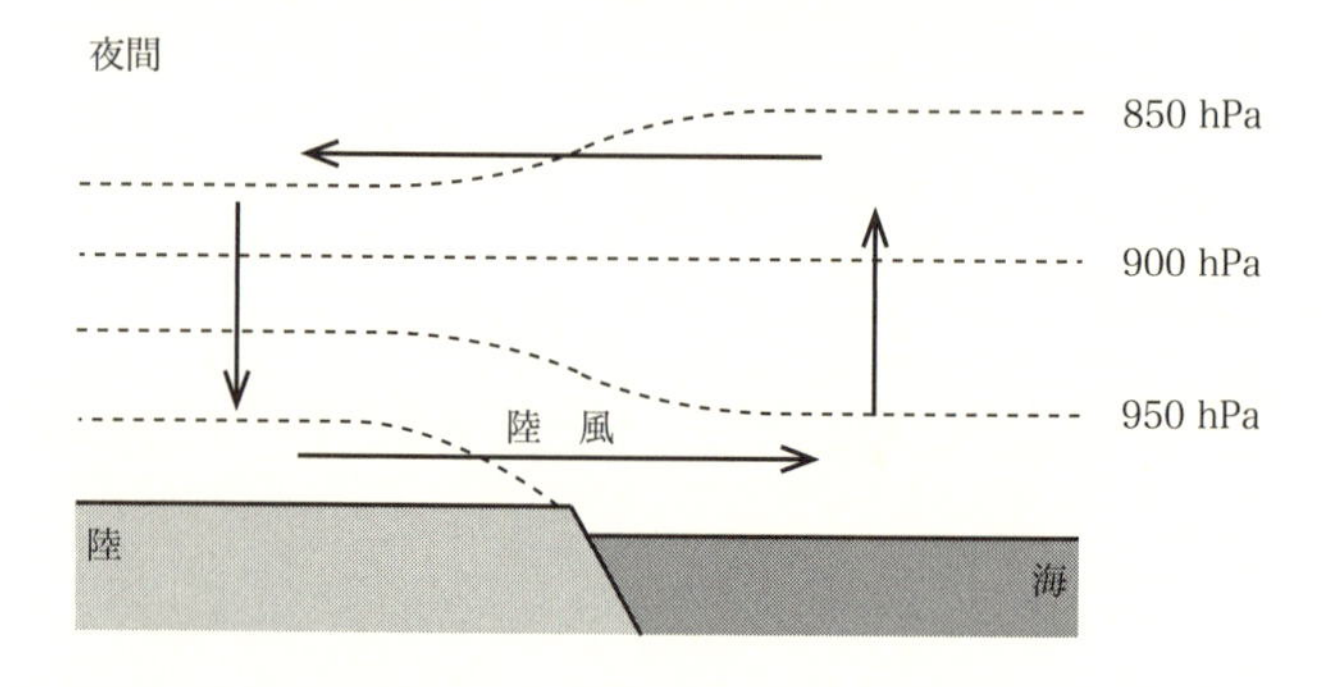

図3-5-6 **海陸風**
日中は海から陸へ海風、夜間は陸から海へ陸風が吹く。

方、南半球の風は、高気圧では反時計回りに吹き出し、低気圧では時計回りに吹き込んでいます（図3－5－5）。北半球と南半球で風の向きが異なるのは、風にはたらく転向力の向きが異なるからです。また、高気圧の中心付近では下降気流が卓越し、低気圧の中心付近では上昇気流が卓越しています。

海陸風

陸は海よりも暖まりやすく、冷めやすいという性質があります。すなわち、陸は海よりも温度変化が大きくなります。

日中には、陸上の温度は海上の温度よりも高くなるため、陸上では上昇気流が生じ、海から陸へ海風が吹きます。一方、夜間には、陸上の温度は海上の温度よりも低くなるため、陸上では下降気流が生じ、陸から海へ陸風が吹きます（図3-5-6）。

このような海陸風（海風と陸風）は、陸と海の温度差によって生じる風であり、高気圧や低気圧による風の影響が少ないときに、海岸付近で吹くことがあります。海陸風は1日周期で風向が変化します。海陸風のように、限られた地域に吹く風を**局地風**（きょくちふう）といいます。

3・6 大気の大循環

低緯度の風

赤道付近は日射量が多いため、上昇気流が卓越して気圧が低くなっています。このような領

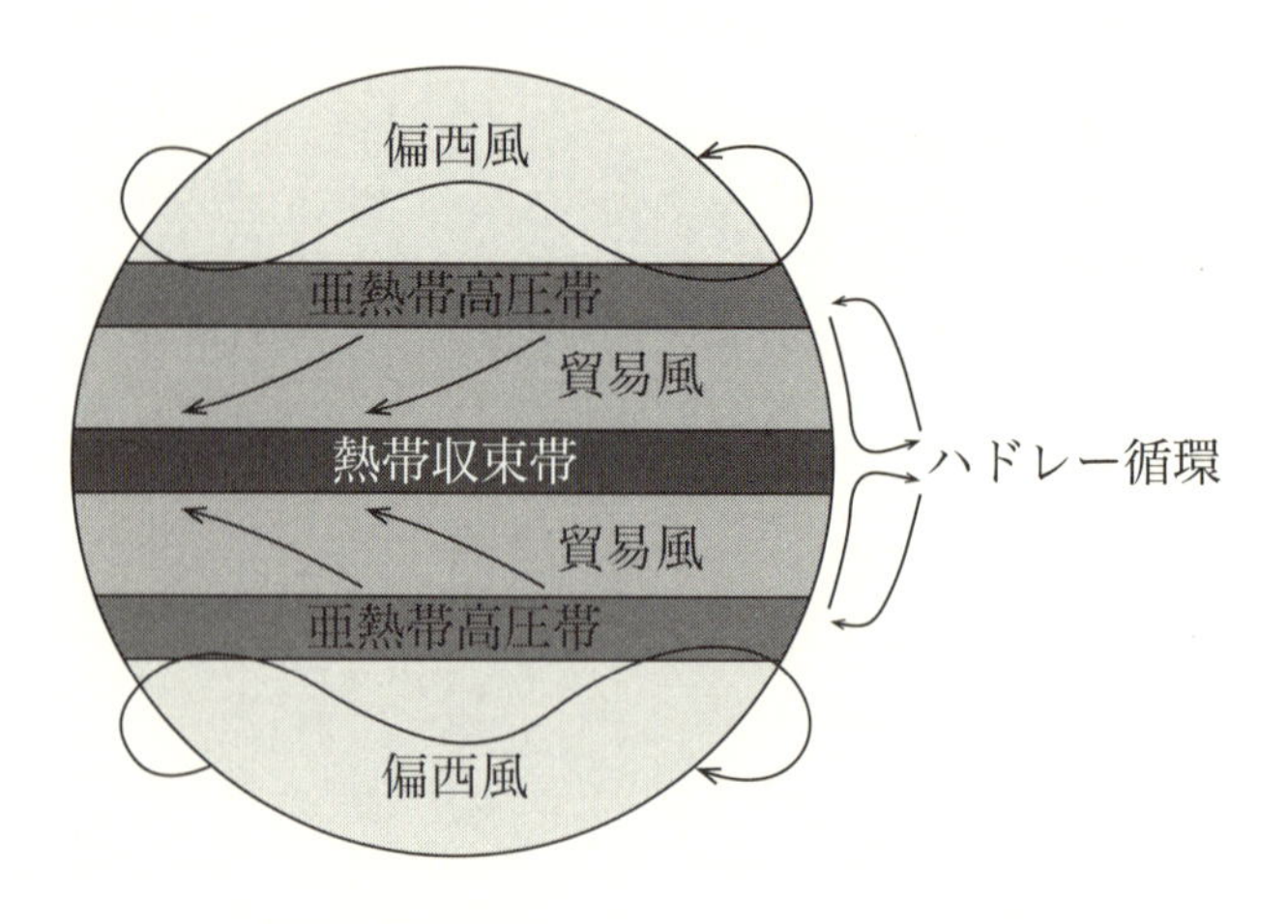

図3-6-1 **大気の大循環**

域を**熱帯収束帯**(ねったいしゅうそくたい)といいます。一方、緯度20～30度付近では下降気流が卓越し、気圧が高くなっています。このような領域を**亜熱帯高圧帯**(あ)といいます。

先述の通り、風は高気圧から低気圧に向かって吹くため、地表付近では亜熱帯高圧帯から熱帯収束帯に向かって、**貿易風**(ぼうえきふう)と呼ばれる風が吹いています。ただし、地球の自転による転向力がはたらくため、貿易風は北半球では北東から南西へ、南半球では南東から北西へ吹いています。

貿易風が赤道付近で収束して上昇気流となり、対流圏の上層を高緯度方向へ流れ、緯度20～30度付近で下降するように、熱帯の大気は対流しています。このような大気の流れを**ハドレー循環**といいます(図3-6-1)。こ

の現象を1735年に見出したイギリスの気象学者ジョージ・ハドレー（1685〜1768）にちなんでいます。

中緯度の風

中緯度の対流圏では、西から東へ吹く**偏西風**（へんせいふう）が強く吹いています。偏西風の風速は対流圏の上層ほど大きくなり、高度12㎞付近で最大となっています。この高度あたりを吹く特に強い偏西風を**ジェット気流**といいます。

上空の偏西風は、南北方向に蛇行しながら吹いています。これを**偏西風波動**（はどう）といいます。偏西風が南北方向に蛇行することによって、低緯度側から高緯度側へ熱が運ばれています。

偏西風は、季節によって位置と強さが変化します。夏季には低緯度側を吹き、冬季には高緯度側を吹きます。また、夏季よりも冬季のほうが低緯度と高緯度の温度差が大きくなりますので、偏西風は冬季のほうが強く吹きます。

地上天気図

天気予報などで見られる地上の天気図には、気圧の等しい地点を結んだ等圧線が引かれているると3-1で述べました。地上では場所によって標高が異なり、気圧は標高によって変わりま

すので、地上の天気図では、陸上の気圧は海面での気圧に修正して描かれています。

気圧が周囲よりも高いところを高気圧、周囲よりも低いところを低気圧といいます。北半球の地上の風は、高気圧では時計回りに吹き出し、低気圧では反時計回りに吹き込んでいます。

高層天気図

上空の天気図では、500hPaや300hPaなどの気圧が一定の面で作成されています。気圧が500hPaとなる高度は約5500m、気圧が300hPaとなる高度は約9000mです。

上空の天気図は、等圧面の高度分布を**等高線**で表しています。たとえば、500hPa面の高層天気図では、500hPaとなる高度を等高線で表していて、一般に等高線は60mごとに引かれています。

高層天気図は、気圧は一定ですが、高さが一定の面で描かれていませんので、少し見づらく感じるかもしれません。そこで、高度が5500mなどの一定のところで見直してみましょう。

たとえば、500hPaの高層天気図において、高度5400mの等高線が引いてあるところは、高度5500mでは気圧が500hPaよりも低くなっています。気圧は上空にいくほど低くなるからです。また、高度5700mの等高線が引いてあるところは、高度5500mでは気

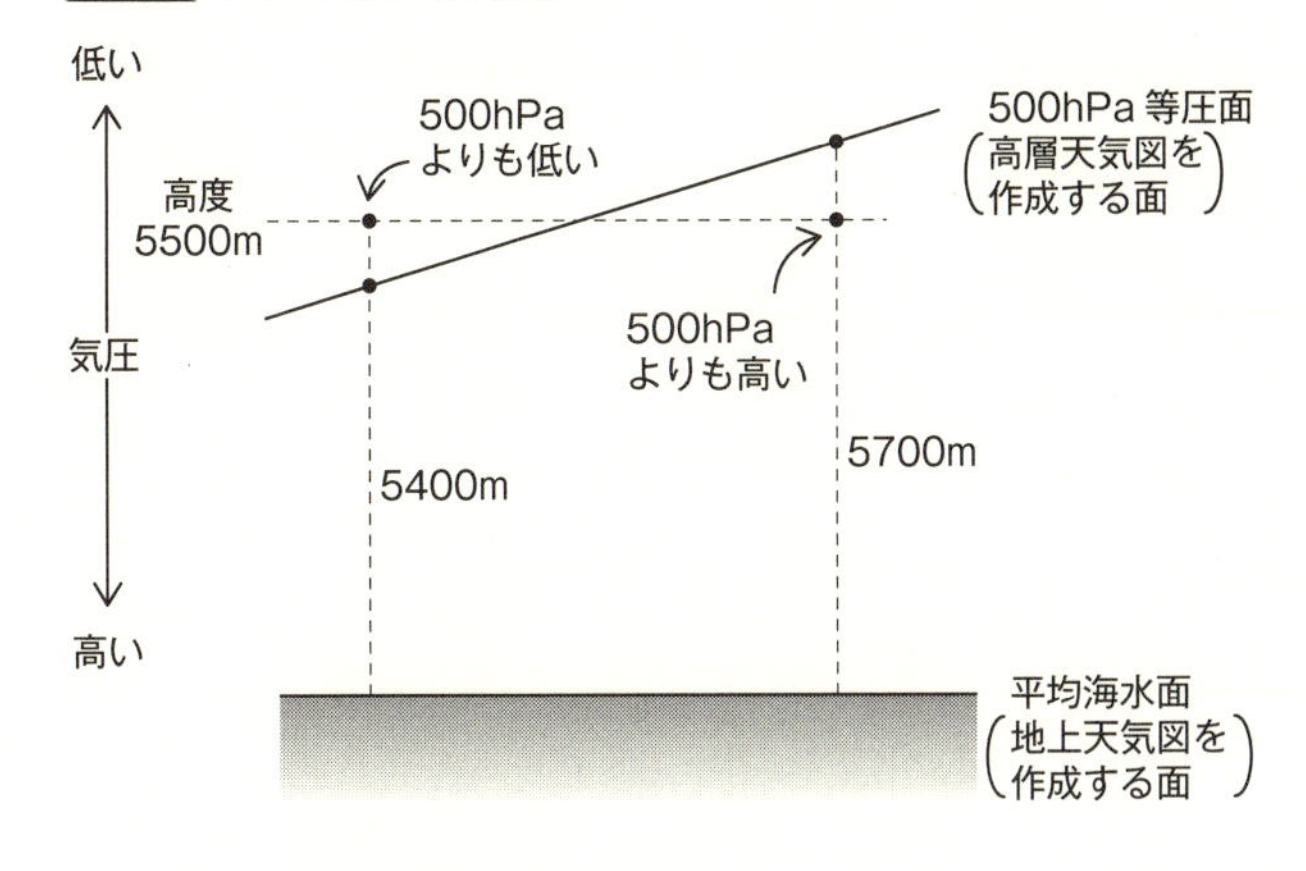

図 3-6-2　500hPa 等圧面と高度

圧が500hPaよりも高くなっています（図3-6-2）。

このように、高層天気図において、高度が低いところは同じ高さで見ると気圧が低く、高度が高いところは同じ高さで見ると気圧が高くなっています。高層天気図の高度が高いところと低いところを、それぞれ気圧の高いところと低いところに置き換えて見ることができるのです。

気圧の谷と気圧の尾根

低緯度の大気は暖かく膨張していますので、高層天気図の低緯度側では等高線の高度が高くなっています。また、高緯度の大気は冷たく圧縮されていますので、高層天気図の高緯度側では等高線の高度は低くなっています。

日本付近の高層天気図において、等高線が北側

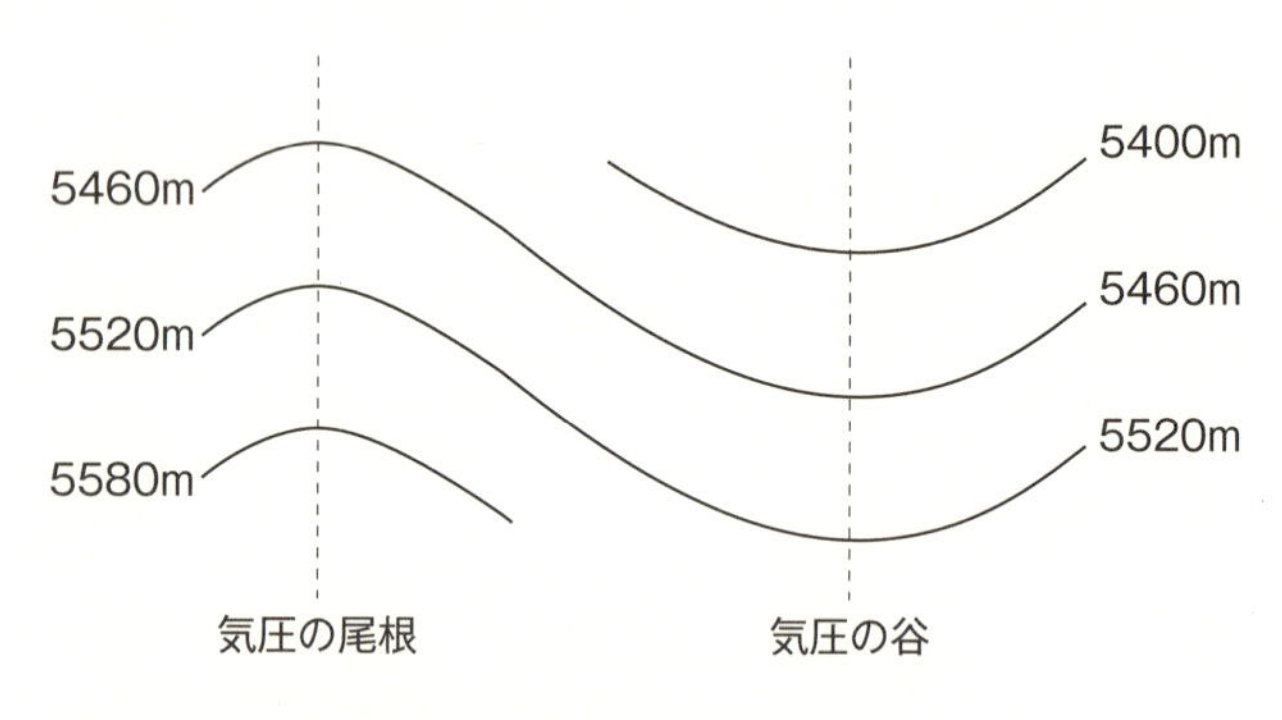

図3-6-3 気圧の谷と気圧の尾根

に張り出している部分は、同じ高さで見ると気圧の高いところが張り出しています。このように周囲よりも気圧が高くなっている軸を**気圧の尾根**(おね)といいます(図3-6-3)。

また、等高線が南側に張り出している部分は、同じ高さで見ると気圧の低いところが張り出しています。このように周囲よりも気圧が低くなっている軸を**気圧の谷**(たに)といいます。

地上の温帯低気圧と移動性高気圧は、上空の偏西風波動とつながっていることが多くあります。一般に地上の温帯低気圧のやや西側に上空の気圧の谷があり、地上の移動性高気圧のやや西側に上空の気圧の尾根があります。

温帯低気圧

中緯度の暖気と寒気の境界で発生する低気圧を**温帯低**

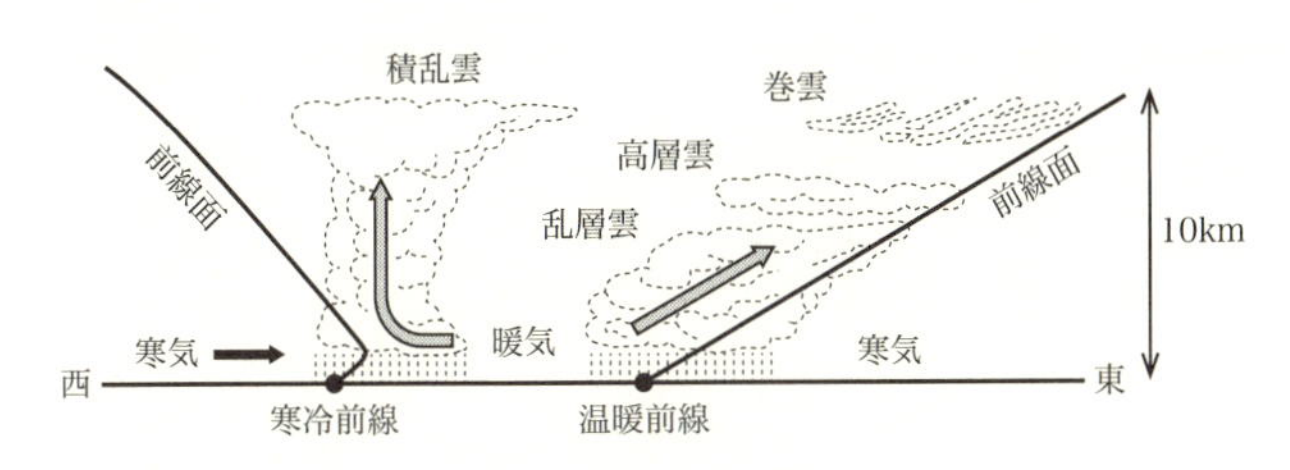

図3-6-4　日本付近の温帯低気圧の構造

気圧といいます。日本付近の温帯低気圧は、東側に**温暖前線**、西側に**寒冷前線**を伴うことが多くあります。**前線**とは暖気と寒気の境界面が地表面と交わるところです。

温暖前線では暖気が寒気の上にはいあがり、その境界付近には乱層雲、高層雲、巻雲などが形成されます。乱層雲は、広い範囲に雨を降らせます（図3-6-4）。温暖前線は低気圧とともに西から東へ移動しますので、温暖前線が通過すると西側から暖気が侵入して気温が高くなります。

一方、寒冷前線では寒気が暖気の下にもぐり込んで暖気を上昇させますので、その境界付近には積乱雲などが形成されます。積乱雲は、狭い範囲に激しい雨を降らせます。寒冷前線も低気圧とともに西から東へ移動しますので、寒冷前線が通過すると西側から寒気が侵入して気温が低くなります。

季節風

大陸は海洋にくらべて暖まりやすく冷めやすい性質があります

ので、大陸と海洋は季節によって温度差が生じます。そのため、大陸と海洋のあいだで季節によって風向の異なる風が吹くことがあります。このような風を**季節風**(きせつふう)といいます。

冬季には、放射冷却によって大陸には高気圧が形成され、海上には低気圧が形成されます。そのため、大陸から海洋に向かって風が吹きます。冬の日本付近でも大陸から海洋へ季節風が吹くことが多くなります。

一方、夏季には大陸は海洋よりも温度が高くなりますので、大陸には低気圧、海洋には高気圧が形成されやすくなります。そのため、海洋から大陸へ季節風が吹くことが多くなります。

3・7 日本の天気

冬の天気

ここからは、日本の天気にみられる特徴を紹介していきましょう。先述したように、冬の大陸では放射冷却によって気温が低下します。その影響で、シベリア付近に**シベリア高気圧**が形

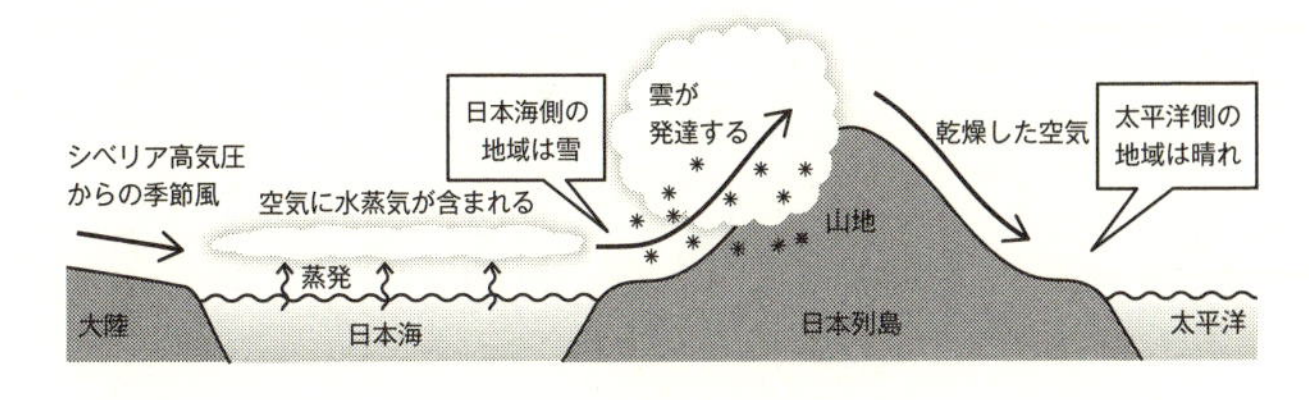

図3-7-1　**冬の日本付近における空気の流れ**

成されます。一方、北海道の東の太平洋には、低気圧が形成されます。日本の西側に高気圧、東側に低気圧が形成されるような気圧配置を**西高東低**（せいこうとうてい）といいます。シベリア高気圧から時計回りに吹き出した風が、日本の東の低気圧に反時計回りに吹き込みますので、日本列島では北西の季節風が卓越します。

シベリア高気圧から吹き出した乾燥した風が日本海を越えるときに、空気には日本海から蒸発した水蒸気が供給されます（図3-7-1）。水蒸気は日本海の海上で凝結（ぎょうけつ）し、雲を形成します。さらに、北西の季節風に流されることによって、海上にはすじ状の雲が形成されます。

日本海で水蒸気を含んだ空気が日本列島に流れ込んでくると、日本海側の山沿いで上昇気流となって、日本海側の地域に雪や雨を降らせます。その後、乾燥した空気が山脈を越えて太平洋側に吹き降りるため、太平洋側の地域では乾燥した晴天となります。このように、冬の降水量は、日本海側では多く、太平洋側では少なくなる傾向があります。

春の天気

2月以降になると、西高東低の気圧配置がくずれ、日本海で温帯低気圧が発達することがあります。このとき、日本列島では温帯低気圧に向かって暖かい南よりの風が吹き、気温が上昇します。

立春（2月4日ごろ）から春分（3月20日ごろ）までのあいだに、最初に吹く南よりの強い風を**春一番**（はるいちばん）といいます。山間部では暖かい風によって雪が融け、雪崩が発生しやすくなりますので注意が必要です。

3月～5月ごろには、日本付近を温帯低気圧と移動性高気圧が通過していくことが多くなり、天気が周期的に変化します。移動性高気圧は、偏西風の影響により、西から東へ移動します。日本列島が移動性高気圧に覆われるとよく晴れますが、夜間には放射冷却が強まって霜が降り、農作物に被害が出ることもあります。

中国やモンゴルの砂漠（ゴビ砂漠やタクラマカン砂漠など）から舞い上がった砂が、偏西風によって運ばれ、日本列島に降下することがあります。このような砂を**黄砂**（こうさ）といいます。日本に飛来する黄砂は、3月～5月に多く観測されています。

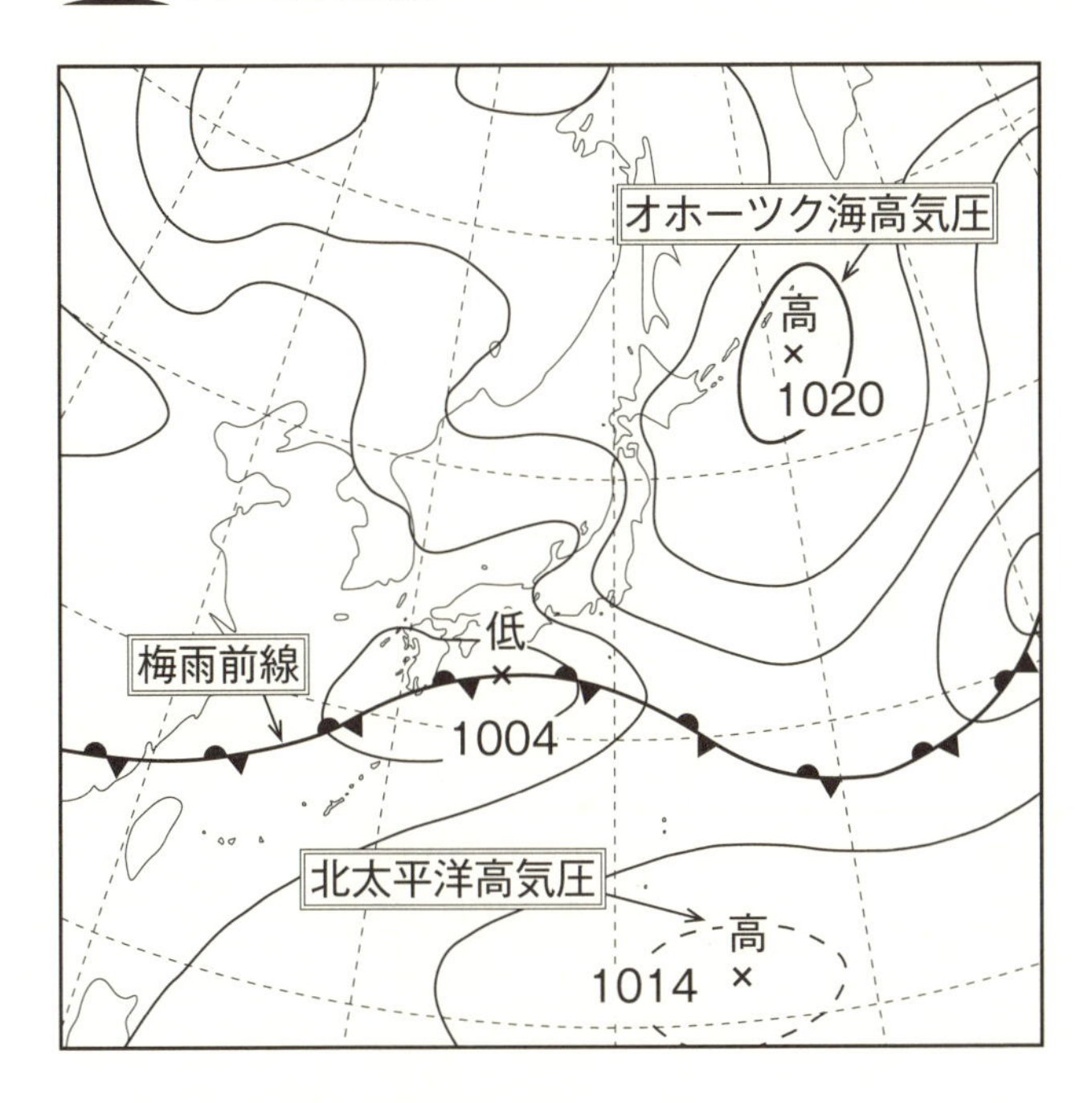

図3-7-2　梅雨の代表的な天気図

梅雨の天気

6月から7月にかけて、雨の日が続くことが多い期間を**梅雨**（つゆ）といいます。日本の北側には**オホーツク海高気圧**、南側には**北太平洋高気圧**が形成され、オホーツク海高気圧からの寒気と北太平洋高気圧からの暖気の境界に、**停滞前線**ができます。梅雨の時期に日本付近にできる停滞前線を**梅雨前線**といいます（図3-7-2）。

オホーツク海高気圧は、

ジェット気流が大きく蛇行して空気が停滞することによって形成されます。このような高気圧を**ブロッキング高気圧**といいます。

オホーツク海高気圧が強まると、東日本の太平洋側の地域に、**やませ**と呼ばれる冷たい北東の風が吹きます。この風が続くと、気温の低い日が続き、農作物に被害が出ることがあります。

一方、北太平洋高気圧はハドレー循環の下降気流が卓越する亜熱帯高圧帯に形成される高気圧です。北太平洋高気圧の中心は、小笠原諸島付近にありますので、「小笠原高気圧」と呼ぶこともあります。

北太平洋高気圧からの暖かく湿った空気は、梅雨前線の南西側から西日本に流れ込みます。そして、梅雨前線付近には**湿舌**（しつぜつ）という湿った領域が形成されます。梅雨末期には西日本で大雨や集中豪雨となることが多く、平野部では洪水、山間部では土砂災害などが発生することもあります。

夏の天気

7月下旬になると、日本の南側にある北太平洋高気圧の勢力が強まって梅雨明けとなります。日本列島の南側に高気圧、北側に低気圧が分布するため、夏には**南高北低**（なんこうほくてい）の気圧配置とな

ります。

北太平洋高気圧の周囲では等圧線の間隔が広くなるため、冬にくらべると風が弱くなります。海岸付近では海陸風による風が卓越することが多くなります。

日中には太平洋からの暖かく湿った空気が日本列島の内陸に流れ込み、強い日射を受けて暖まった地表面に加熱され、上昇気流が生じて積乱雲が発達します。そのため、午後には夕立や雷が発生しやすくなるのです。

台　風

海面水温の高い低緯度の海域で発生する低気圧を**熱帯低気圧**といいます。熱帯低気圧は前線を伴うことはありません。

北太平洋の西部で発生した熱帯低気圧のうち、最大風速が約17m／s以上になったものを**台風**といいます。台風の下層では反時計回りに風が吹き込み、上層では時計回りに風が吹き出しています。

低緯度の海面から蒸発した水蒸気は、台風の中心付近に吹き込んで上昇し、上空で凝結して積乱雲となります。このときに、潜熱が放出されて空気が暖められるため、上昇気流がさらに強まって、下層では吹き込む風が強まります。

このように、台風の強い風は水蒸気が凝結するときの潜熱をエネルギー源としています。すなわち、上陸した台風は水蒸気が供給されなくなるため、弱まっていきます。非常に強い勢力の台風が、上陸後いつのまにか消えてしまったりするのも、そういう理由です。

台風は8月～9月に最も多く発生し、日本列島に接近します。台風が近づくと、暴風や洪水などによる被害が発生することがあります。

また、台風が接近すると、気圧の低下による海面の吸い上げ（吸い上げ効果）と強風による海水の吹き寄せ（吹き寄せ効果）によって、海面が高くなることがあります。この現象を**高潮**（たかしお）といいます。大阪湾や伊勢湾などでは、過去にくり返し高潮による被害が発生しています。

秋の天気

9月になり北太平洋高気圧が弱まり始めると、日本付近には停滞前線が形成され、曇りや雨の日が多くなります。9月中旬から10月中旬にかけて、日本付近に形成される停滞前線を**秋雨**（あきさめ）**前線**といいます。

秋雨前線が形成されるころは、台風が日本付近に接近することがあります。そのため、台風を取り巻く湿った空気が秋雨前線に流れ込んで、大雨が降ることもあります。

10月～11月には、温帯低気圧と移動性高気圧が日本付近を通過するようになり、天気が周期的に変化するようになります。11月ごろに移動性高気圧に覆われた日には、**小春日和**（こはるびより）と呼ばれる暖かく穏やかな天気となることがあります。晩秋から初冬に見られる天気ですが、春の陽気と似ているため、小春と呼ばれるようになりました。

一方、11月には日本列島に冷たい北風が吹くこともあります。この時期に吹く強くて冷たい北風を**木枯らし**といいます。小春日和や木枯らしは、短歌や俳句などで冬を表す季語として使われることがあります。

3・8 海洋のメカニズム

海水の塩分

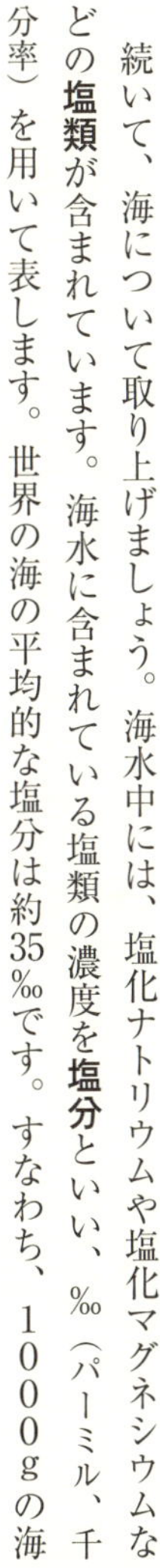

続いて、海について取り上げましょう。海水中には、塩化ナトリウムや塩化マグネシウムなどの**塩類**が含まれています。海水に含まれている塩類の濃度を**塩分**といい、‰（パーミル、千分率）を用いて表します。世界の海の平均的な塩分は約35‰です。すなわち、１０００gの海

水を蒸発させると35gの塩類が得られます。

外洋の海面付近の塩分は、主に降水量と蒸発量によって変化します。ハドレー循環の上昇気流が卓越する熱帯収束帯では、たくさんの積乱雲からの降水があるため、降水量が蒸発量を上回り、海水の塩分が低くなっています。

一方、ハドレー循環の下降気流が卓越する亜熱帯高圧帯では、蒸発量が降水量を上回り、海水の塩分は高くなっています。また、中緯度での温帯低気圧による降水や高緯度での海氷の融解によって、海水の塩分が低くなることもあります。

海洋の層構造

海面付近では風や波によって、海水が上下方向に混ぜられていますので、上下方向に水温がほぼ一定になります。上下の温度差が小さい海洋の表層を**表層混合層**（ひょうそうこんごうそう）といいます（図3－8－1）。

表層混合層の厚さは季節によって変化します。夏季には太陽放射によって海面が加熱され、海面付近の水温が高くなります。水温が高い海水は軽いため、下層の海水と混ざりにくい状態にあります。

一方、冬季には海面付近の海水が冷却され、水温が低くなります。水温の低い海水は重いた

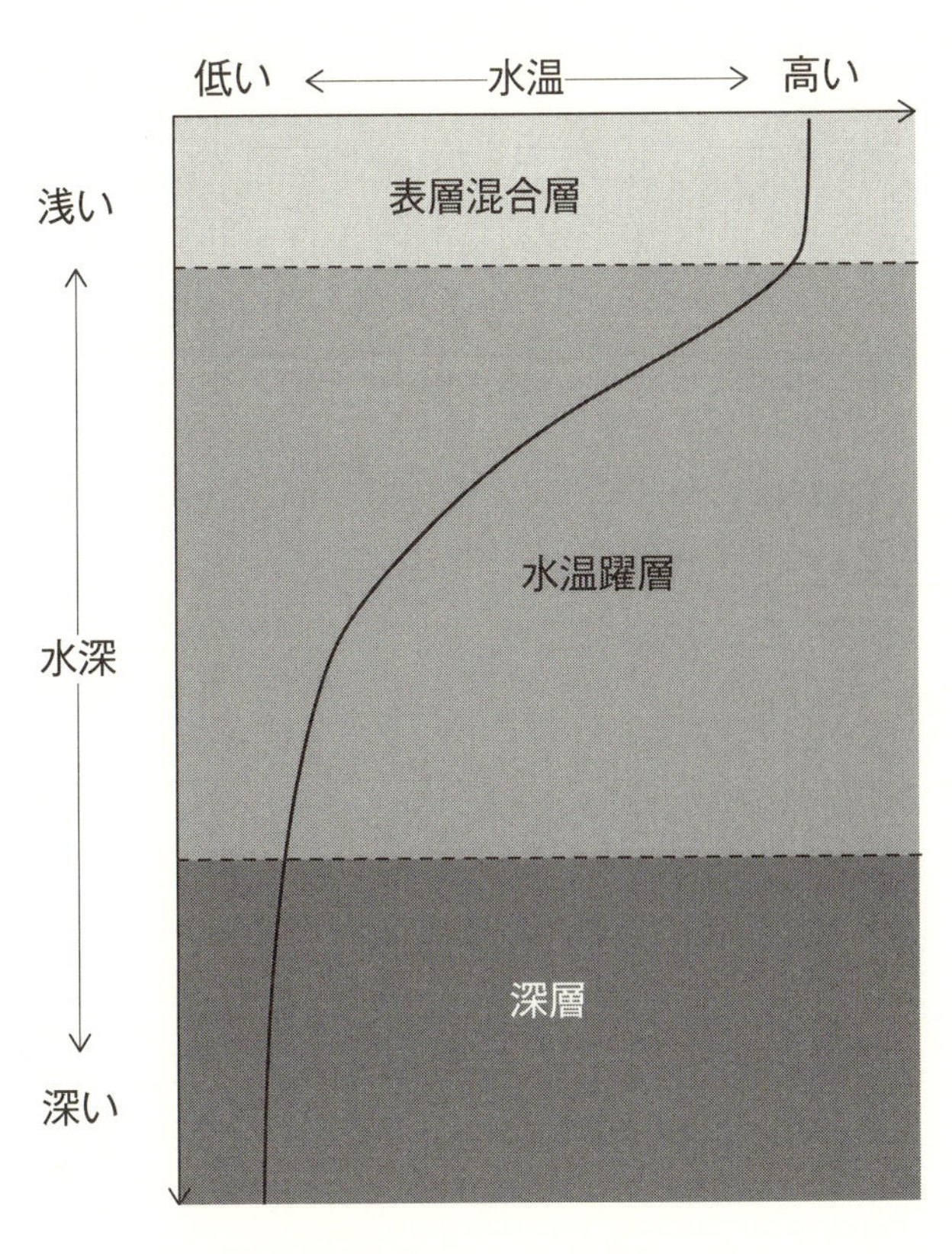

図 3-8-1　海洋の層構造

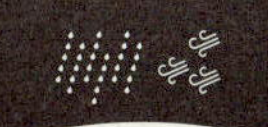

め、沈み込んで下層の海水と入れ替わるような対流が起こります。このようにして、海水が上下方向に混ざるため、冬季の表層混合層は厚くなるのです。日本近海の表層混合層の厚さは、夏季には50m以下ですが、冬季には100m以上になります。

表層混合層の下には、水温が深さとともに急激に低下する海水の層があります。この層を**水温躍層**（すいおんやくそう）といいます。低緯度ほど海面付近の水温が高いため、水温躍層は低緯度ほど顕著に現れます。

水温躍層の下の海洋の深部は**深層**（しんそう）と呼ばれています。深層は水温が低く、季節や場所による温度変化もほとんどありません。

海面の波

海面の波は主に海上の風によってできます。風が吹いている場所でできた波を**風浪**（ふうろう）といいます。風浪は風が吹く方向に進んでいき、風が吹く時間が長いほど大きな波になります。

一方、風が強くない場所に伝わってきた波は**うねり**といいます。夏から秋にかけての太平洋沿岸では、日本の南にある台風によって発生した波が、波高の高いうねりとなって伝わってくることがあります。

一般に水深の深い海では、海水は上下方向に円運動をしていますが、水深の浅い海では海水は水平方向につぶれた楕円運動をしています。水深が浅い海で海面に波が存在するときには、海底付近の海水も動きますので、海底の堆積物を移動させることもあります。水深にくらべて波長の短い波を**表面波**といい、波長の長い波を**長波**といいます。

エクマン輸送

海面付近におけるほぼ一定方向の海水の流れを**海流**といいます。海面付近の海水は、貿易風や偏西風などの風によって運ばれます。流れている海水には地球の自転による転向力がはたらくため、海水の流れの向きは風の方向に対して、北半球では右向き、南半球では左向きにずれ、深さとともに変化します。

海面から水深約１００ｍまでの海水は、深さ方向に流れを足し合わせると、海上の風の方向に対して、北半球では直角右向き、南半球では直角左向きに運ばれます。このような海水全体の流れを**エクマン輸送**といいます（図３-８-２）。貿易風や偏西風の向きに対して、海面付近の海水が直角右向きに運ばれた結果、貿易風帯と偏西風帯のあいだでは海面が高くなっています。

なお、エクマン輸送はスウェーデンの海洋物理学者ヴァン・ヴァルフリート・エクマン（１８７４～１９５４）にちなんで名付けられた現象です。

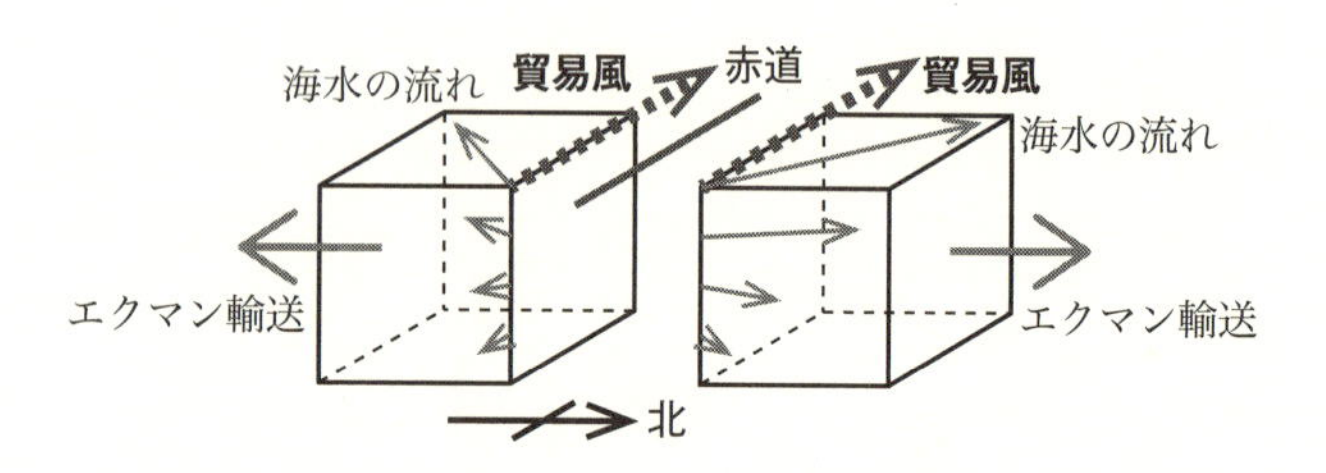

図3-8-2 エクマン輸送
風の方向に対して、北半球では直角右向き、南半球では直角左向きに運ばれる。

地衡流

空気には気圧の高いほうから低いほうへ気圧傾度力がはたらいているように、海水には圧力の高いほうから低いほうへ圧力傾度力がはたらきます。海水の圧力は海面が高いほど大きくなりますので、圧力傾度力は海面の高いほうから低いほうへはたらきます。

また、流れている海水には転向力がはたらいているため、海水は海面の等高線と平行に流れるようになります。このとき、海水にはたらく圧力傾度力と転向力はつり合った状態になっており、このような海水の流れを**地衡流**（ちこうりゅう）といいます（図3－8－3）。

亜熱帯環流

北半球の地衡流は、海面の高いほうを右に見ながら流れるため、亜熱帯の海域では時計回りの流れになります。一

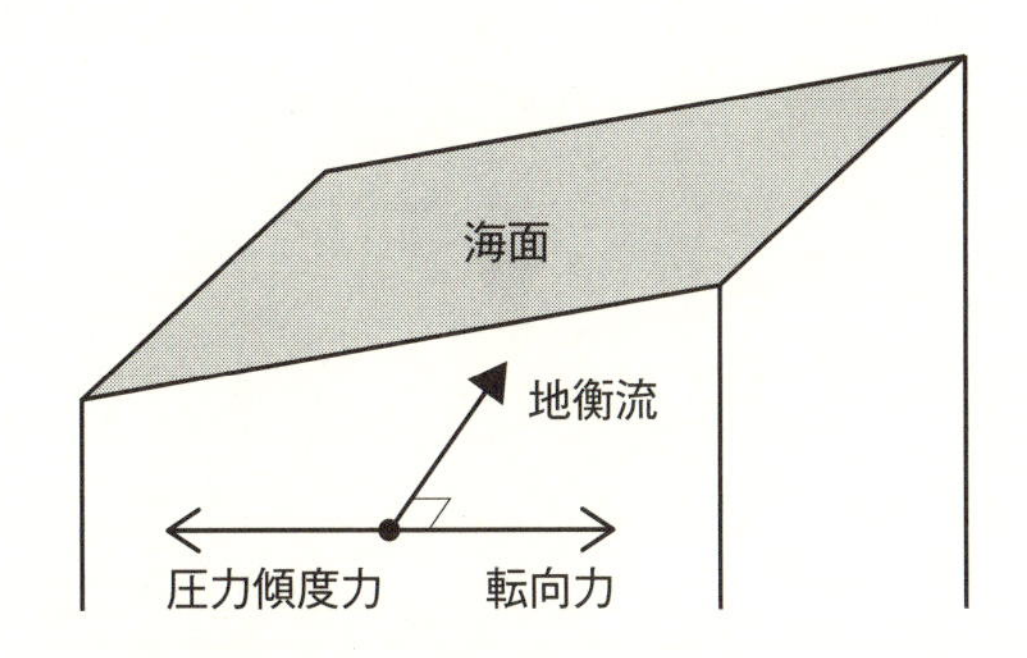

図3-8-3 **北半球の地衡流**
圧力傾度力は海面の高いほうから低いほうへはたらく。北半球では転向力は海流の方向に対して直角右向きにはたらく。

方、南半球の地衡流は、海面の高いほうを左に見ながら流れるため、亜熱帯の海域では反時計回りの流れになります（図3-8-4）。これらの流れは**環流**（亜熱帯環流）と呼ばれています。

転向力は高緯度ほど大きくなるため、亜熱帯環流の流速は西側で強くなります。このような現象を**西岸強化**といいます。北太平洋の西側を流れる**黒潮**や北大西洋の西側を流れる**メキシコ湾流**は流速が速く、「世界の2大海流」と呼ばれることもあります。

深層循環

海水の鉛直方向の流れは、海水の密度差によって生じます。一般に水温が低く、塩分が高いほど、海水の密度は大きくなり、海水は深層へ沈み込むことができます。水温と塩分の違いによって生じる鉛直方向の海水の流れを**熱塩循環**といいます。

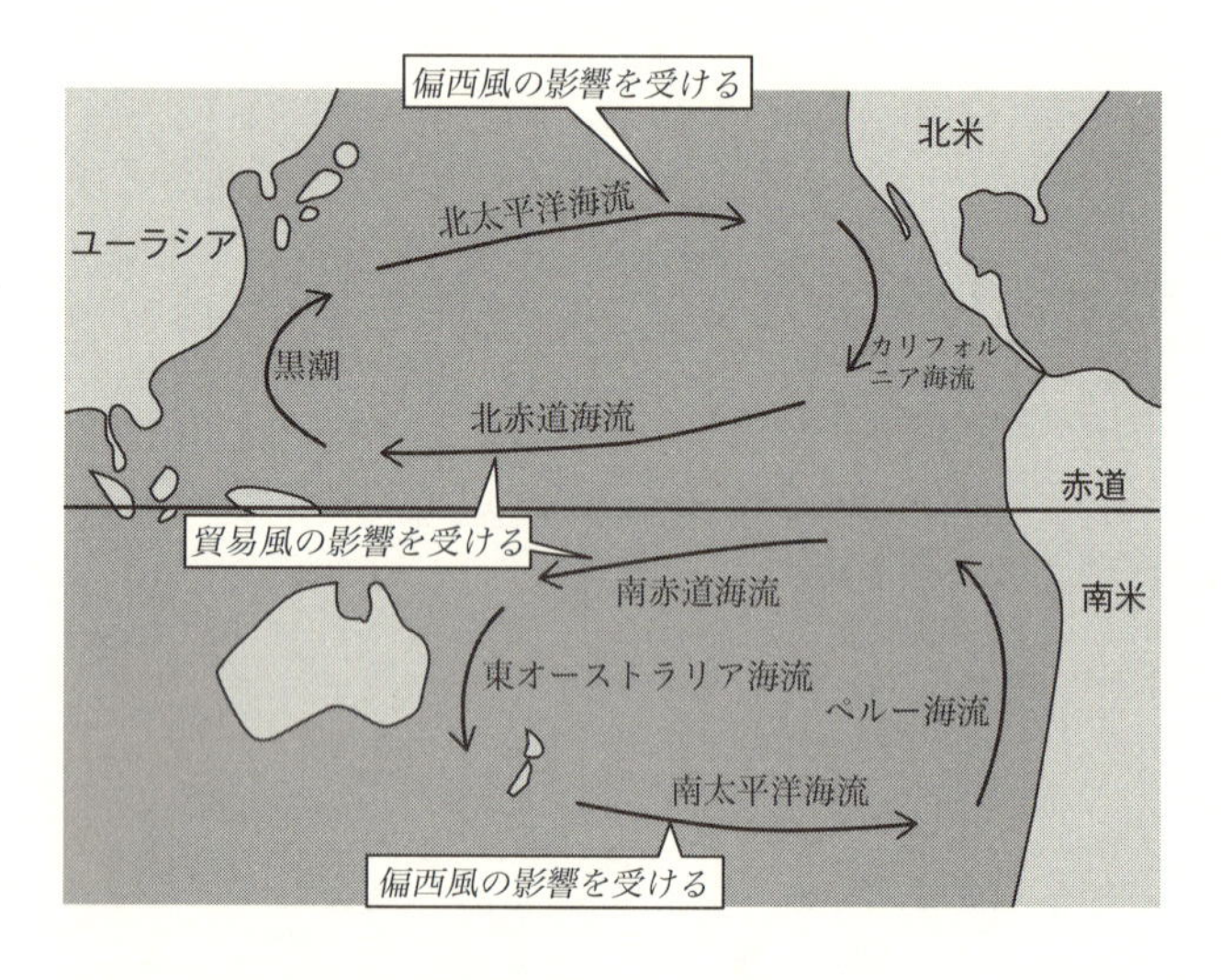

図3-8-4 太平洋の亜熱帯環流
北半球の亜熱帯では時計回り、南半球の亜熱帯では反時計回りの循環ができる。

北大西洋北部のグリーンランド近海や南極大陸周辺のウェッデル海では、冬季に海面付近の海水が冷たい空気に冷やされて凍結することがあります。このとき、海水中の塩類は氷の内部に入ることができず、氷の下の海水に蓄積します。

このように海水が凍結すると、氷の下には水温が低く、塩分が高い海水ができます。このような海水が深層へ沈み込み、大西洋だけでなくインド洋や太平洋の深層を巡るように流れていきます。このような深層を巡る海水の大循環を**深層循環**（しんそうじゅんかん）といいます。海面付近を流れる海流にくらべると、深層循環の海水の流れは

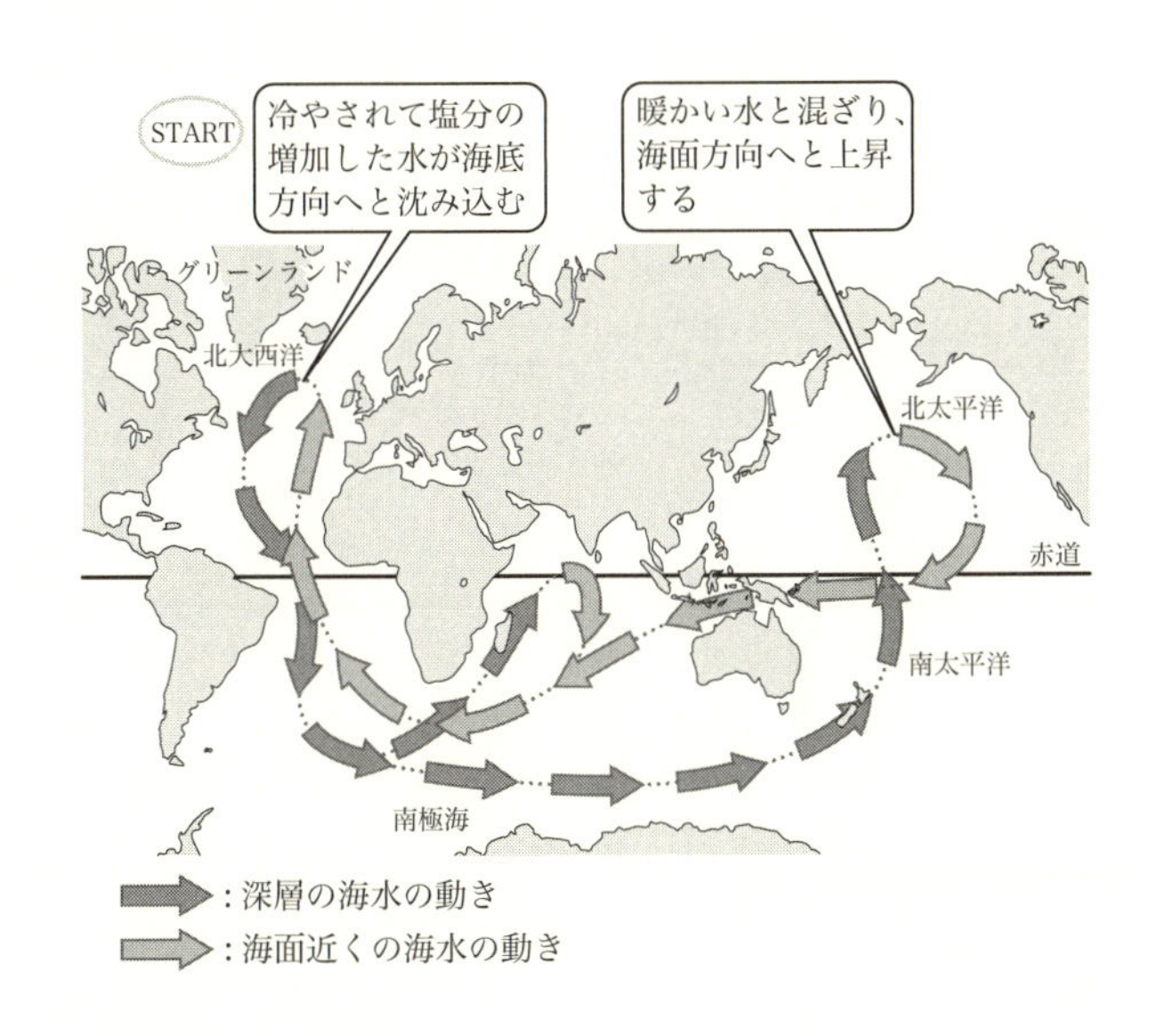

図3-8-5 深層循環

遅く、海面付近から沈み込んだ海水が、深層を巡って太平洋やインド洋の海面付近に上昇してくるまでに1000～2000年の時間がかかります（図3-8-5）。

潮汐

海水面の高さはつねに一定ではなく、ゆっくりと上下に動いています。1日に約2回ずつくり返す海面の昇降を**潮汐**（ちょうせき）といいます。海水面が最も高くなるときを**満潮**（まんちょう）といい、最も低くなるときを**干潮**（かんちょう）といいます。満潮から次の満潮までの時間は約12時間25分です。

海水には月の質量による万有引力

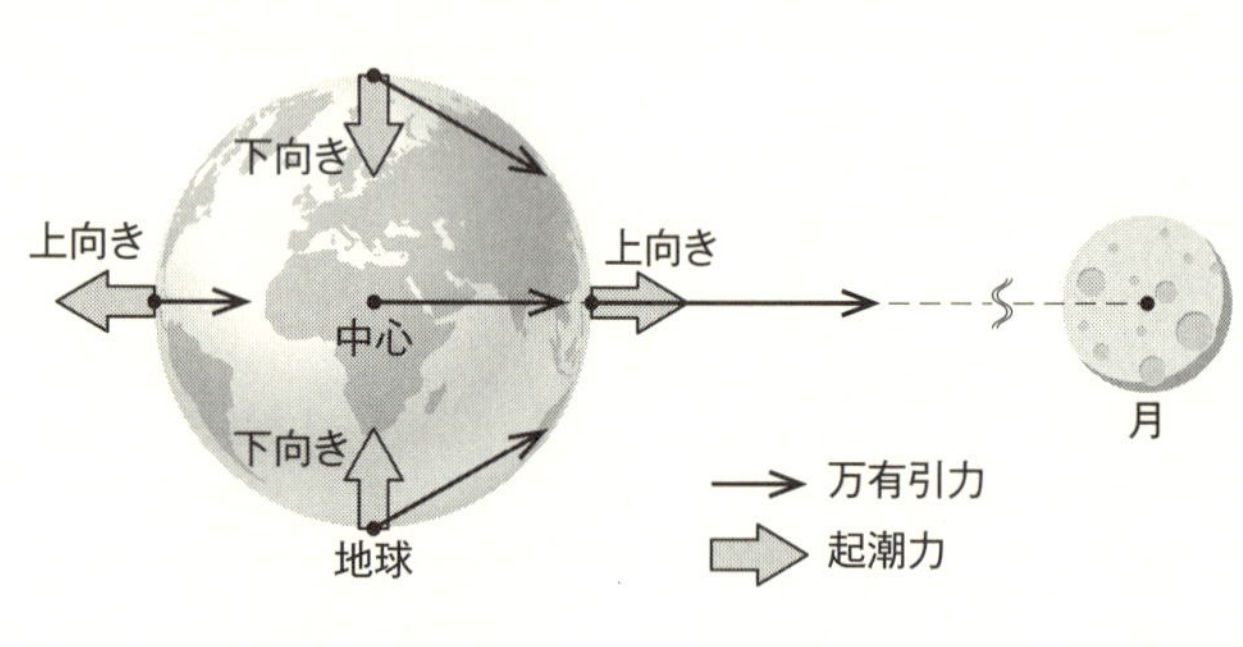

図3-8-6 月による起潮力

がはたらきます。その大きさは、地球上の場所によって異なります。

地球上で月に最も近いところでは、月の質量による万有引力の大きさは、平均的なそれよりも大きい（月に引かれる力が大きい）ため、海面に対して上向き（月に向かう向き）に力がはたらきます。一方、地球上で月に最も遠いところでは、平均的な万有引力よりも小さい（月に引かれる力が小さい）ため、海面に対して上向き（月と反対の向き）に力がはたらきます（図3-8-6）。この力が潮汐を引き起こし、**起潮力**と呼ばれています。地球の中心から見て、月の方向と直角な方向にある地点では、起潮力は海面に対して下向きにはたらきます。地球を一周してみると、起潮力が上向きのところと下向きのところが2ヵ所ずつあるため、地球の自転によって1日に約2回、海面の昇降が起こるのです。

地球上で月に最も近いところと最も遠いところでは、海面に対して上向きに起潮力がはたらきますが、海水が流れ込ん

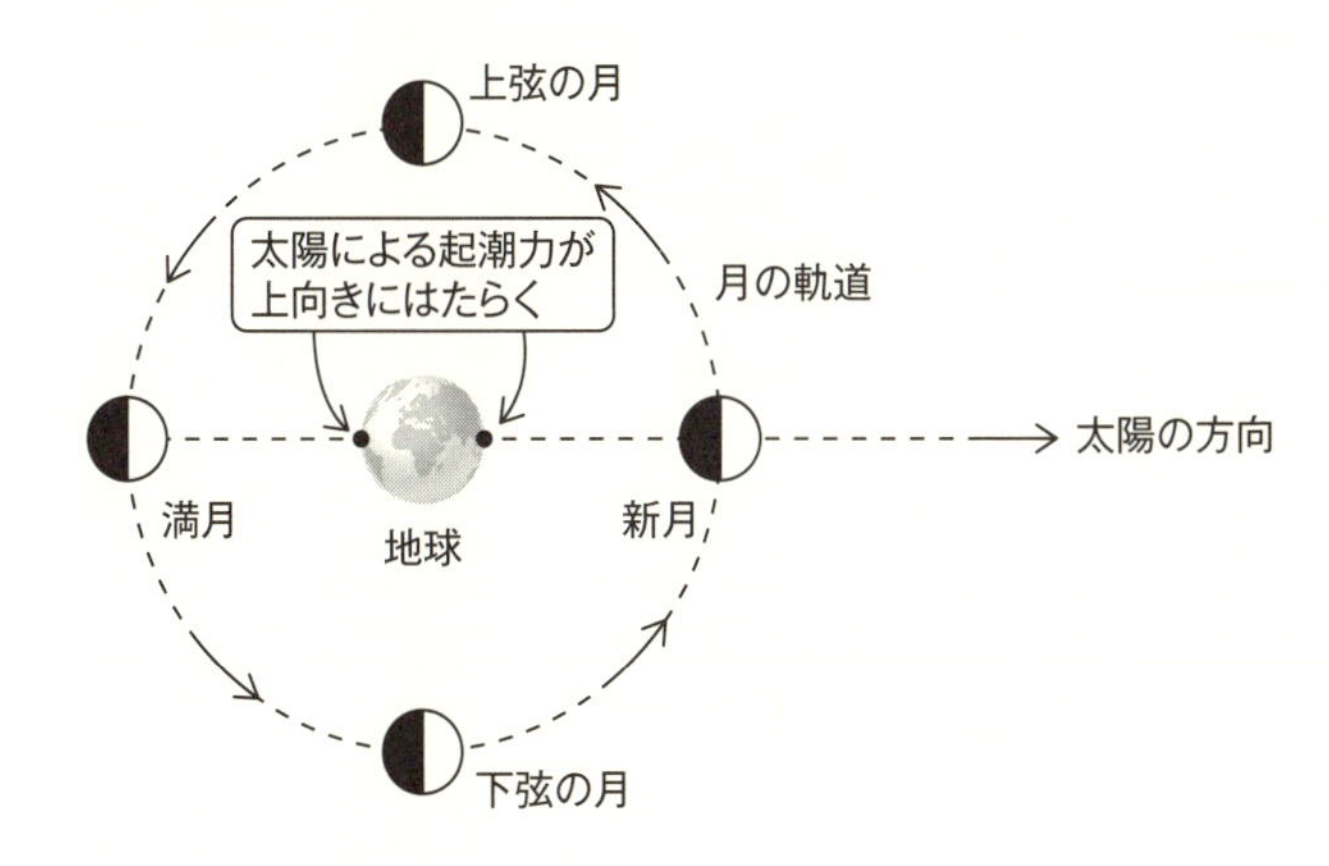

図 3-8-7　大潮と小潮

でくるまでには時間を要するため、これらの地点ですぐに満潮となるわけではありません。潮の満ち引きに伴う海水の流れは**潮流**（ちょうりゅう）と呼ばれます。

大潮と小潮

海水には、月と同様に太陽の質量による万有引力もはたらきますので、海水には月だけでなく太陽による起潮力もはたらきます。地球上の太陽に面した地点と太陽と反対側の地点では、起潮力は上向きにはたらいて、海面を上昇させようとします。

月が太陽と同じ方向にある**新月**のときや、月が太陽と反対方向にある**満月**のときには、月による起潮力と太陽による起潮力が同じ方向にはたらきますので、満潮時の水位が特に高くな

り、干潮時の水位が特に低くなります（図3－8－7）。このような満潮と干潮の水位差が大きいときを**大潮**（おおしお）といいます。大潮のときの満潮時に台風が接近すると、高潮による被害が大きくなることもあります。

一方、**上弦の月**（じょうげんのつき）や**下弦の月**（かげんのつき）のときには、月による起潮力と太陽による起潮力が打ち消しあうようにはたらきますので、満潮時の水位の上昇や干潮時の水位の低下は小さくなり、満潮と干潮の水位差も小さくなります。このようなときを**小潮**（こしお）といいます。

3・9 気候変動はなぜ起きる？

大気と海洋の相互作用

通常時の赤道太平洋では、貿易風が東から西へ吹いているため、海面付近の暖かい海水は、太平洋の西部へ吹き寄せられています。このとき、東部では深海から冷たい海水が湧き上がってくるため、赤道太平洋の海面水温は、西部で高く、東部で低くなっています。このように、貿易風は赤道付近の海面水温の分布に大きな影響を与えます。

赤道太平洋西部の暖水は大気を暖めますので、大気中では上昇気流が卓越し、気圧が低くなります。一般に赤道太平洋の降水量は、東部よりも西部のほうが多くなっています。このように赤道太平洋の海面水温の分布は、大気の対流活動に大きな影響を与えます。大気と海洋はお互いに影響を及ぼし合うのです。

エルニーニョ現象

数年に一度、赤道付近の貿易風が弱まり、東部から西部への暖水の流れが弱まることがあります。このとき、東部では冷たい海水の湧き上がりも弱まります。そのため、赤道太平洋東部の海面水温が通常よりも高くなるのです。この現象を**エルニーニョ現象**といいます。

エルニーニョ現象が発生しているとき、海面水温の高い海域が通常時よりも東へ移動しますので、上昇気流が卓越し、積乱雲が発達する場所も東へ移動します（図3－9－1）。このようにして、赤道太平洋の気圧の分布が変化し、大気の循環の変化によって、世界の気象に大きな影響を及ぼします。日本では、夏の平均気温が低くなり、冬の平均気温が高くなる傾向があります。

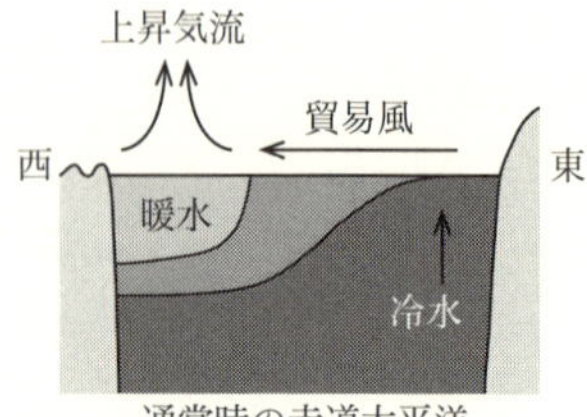

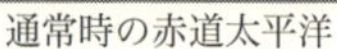
通常時の赤道太平洋

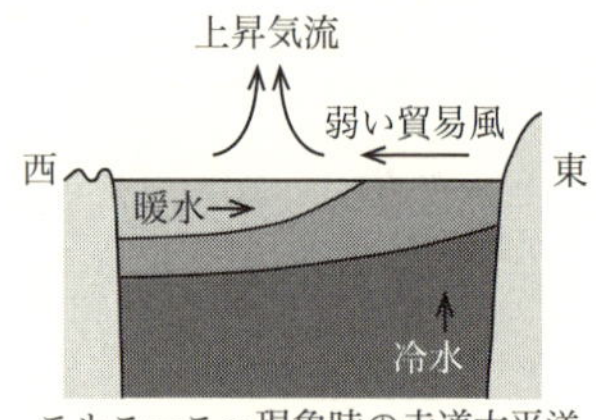

エルニーニョ現象時の赤道太平洋

図3-9-1 赤道太平洋の海水温と対流活動

ラニーニャ現象

赤道付近の貿易風が強まることによって、東部から西部への暖水の流れが強まることもあります。このとき、東部では冷たい海水の湧き上がりも強まります。そのため、赤道太平洋東部の海面水温が通常よりも低くなるのです。この現象を**ラニーニャ現象**といいます。

ラニーニャ現象が発生すると、赤道太平洋の海面付近の暖水は西部に集まり、西部での上昇気流が通常よりも卓越します。日本では、夏の平均気温が高くなり、冬の平均気温が低くなる傾向があります。

エルニーニョ現象やラニーニャ現象に伴って、赤道太平洋の東部と西部の海面気圧が、一方で高くなると他方では低くなるように変化します。この気圧の変動を**南方振動**（なんぽうしんどう）といいます。

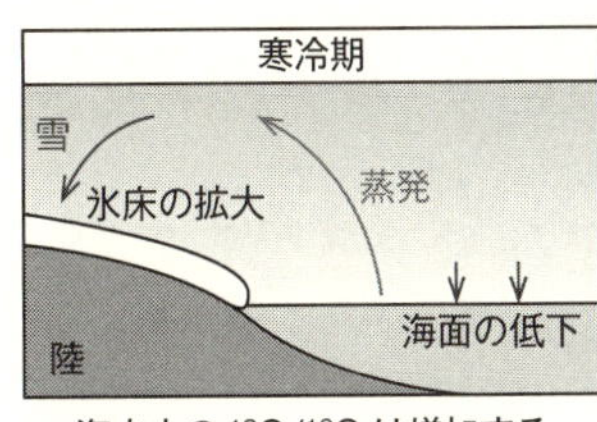

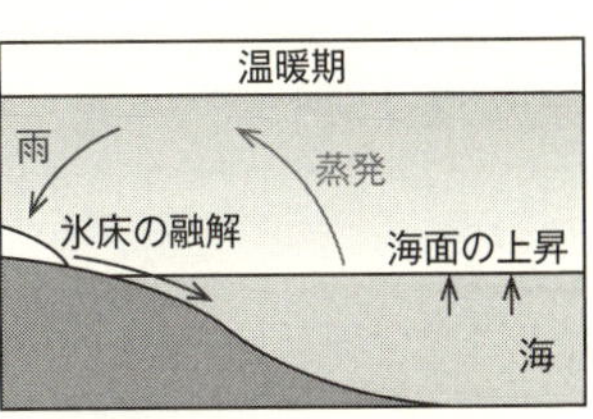

図3-9-2　寒冷期と温暖期における水の循環

酸素の安定同位体比

過去の気候を調べるときに、酸素の**安定同位体**（^{18}Oと^{16}Oの比）を利用することがあります。^{16}Oを含む水は^{18}Oを含む水にくらべて軽く、蒸発しやすいので、海水から蒸発する水は、海水にくらべて^{16}Oに富んでいます。

寒冷期に海から蒸発した水はやがて雪となって降り、陸上に^{16}Oに富む**氷床**（ひょうしょう）を形成します。このとき、海水中の^{16}Oは減少しますので、海水の酸素同位体比（^{18}O／^{16}O）の値は増加します。一方、温暖期には陸上の氷床が融け、^{16}Oに富む水が海に流れ込みますので、海水の酸素同位体比（^{18}O／^{16}O）の値は減少します（図3－9－2）。

海に生息している有孔虫（ゆうこうちゅう）の殻（炭酸カルシウム $CaCO_3$）の酸素同位体比は、生息していたときの海水の酸素同位体比を保持しています。すなわち、有孔虫の殻の酸素同位体比（^{18}O／^{16}O）の値も、寒冷期には増加し、温暖期には減少します。このよう

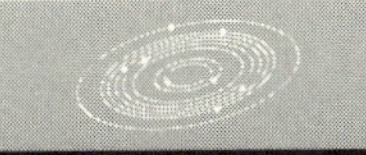

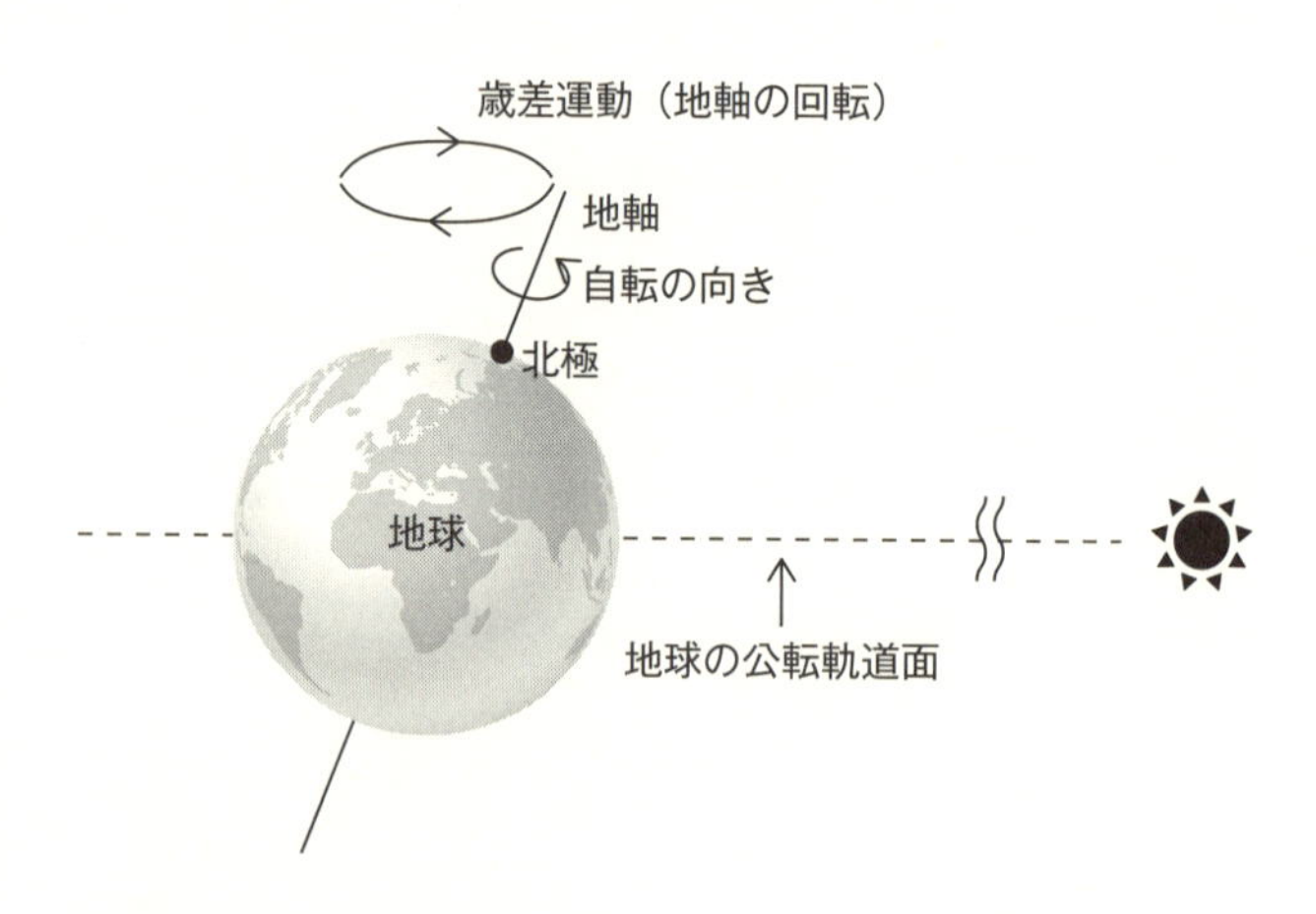

図3-9-3 **地球の歳差運動**
歳差運動の向きは自転の向きとは逆向きである。

に、有孔虫の殻は、過去の気候を調べるうえで重要な役割を果たします。

過去の気候変動

地球が太陽のまわりを公転する軌道は、約10万年周期で円に近い軌道となったり、やや長い楕円となったりしています。また、現在の**地軸**（地球の自転軸）は地球の公転面に垂直な方向から23・4度傾いていますが、地軸の傾斜角度は約22〜24・5度のあいだで約4・1万年周期の変化をしています。さらに、太陽に対する地軸の傾斜の向きは約2・6万年周期で変化しています。この地軸の動きは**歳差運動**（さいさ）といいます（図3－9－3）。

これらの現象は、地球が受け取る太陽放射エネルギーを変化させるため、地球の気候に

大きな影響を与えると考えられます。地球の公転軌道の変化、地軸の傾斜角度、地球の歳差運動によって、地球の日射量が変化する周期を**ミランコビッチサイクル**と呼び、セルビアの物理学者ミルティン・ミランコビッチ（１８７９～１９５８）が提唱しました。過去の気候変動は、この周期に従って引き起こされたと考えられています。

3・10 地球を揺るがす環境問題

オゾン層の破壊

20世紀に人類が開発した物質である**フロン**は、塩素、フッ素、炭素などの化合物であり、冷蔵庫の冷媒などに使われてきました。大気中に放出されたフロンは、成層圏で太陽からの紫外線によって分解され、塩素原子が生じます。塩素原子は硝酸（しょうさん）塩素や塩化水素といった安定な化合物に変化して成層圏を循環します。

冬の南極域の成層圏では、気温の低下によって、水蒸気や硝酸から**極成層圏雲**（きょくせいそうけんうん）が形成され

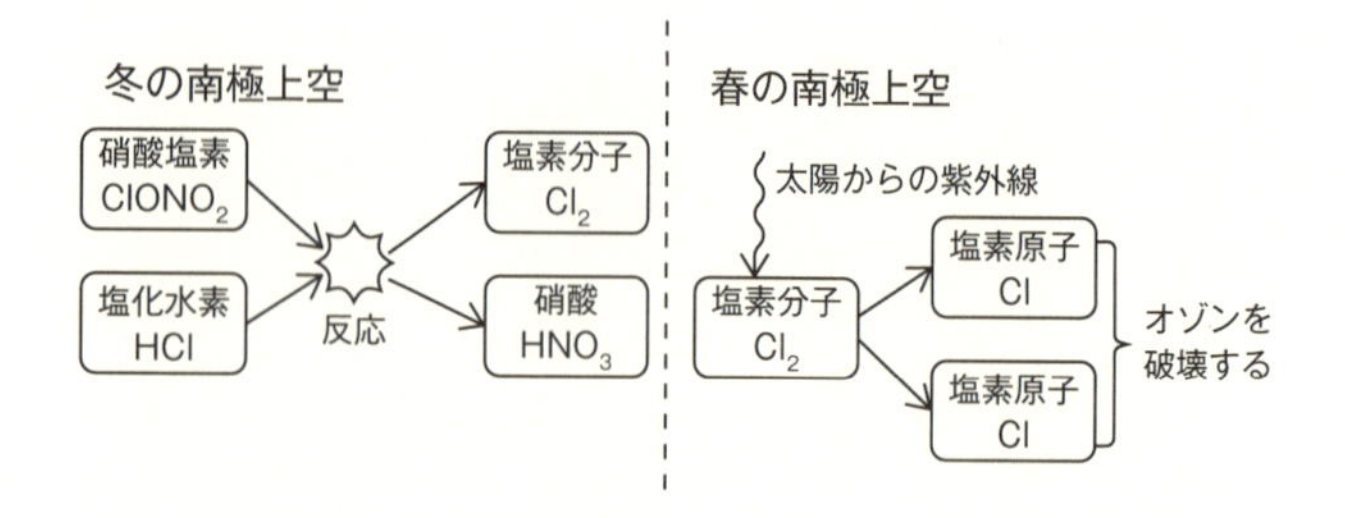

図 3-10-1　**オゾンホールの形成**
オゾンは塩素原子によって連鎖的に破壊される。

ます。この雲の表面で、硝酸塩素と塩化水素の化学反応によって、塩素分子と硝酸が生成され、成層圏下部に蓄積します（図3－10－1）。

春になると、太陽光が南極域にも入射するようになるため、太陽からの紫外線によって塩素分子が塩素原子に分解されます。この塩素原子が触媒（しょくばい）としてはたらき、オゾンを分解します。このようにして、南半球の春（9月～10月）には、**オゾンホール**と呼ばれるオゾン濃度が極端に低い領域が南極上空に現れます。

酸性雨

人間活動によって大気中に放出された二酸化硫黄や窒素酸化物（二酸化窒素や一酸化窒素など）は、化学反応によって硫酸イオンや硝酸イオンになります。これらが溶け込んで強い酸性を示す雨を**酸性雨**（さんせいう）といいます。

二酸化硫黄は、石炭や石油などの化石燃料を燃やしたと

きに発生し、火山ガスにも含まれています。窒素酸化物は、化学肥料の使用や化石燃料の燃焼などによって発生し、雷によって生成されることもあります。

酸性雨は、河川や湖沼などを酸性化して、生態系に影響を与えたり、コンクリートの建造物や文化財を溶かしたりします。また、酸性雨の原因物質は、偏西風などによって数千㎞も運ばれることがあるため、原因物質が放出された地域とは異なる地域で酸性雨の被害が出ることがあります。

地球温暖化

地球の平均気温は、最近の100年間で約0・7℃上昇しました。この現象を**地球温暖化**といいます。

石炭、石油、天然ガスなどの化石燃料は、燃やすと二酸化炭素が発生します。大気中の二酸化炭素濃度は、石炭の利用が拡大した1800年ごろから上昇し始め、石油の利用が拡大した1950年ごろから急激に上昇するようになり、最近では1年間に約2ppm（百万分率）の割合で上昇しています（図3-10-2）。

大気中の二酸化炭素が増加すると、温室効果が強くはたらくようになりますので、化石燃料を燃やし、大量の二酸化炭素を大気中に放出したことが地球温暖化の原因と考えられていま

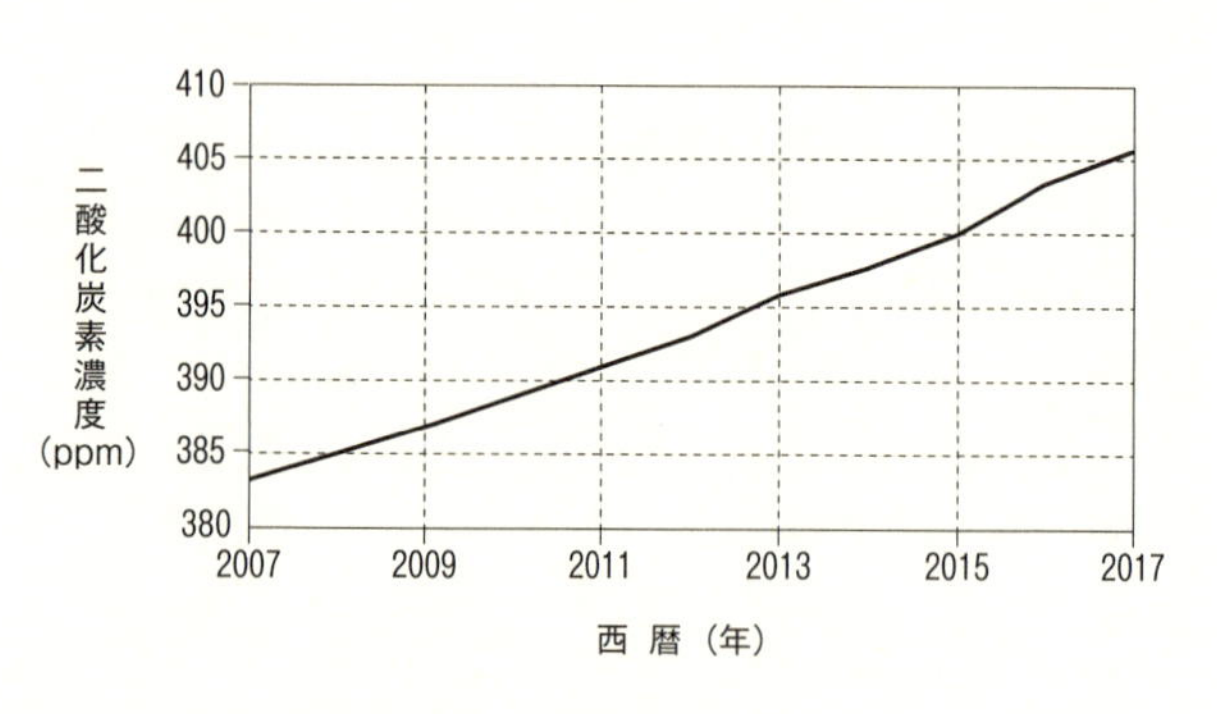

図 3-10-2 **大気中の二酸化炭素濃度（体積比）**
ppm は百万分率を表す。

す。また、二酸化炭素を吸収する森林の減少も大気中の二酸化炭素濃度が上昇する要因となります。

地球温暖化は、さらなる温暖化を引き起こす可能性もあります。極域の氷には太陽光を宇宙へ反射する性質があります。温暖化によって極域の氷が融けると、極域で吸収する太陽放射エネルギーが増加しますので、さらに温暖化が強まることが考えられます。

また、最近の温暖化によってシベリアの**永久凍土**（えいきゅうとうど）が融け始めています。この内部には大量のメタンが含まれていますので、永久凍土が融解するとメタンが大気中に放出されます。メタンには二酸化炭素よりも強い温室効果がありますので、メタンの放出によってさらに温暖化が強まると考えられます。このように、地球環境の変化には、さまざまな要因が複雑に関係しているのです。

第4章 はてしなき宇宙の構造

おうし座の散開星団「プレアデス星団」
写真：Manfred_Konrad/Getty Images

4・1 太陽系の天体

本章では、ついに地球を飛び出して、宇宙に話を広げていきます。「高校地学」の奥深さを味わえる、興味深い事象ばかりです。

太陽系の誕生

宇宙空間に分布する物質を**星間物質**（せいかんぶっしつ）といいます。星間物質は、**星間ガス**（水素やヘリウムなど）と**星間塵**（じん）（固体微粒子）で構成されています。今から約46億年前に、星間物質が集まって**原始太陽**が誕生し、残りの星間物質は原始太陽のまわりを回転しながら円盤状に集まって**原始太陽系円盤**を形成しました。

原始太陽系円盤の中の固体微粒子には、原始太陽の質量による万有引力と回転による遠心力がはたらくため、固体微粒子は円盤の中央に集まり、直径10㎞程度の多数の微惑星を形成しました（図4−1−1）。太陽に近い領域では岩石を主体とする微惑星が形成されましたが、太陽から遠い領域では、温度が低く、水が固体の氷として存在できるため、氷を主体とする微惑星

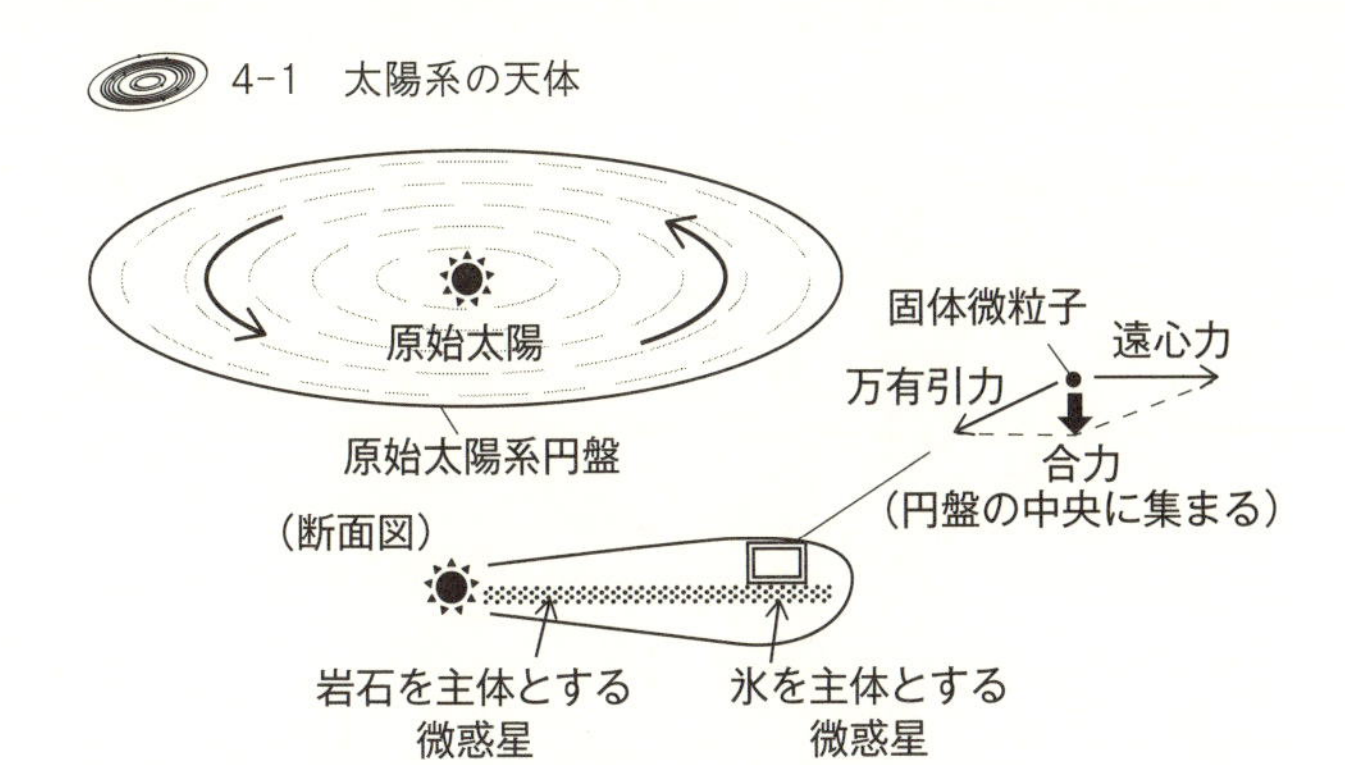

図4-1-1　**原始太陽系円盤**
原始太陽系円盤の中の固体微粒子には、太陽のほうを向く万有引力と回転の外向きの遠心力がはたらくため、その合力は原始太陽系円盤の中央を向く。

が形成されました。
これらの微惑星は、衝突合体をくり返して、直径2000〜3000㎞程度の**原始惑星**へと成長しました。太陽に近い領域では、十数個の原始惑星が形成され、それらがさらに衝突合体をくり返して、岩石を主体とする**惑星**へと成長しました。一方、太陽から遠い領域では、惑星の材料物質として、岩石だけでなく氷も存在したため、大きな原始惑星が形成されました。原始惑星が大きく成長すると、重力も大きくなるため、原始太陽系円盤のガス（水素やヘリウムなど）を引きつけて、多量のガスがとりまく惑星へと成長しました。

太陽系の惑星

太陽系には8個の惑星があります。太陽から近い順に、**水星**、**金星**、**地球**、**火星**、**木星**、**土星**、**天王**

星、**海王星**です。2006年8月の国際天文学連合の総会において、惑星は次のように定義されました。

① 太陽のまわりを回っていること
② 十分な質量をもち、ほぼ球形であること
③ 公転軌道の近くから他の天体を排除していること

1930年に発見された**冥王星**は、かつては9番目の惑星として扱われていましたが、③の定義を満たしていないため、惑星から除外されることになりました。冥王星の軌道の近くには、太陽のまわりを回っている多くの天体が存在しているのです。

地球型惑星と木星型惑星

太陽系の8個の惑星は、大きく2つのグループに分けることができます。太陽に近く、固体の表面をもつ4つの惑星（水星、金星、地球、火星）は、比較的半径が小さく、**地球型惑星**と呼ばれています。一方、太陽から遠く、固体の表面をもたない4つの惑星（木星、土星、天王星、海王星）は、比較的半径が大きく、**木星型惑星**と呼ばれています。

地球型惑星		木星型惑星
小さい	半径	大きい
小さい	質量	大きい
大きい	平均密度	小さい
長い	自転周期	短い
小さい	偏平率	大きい

表4-1　**地球型惑星と木星型惑星**

地球型惑星は主に岩石でできていますが、木星型惑星は主にガスでできているため、惑星の平均密度は、地球型惑星のほうが大きくなります。太陽系の惑星の中で、地球の平均密度は約5・5g／cm^3と最も大きく、土星の平均密度は約0・7g／cm^3と最も小さくなっています。地球型惑星と木星型惑星は、質量、自転周期、偏平率なども大きく異なっています（表4－1）。

水星

水星は、太陽系で最も小さい惑星です（半径約2400km）。水星の表面温度は、約マイナス170～430℃と大きく変化します。水星は、自転周期が長い（自転速度が遅い）ため、太陽が南中してから次に南中するまでに約176日もかかります。すなわち、水星では昼間の時間と夜間の時間が非常に長いのです。

水星の表面温度は、太陽光が当たる昼間には上がり続け、太陽光が当たらない夜間には下がり続けます。このようにして水星の表面温度は大きく変化するのです。また、水星には大気がほとんど存在

しないことも、表面温度を大きく変化させる要因となっています。

水星の表面には、小天体の衝突でできた多数の**クレーター**が見られます。水星には、大気がほとんど存在しないため、小天体が地表に衝突しやすくなっているのです。また、水星には水もほとんど存在しないため、地表がほとんど侵食されず、古いクレーターが残されています。

金星

金星は、地球よりも少し小さい惑星です（半径約６１００㎞）。金星の自転周期は太陽系の惑星で最も長く（約２４３日）、他の惑星とは逆向きに自転しています。

金星の気圧は地球の約90倍もあり、大気の主成分は二酸化炭素となっています。そのため、非常に強い温室効果がはたらき、金星の表面温度は約４６０℃になります。この温度は、金星より太陽に近い水星の表面温度よりも高い値です。

金星の大気中の高度45～70㎞には硫酸でできた厚い雲が存在するため、宇宙から金星の地表を見ることはできません。また、大気中の高度60㎞付近には、風速１００ｍ／ｓ程度の強風が吹いています。この風は約４日で金星を一周し、**スーパーローテーション**と呼ばれています。

１９８９年に打ち上げられたアメリカ航空宇宙局（ＮＡＳＡ）の探査機マゼランは、厚い大気を通す電波を発射して、その反射波を観測することによって、金星の地表が溶岩で覆われていることを明らかにしました。現在の金星ではプレートの運動は確認されていませんが、過去の金星では大規模な火山活動があったと考えられています。また、２０２３年には、マゼランの観測データを分析することによって、最近の金星でも火山活動が起こっていることが明らかにされています。

地　球

地球は、太陽系の惑星で液体の水や生命の存在が確認されている唯一の惑星です。地表の平均温度は約15℃です。地球に液体の水が存在しているのは、地表の温度や大気を保持するための重力が適当な大きさであるからです。

地球は太陽から約１億５０００万㎞の距離にあります。このように、太陽系の天体の距離を、私たちがよく使用している㎞（キロメートル）という単位で表すと、数億～数十億㎞という大きな値になってしまいます。そこで、太陽系の天体の距離を表すときには、太陽と地球の平均距離を１とする距離の単位が用いられています。この単位を**天文単位**（au）といいます。ちなみに、auはastronomical unitの略です。前記より、

1天文単位≒１億５０００万㎞

となります。この単位を用いると、太陽と金星の平均距離は約0・7天文単位、太陽と火星の平均距離は約1・5天文単位などと表すことができます。

惑星の表面において、液体の水が存在できる温度が保たれる領域を**ハビタブルゾーン**（habitable zone）といいます。太陽系のハビタブルゾーンは、太陽からの距離が約0・95〜1・4天文単位の領域と考えられており、この範囲に存在する惑星は地球しかありません。

火　星

火星は、地球とほぼ同じ自転周期（約24・6時間）と自転軸の傾き（約25・2度）をもつ惑星です。火星も地球と同じように自転軸を傾けたまま太陽のまわりを公転していますので、地球と同じように季節の変化があります。

火星の極付近には、氷やドライアイス（固体の二酸化炭素）でできた**極冠**（きょくかん）が白く見えることがあります。極冠は冬季には大きく成長しますが、夏季には小さく縮小して表面の岩石が見えるようになります。

火星は二酸化炭素を主成分とする大気をもっていますが、気圧は地球の約0・006倍しかないため、温室効果はほとんどはたらいていません。そのため、火星の表面温度は、約マイナス125～20℃であり、大部分が氷点下となっています。

火星にはこれまでに複数の探査機が着陸し、表面に流水によってできた地形を発見していま す。このような観測から、かつての火星には大量の水があったと考えられているのです。

木　星

木星は、太陽系で最も大きい惑星です（赤道半径：約71000km）。木星の大部分は水素とヘリウムでできています。木星の表面温度は約マイナス145℃です。木星の自転周期は、太陽系の惑星の中で最も短く約10時間です。木星の表面には、大気の運動でできた東西方向の縞模様が見られ、**大赤斑**（だいせきはん）と呼ばれる巨大な大気の渦が見えることもあります。

木星には95個の衛星が発見されています（2023年現在）。このうち、**イオ**、**エウロパ**、**ガニメデ**、**カリスト**は、ガリレオ・ガリレイ（1564～1642）によって発見されたため、**ガリレオ衛星**と呼ばれています。イオでは火山活動があり、火口から硫黄が噴出している様子が観測されています。また、ガニメデは、太陽系で最も大きい衛星であり、半径が約2600kmもあります。

土　星

土星は、太陽系で2番目に大きい惑星です（赤道半径：約60000km）。土星の表面温度は約マイナス175℃です。土星の平均密度は、太陽系の惑星の中で最も小さく約0・7g／cm³です。これは水の密度（約1・0g／cm³）より小さい値です。土星には、幅が約70000kmもある巨大な**リング**があります。このリングは、氷や岩石のかけらが集まってできています。土星は、水素とヘリウムでできていて、木星とともに**巨大ガス惑星**と呼ばれることもあります。

土星には146個の衛星が発見されています（2023年現在）。土星の衛星で最も大きい**タイタン**には、窒素とメタンからなる厚い大気が存在します。また、土星の衛星の**エンケラドス**は、氷で覆われた表面の地下に、液体の水の層が存在することがわかっています。

天王星

天王星は、太陽系で3番目に大きい惑星です（赤道半径：約25000km）。天王星の自転軸は、公転面に対してほぼ横倒しになっています。内部には厚い氷の層があります。大気の主成分は水素とヘリウムですが、微量成分であるメタンが赤色光を吸収するため、地球からは青白く見えます。

海王星

海王星は、天王星とほぼ同じ大きさであり、太陽系で4番目に大きい惑星です（赤道半径：約25000km）。海王星は、太陽から約30天文単位の距離にあり、太陽から最も遠い惑星となっています。海王星の大気には天王星と同様にメタンが含まれているため、地球からは表面が青く見えます。海王星の表面には、大気の運動によってできた縞模様が見られます。内部には厚い氷の層があり、天王星とともに**巨大氷惑星**と呼ばれることもあります。

小惑星

大部分が火星軌道と木星軌道のあいだに存在し、太陽のまわりを公転している小天体を**小惑星**といいます。小惑星は主に岩石でできていて、100万個以上発見されています（2023年）。小惑星の中には、原始太陽系円盤で形成された微惑星がそのまま残ったものが含まれているため、太陽系の初期の様子を推定することができる天体となっています。また、小惑星は地球軌道の内側に入ってくるものもあります。

小惑星で最も大きい**セレス**は、直径が約1000kmありますが、直径100km以上の小惑星はほとんどありません。小惑星探査機「はやぶさ」は、地球に接近する軌道をもつ**イトカワ**か

ら、岩石試料を持ち帰ることに成功しました。

また、小惑星探査機「はやぶさ2」は、**リュウグウ**の表面で衝突実験を行い、人工のクレーターを生成して、地下の物質を採取することに成功しました。

彗星

主に氷や塵でできていて、太陽に近づいたときにコマや尾を形成する小天体を**彗星**（すいせい）といいます。彗星が太陽に近づくと、彗星の表面から蒸発した氷などが、彗星本体のまわりを取り巻く部分を形成します。これを**コマ**といいます。

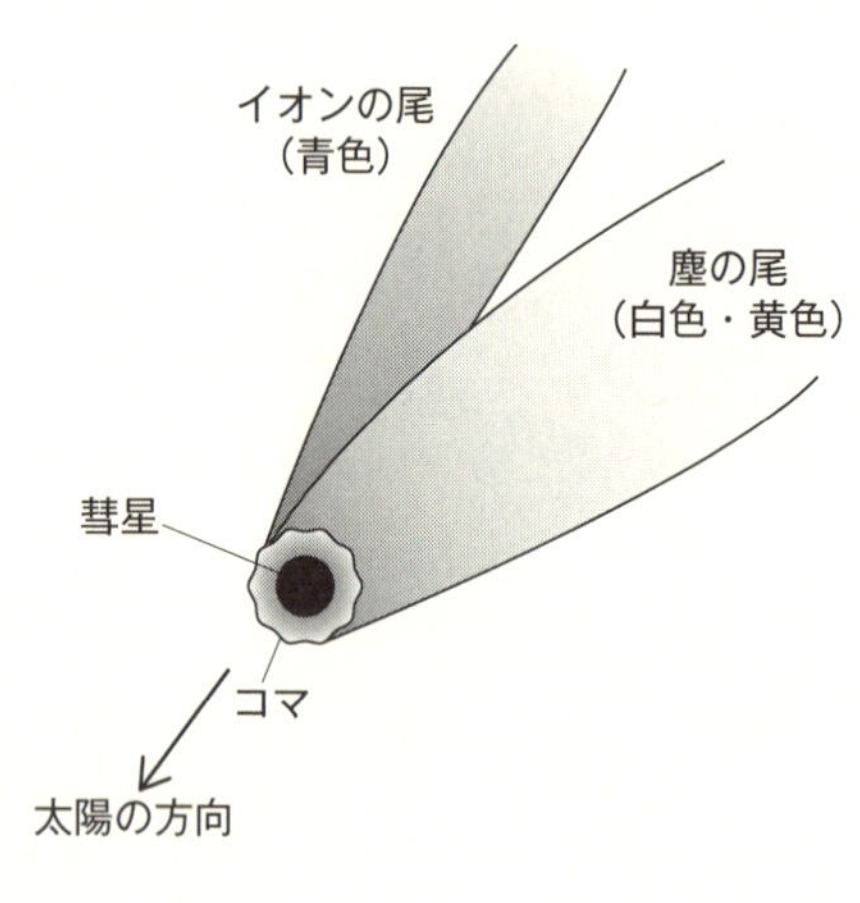

図4-1-2 彗星の尾

彗星の尾は2種類あります（図4-1-2）。太陽光を反射して白色または黄色に見える**塵の尾**（ちりのお）は、彗星から放出された塵粒子が太陽放射の圧力を受けて形成されます。また、青色に見える**イオンの尾**は、コマのガスが太陽から流れ出す荷電粒子（電気を帯びた粒子）の影響を受けて形成されます。これらの尾は太陽と反対方向に形成されます。

彗星は、宇宙空間に塵をまき散らしながら公転していますので、彗星が通った後の空間に地球がやってくると、彗星から放出された塵が大気圏に突入して発光するため、流星として観測することができます。8月13日ごろに見られる**ペルセウス座流星群**は、スイフト・タットル彗星から放出された塵、11月17日ごろに見られる**しし座流星群**は、テンペル・タットル彗星から放出された塵が起源となっています。

太陽系外縁天体

海王星軌道の外側を公転する小天体を**太陽系外縁天体**（たいようけいがいえんてんたい）といいます。太陽系外縁天体は2000個以上発見されています（2018年）。2006年まで惑星として扱われていた冥王星は、太陽系外縁天体に分類されています。太陽系外縁天体の中で、半径が最も大きいのは冥王星ですが、質量が最も大きいのはエリスです。また、太陽からの距離が約30～50天文単位の領域は**エッジワース・カイパーベルト**（Edgeworth-Kuiper belt）と呼ばれており、この領域に多くの太陽系外縁天体が存在しています。

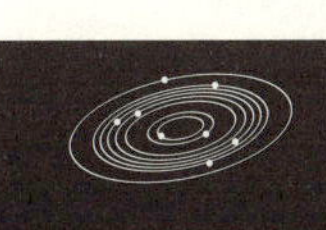

4・2 地球の自転と公転

恒星の日周運動

自ら熱と光を発し、天球上の相互の位置をほとんど変えない星を**恒星**(こうせい)といいます。夜に恒星を観測すると、多くの恒星は東の空から昇り、南の空を通って、西の地平線に沈んでいきます。また、北の空の恒星を観測すると、北極星のまわりを反時計回りに回転しているように見えます。恒星が北極星のまわりを1周する時間は23時間56分4秒であり、これを**恒星日**(こうせいじつ)という単位に定めています。恒星の約1日周期の運動（日周運動）は、地球の自転による見かけの運動です。すなわち、1恒星日は地球の自転周期となります。

地球の自転

1851年に、フランスの物理学者レオン・フーコー（1819~1868）は、振り子の実験によって地球が自転していることを証明しました（**「フーコーの振り子」**といいます）。

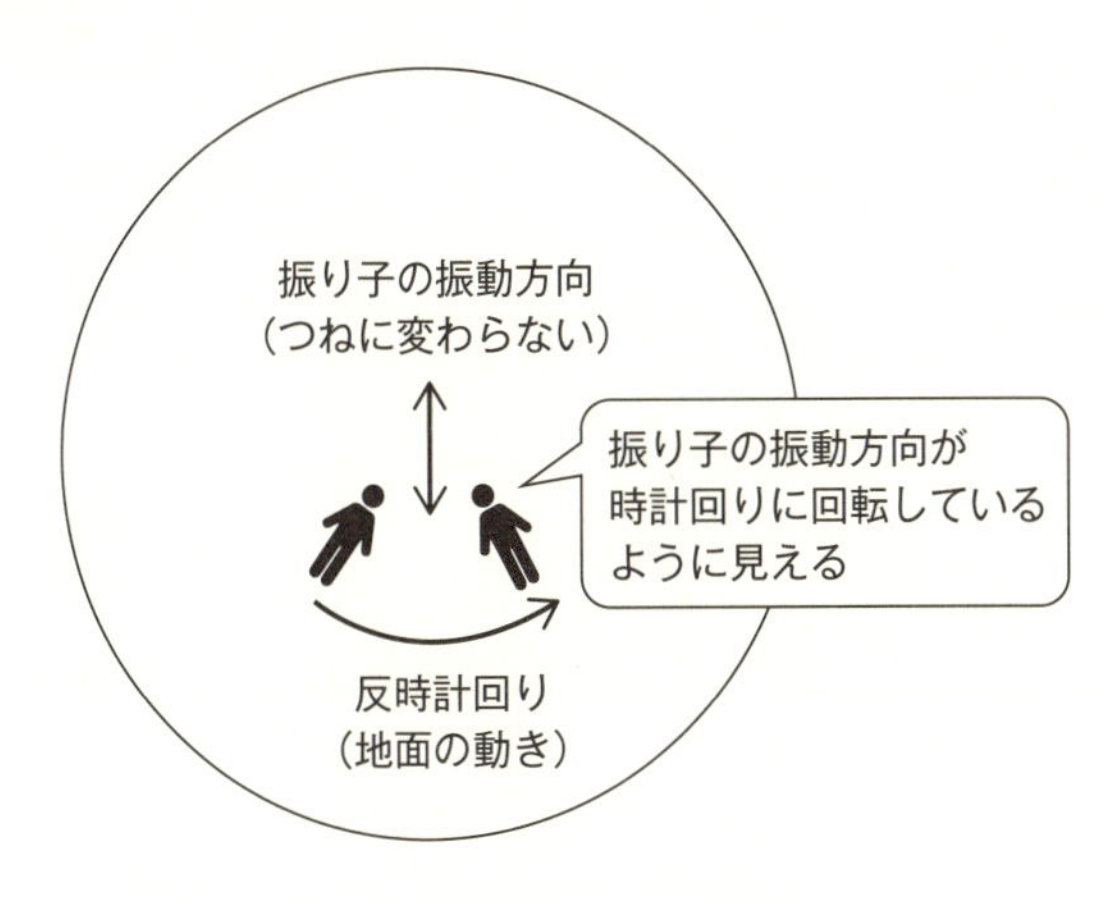

図4-2-1「フーコーの振り子」の実験

北半球では、振り子の振動方向が時間とともに時計回りに回転していく様子が観測されます（図4-2-1）。実際には振り子の振動方向は変化しておらず、私たちが地面とともに反時計回りに回転しているのです。

たとえば、私たちが左回りに回転しながら周囲の景色を見ると、私たちには周囲の景色が右回りに回転しているように見えます。このような振り子の実験から、私たちのいる地面が回転していることがわかりました。

太陽の日周運動

太陽が南中してから次の日に南中するまでの時間は24時間であり、これを**太陽日**（たいようじつ）といいます。太陽の約1日周期の運動（日周運動）は、太陽が地球のまわりを回っているのではなく、

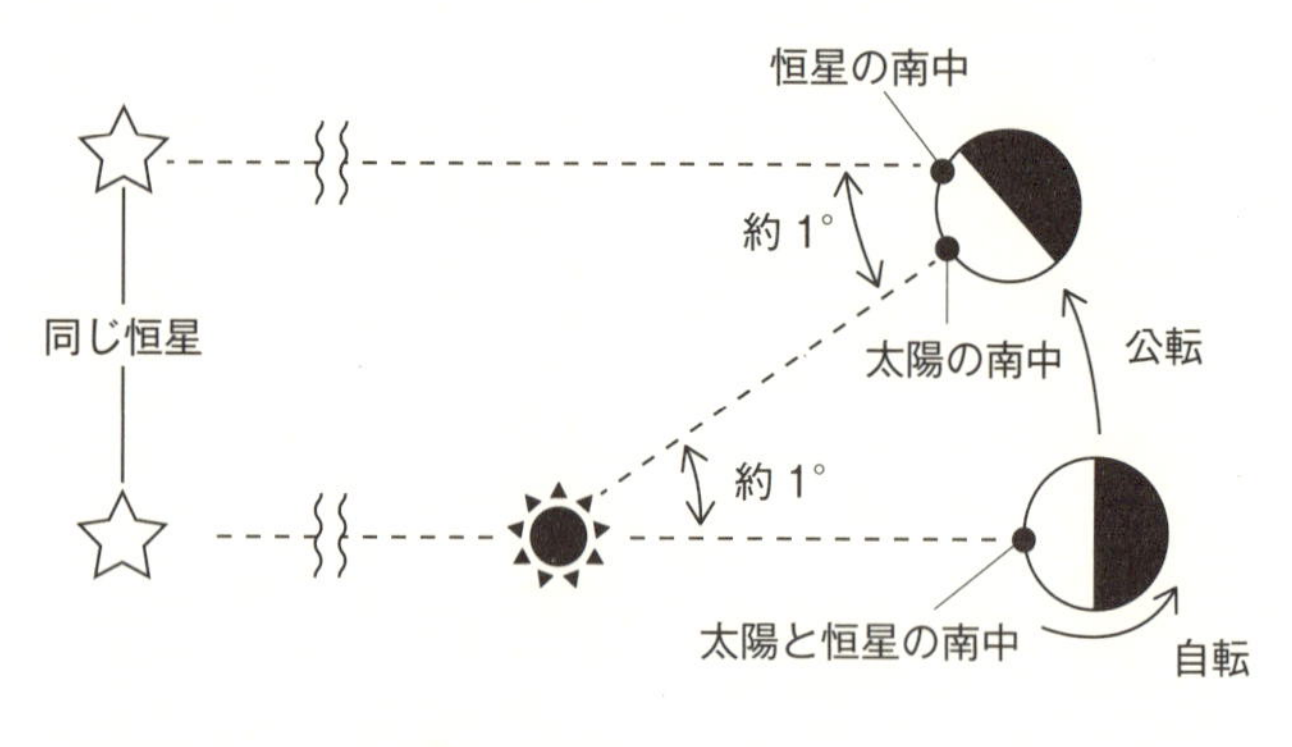

図4-2-2 1太陽日と1恒星日

地球の自転による見かけの運動です。

太陽と恒星の日周運動はともに地球の自転によるものですが、1太陽日（24時間）と1恒星日（23時間56分4秒）の時間は異なります。恒星が南中してから次の日に南中するまでには、地球は360度自転しますが、地球は自転とともに太陽のまわりを公転していますので、太陽が南中してから次の日に南中するまでには、地球は約361度自転する必要があります（図4-2-2）。

地球は約365日で太陽のまわりを1周（360度）回っていますので、1日あたりに公転する角度は約1度になります。そのため、太陽が南中してから次の日に南中するまでには、地球は約361度自転することになるのです。

地球が23時間56分（1436分）で360度回転すると仮定すると、1度回転するのに要する時間は約4

分となります。太陽と恒星が南中してから次の日に南中するまでに地球が自転する角度は、太陽のほうが約1度多いため、1太陽日は1恒星日よりも約4分長くなるのです。

太陽の年周運動

地球の北極側から見ると、地球は太陽のまわりを反時計回りに公転していますので、天球上の太陽は1日に約1度、西から東へ移動しているように見えます。天球上の太陽の通り道を**黄道**（こうどう）といいます（図4-2-3）。

一方、地球の赤道面が天球と交わる部分を**天の赤道**（てんのせきどう）といいます。地球の自転軸（地軸）が地球の公転面に垂直な方向から23.4度傾いているため、黄道面は赤道面に対して約23.4度傾いています。

黄道と天の赤道の交点のうち、太陽が南から北へ通過する点を**春分点**（しゅんぶんてん）といい、北から南へ通過する点を**秋分点**（しゅうぶんてん）といいます。太陽が春分点にあるときが春分（3月20日ごろ）となり、太陽が秋分点にあるときが秋分（9月22日ごろ）となります。また、黄道が天の赤道に対して最も北に離れた点を**夏至点**（げしてん）といい、黄道が天の赤道に対して最も南に離れた点を**冬至点**（とうじてん）といいます。太陽が夏至点にあるときが夏至（6月21日ごろ）となり、太陽が冬至点にあるときが冬至（12月21日ごろ）となります。太陽が春分点を通過してから次に春分点を通過するまでの時間は

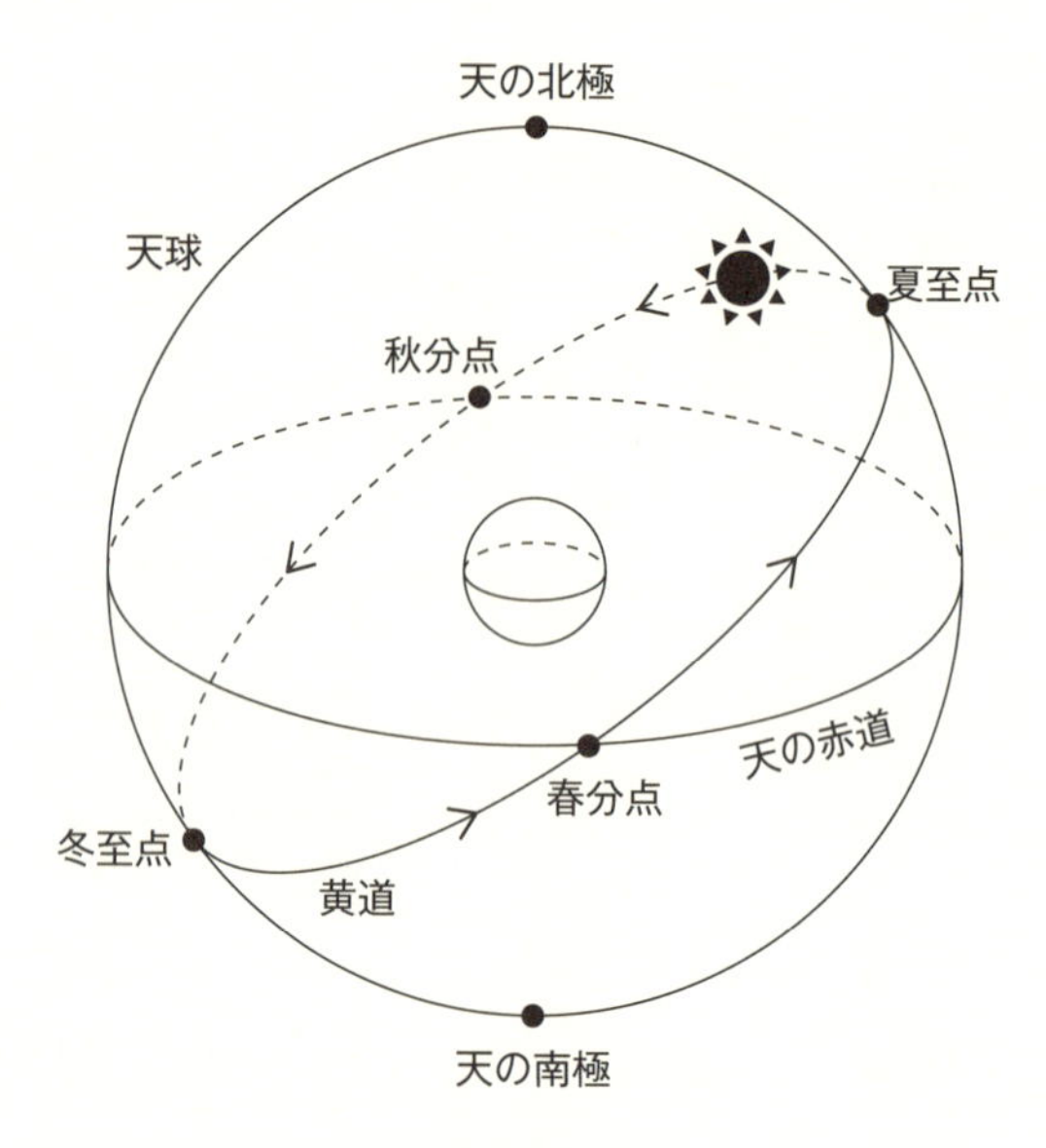

図4-2-3 **天球上の黄道と天の赤道**

365・2422日であり、これを**太陽年**と呼びます。

グレゴリオ暦

太陽の年周運動の周期（1太陽年）をもとにして作成した暦を太陽暦といいます。現在、世界の多くの国で使用されている**グレゴリオ暦**は太陽暦の1種であり、1582年にローマ教皇グレゴリウス13世（1502～1585）によって制定されました。

1太陽年（365・2422日）をもとにして、1年を365日とすると、1年で0・2422日（4年で0・9688日）のずれが生じます。そこで4年に1回、**うるう年**（2月29日）を設けることにします。ところが、4年で0・0312日（400年で3・12日）のずれが生じますので、400年で3回うるう年を減らす必要があります。そこで、グレゴリオ暦では、次のように暦が定められました。

> グレゴリオ暦：
> 西暦年数が4で割り切れる年はうるう年とするが、そのうち、100で割り切れ400で割り切れない年はうるう年としない。

たとえば、2020年や2024年は、4で割り切れますので、うるう年となります。一般にうるう年には夏季のオリンピックが開催されています。また、2100年や2200年は、100で割り切れ400で割り切れませんので、うるう年にはなりません。2000年や2400年は、100で割り切れますが、400でも割り切れますので、うるう年になります。

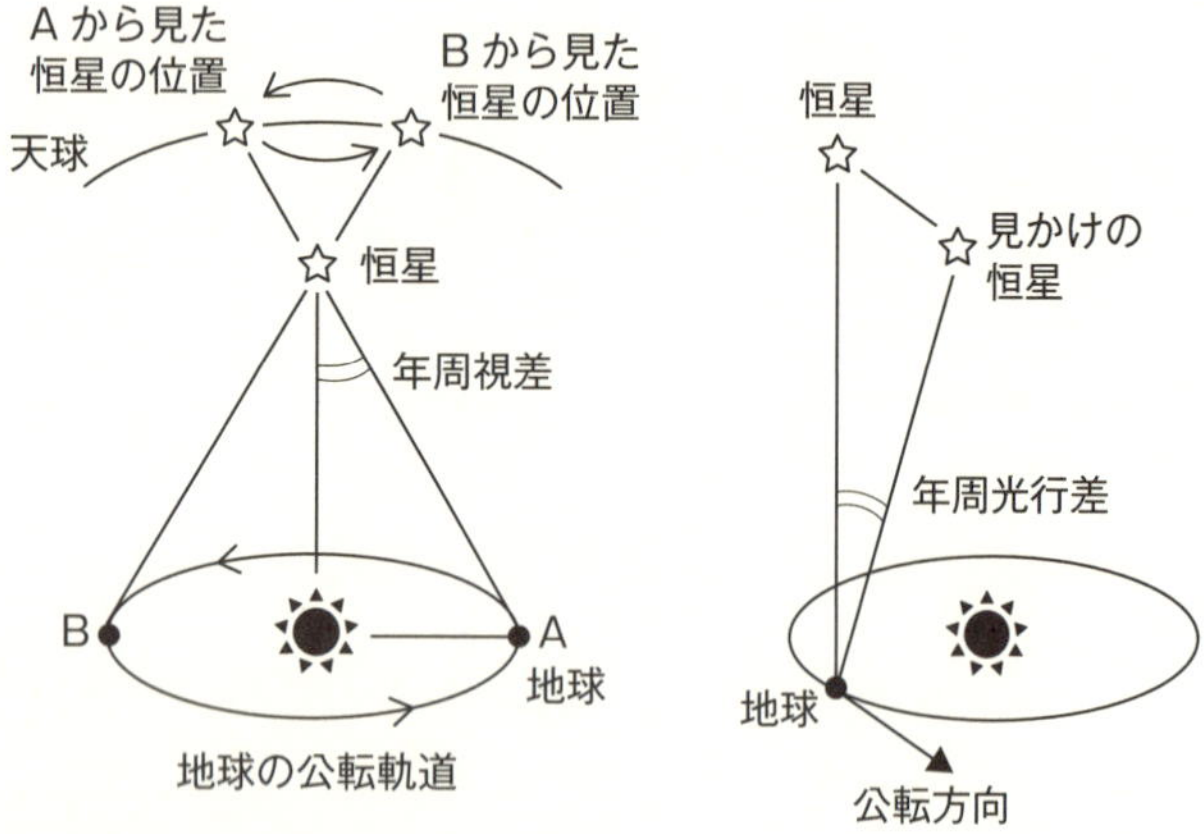

(図4-2-4) **年周視差と年周光行差**

Aの位置から恒星を見たときとBの位置から恒星を見たときでは、天球上の恒星の位置が異なっている。

地球の公転

地球が太陽のまわりを公転しているため、天球上の恒星は1年周期で動いているように見えます（図4-2-4）。この動きの大きさを示す角度の半分を**年周視差**（ねんしゅうしさ）といいます。恒星までの距離が非常に遠いため、年周視差の角度は非常に小さく、秒（″）という単位で表します（式4-1）。年周視差は太陽に近い恒星ほど大きくなります。太陽に最も近い恒星である**ケンタウルス座α星**でも、年周視差は約0.76秒しかありません。

また、地球が公転しているため、恒星からの光は地球の公転の方向にずれて観測されます。このずれの角度を**年周光行差**（ねんしゅうこうこうさ）と

$$1'\,(分) = \left(\frac{1}{60}\right)^{\circ}(度) \qquad 1''\,(秒) = \left(\frac{1}{60}\right)'(分)$$

式4-1　**角度の単位**

いいます。年周光行差の角度も非常に小さく、以下のように秒（″）という単位で表します。年周光行差は、恒星の方向と地球の公転方向が直角であるときに最も大きくなり、その値は約20・5秒となります。

年周視差よりも年周光行差のほうが最大の角度が大きいため、年周光行差を先に観測することができました。年周光行差は1727年にイギリスの天文学者ジェームズ・ブラッドリー（1693～1762）によって観測され、年周視差は1838年にドイツの天文学者フリードリヒ・ヴィルヘルム・ベッセル（1784～1846）によって観測されました。年周視差や年周光行差は、ともに地球が公転することによって観測される現象ですので、これらの観測によって地球が公転していることがわかったのです。

4・3

惑星の運動

惑星の視運動

太陽系の惑星は、地球とは異なる公転周期で太陽のまわりを回っていますので、惑星を毎日観測すると、星座の中を複雑に動いているように見えます（図4-3-1）。惑星が天球上を西から東へ動くことを**順行**（じゅんこう）といい、東から西へ動くことを**逆行**（ぎゃっこう）といいます。また、順行から逆行または逆行から順行に移るときを**留**（りゅう）といいます。

惑星の位置関係

地球軌道よりも外側を公転している惑星（火星、木星、土星、天王星、海王星）を**外惑星**（がいわくせい）といいます。地球から見て、外惑星が太陽と同じ方向にあるときを**合**（ごう）といい、太陽と反対方向にあるときを**衝**（しょう）といいます（図4-3-2）。外惑星が衝となるときには、外惑星が最も大きく見えますので、地球から外惑星を観測しやすくなっています。

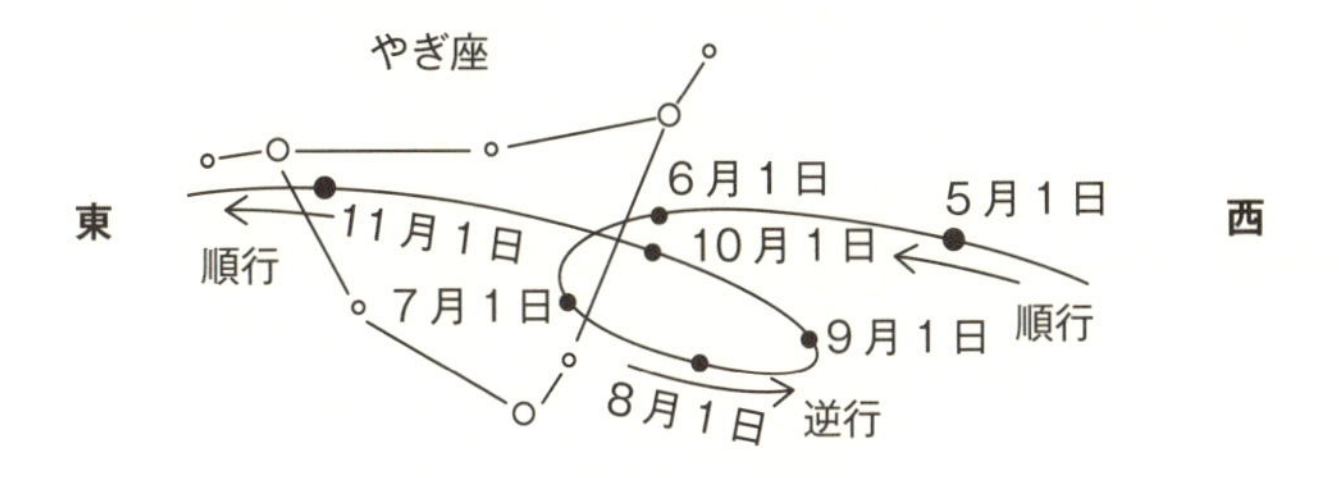

図4-3-1　天球上の火星の動き（2018年）

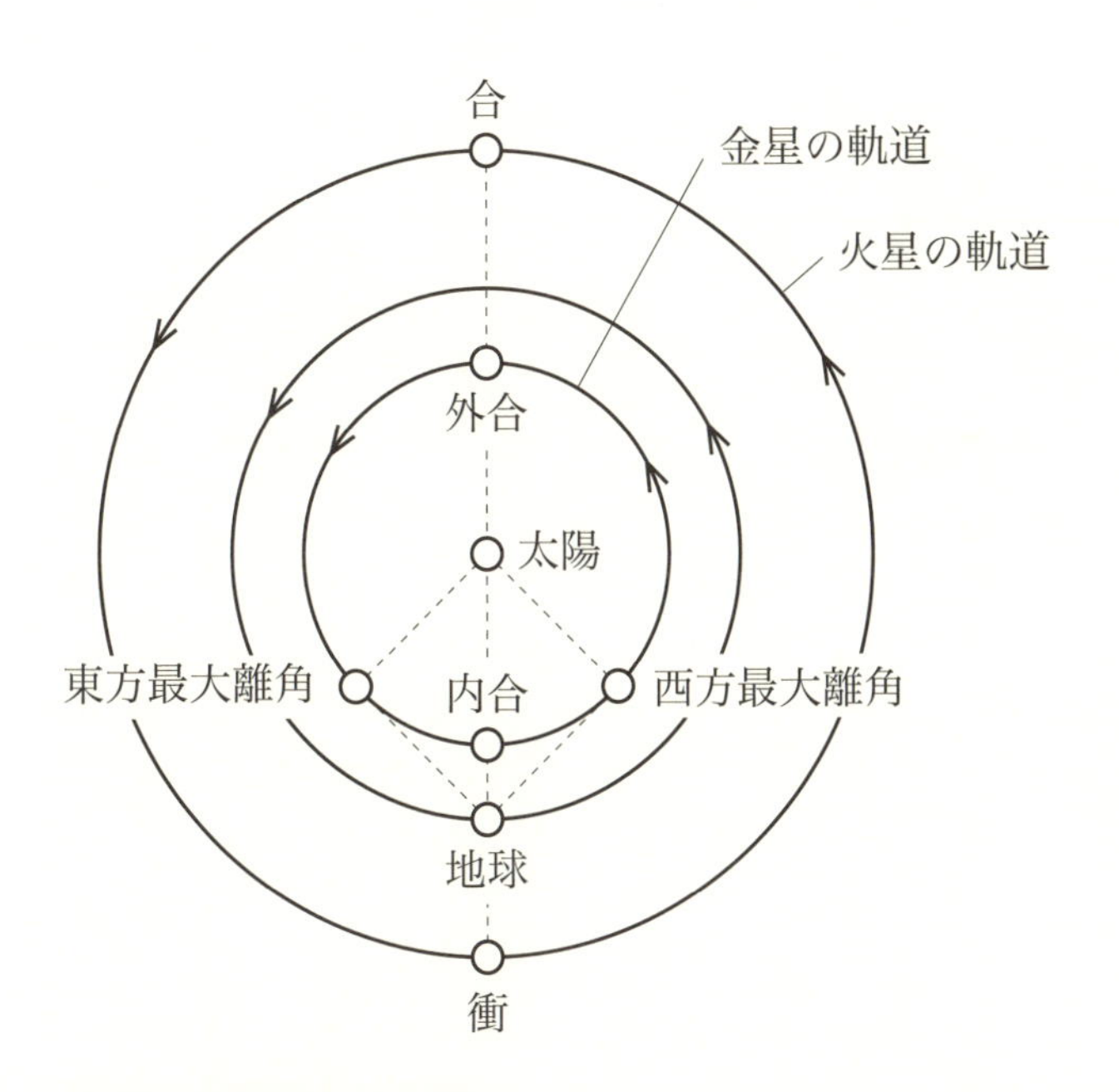

図4-3-2　惑星の位置関係

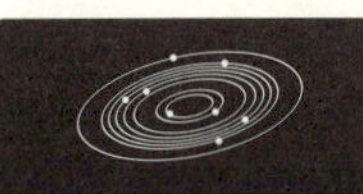
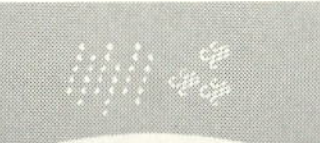

一方、地球軌道よりも内側を公転している惑星（水星、金星）を**内惑星**といいます。地球から見て、内惑星が地球と太陽のあいだにあるときを**内合**といい、地球から見て太陽の後方にあるときを**外合**といいます。また、内惑星が太陽の東側に最も離れて見えるときを**東方最大離角**といい、太陽の西側に最も離れて見えるときを**西方最大離角**といいます。

内惑星は、内合や外合となるときには、太陽が明るく観測できませんが、東方最大離角や西方最大離角のころに観測しやすくなります。また、水星や金星は、東方最大離角になるころには、日没後に西の空に見え、西方最大離角になるころには、夜明け前に東の空に見えます。特に、明け方に見える金星は**明けの明星**と呼ばれ、夕方に見える金星は**宵の明星**と呼ばれています。

会合周期と公転周期

太陽系の惑星は、太陽から遠いほど公転速度が遅いので、惑星の位置関係はつねに変化します。たとえば、地球と火星が衝の位置関係になっても、公転速度は地球より火星のほうが遅いため、すぐに衝の位置関係ではなくなります。しかし、地球と火星が公転しているうちに再び衝の位置関係となります。惑星が太陽と地球に対して同じ位置関係になるまでの時間を**会合周期**といいます。

$$内惑星：\frac{1}{P}-\frac{1}{E}=\frac{1}{S}\qquad 外惑星：\frac{1}{E}-\frac{1}{P}=\frac{1}{S}$$

（E：地球の公転周期、P：惑星の公転周期、S：会合周期）

式 4-2　**会合周期と公転周期の関係**

地球の公転周期を 1 年、火星の公転周期を 1.9 年、
会合周期を S とすると、

$$\frac{1}{S}=\frac{1}{1}-\frac{1}{1.9}=\frac{1.9-1}{1.9}=\frac{0.9}{1.9}$$

$$S=\frac{1.9}{0.9}\fallingdotseq 2.1\ 年$$

式 4-3　**地球と火星の会合周期**

たとえば、内惑星が内合となってから次に内合となるまでの時間や、外惑星が衝となってから次に衝となるまでの時間などです。会合周期は、惑星の公転周期と一定の関係があります（式4-2）。

地球の公転周期を1年（365日）、火星の公転周期を1・9年（687日）とすると、会合周期は2・1年（780日）と求められます（式4-3）。すなわち、火星が衝となってから次に衝となるまでの時間は約2・1年になります。火星は衝となるときに観測しやすくなりますので、約2・1年ごとに観測しやすいときが訪れることになります。

ケプラーの法則

16世紀後半に、デンマークの天文学者ティ

コ・ブラーエ（1546～1601）は、天体の観測装置を作り、星の位置を精密に観測しました。その後、ドイツのヨハネス・ケプラー（1571～1630）は、ティコ・ブラーエの観測をもとに、惑星の運動に関する3つの法則（**ケプラーの法則**）を発見しました。

ケプラーの第1法則（**楕円軌道の法則**）

惑星は太陽を焦点の1つとする楕円軌道を描く。

楕円上の点から2つの定点までの距離の和がつねに一定となるような、この2つの定点を**楕円の焦点**といいます。太陽は楕円の中心にはなく、2つの焦点のうちの1つに位置しています。

惑星は楕円軌道で太陽のまわりを回っていますので、惑星と太陽の距離はつねに一定ではありません。惑星が太陽に最も近づく位置を**近日点**（きんじつてん）といい、惑星が太陽から最も遠ざかる位置を**遠日点**（えんじつてん）といいます。また、楕円軌道の長半径は、惑星と太陽の平均距離に等しくなります。

ケプラーの第2法則（**面積速度一定の法則**）

各惑星について、太陽と惑星を結ぶ線分は、等しい時間に等しい面積を描く。

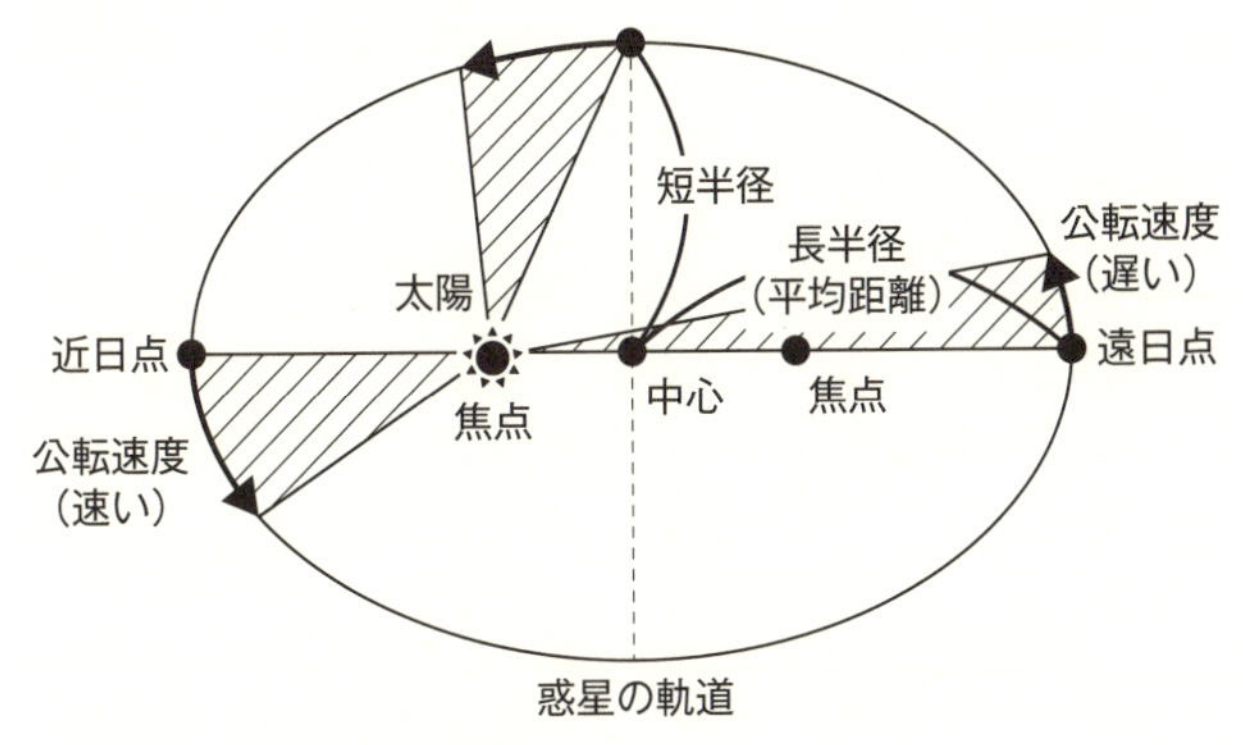

図4-3-3　**惑星の軌道運動**
惑星の公転によって、一定の時間に描かれた斜線部分の面積はすべて等しい。

面積速度とは、太陽と惑星を結ぶ線分が単位時間あたりに描く面積です。惑星が近日点にあるときには、太陽と惑星を結ぶ線分が最も短くなりますので、公転速度が速くなることによって一定の面積を描くことができます。一方、惑星が遠日点にあるときには、太陽と惑星を結ぶ線分が最も長くなりますので、惑星の公転速度が遅くなることによって一定の面積を描くことができます。惑星が軌道上のどこにあっても惑星の公転速度が変化することによって、面積速度は一定になっています（図4－3－3）。

ケプラーの第3法則（**調和の法則**）
惑星と太陽の平均距離の3乗は、惑星の公転周期の2乗に比例する。

$$\text{ケプラーの第3法則：}\ \frac{a^3}{P^2} - K\text{（一定の値）}$$

（a：惑星と太陽の平均距離、P：惑星の公転周期）

地球と太陽の距離は1天文単位であり、
地球の公転周期は1年であるから、

$$\frac{a^3}{P^2} = \frac{1^3}{1^2} = 1$$

木星と太陽の平均距離は約5.2天文単位であり、
木星の公転周期は約11.9年であるから、

$$\frac{a^3}{P^2} = \frac{5.2^3}{11.9^2} \fallingdotseq \frac{140}{142} \fallingdotseq 1$$

このように、平均距離の単位に天文単位、公転周期の単位に年を用いると、

$$\frac{a^3}{P^2} = 1$$

が成り立つ。

式4-4 ケプラーの第3法則

平均距離の単位に天文単位、公転周期の単位に年を用いると、惑星と太陽の平均距離の3乗と公転周期の2乗の比は1になります（式4－4）。

地球と太陽の平均距離は1天文単位であり、地球の公転周期は1年ですから、平均距離の3乗と公転周期の2乗の比は1になります。また、木星と太陽の平均距離は約5・2天文単位であり、木星の公転周期は約11・9年ですから、平均距離の3乗は約140であり、公転周期の2乗も約

140となるため、これらの比は1になります。

このように、惑星と太陽の平均距離の3乗と公転周期の2乗の比はつねに一定の値となっています。この法則は、惑星だけでなく、太陽のまわりを公転する小惑星や彗星にも成り立ちます。

4・4 太陽

太陽の概観

太陽は、半径が約70万km（地球の約109倍）あり、質量が地球の約33万倍（太陽系全体の約99.8％）ある天体です。太陽の表面温度は約5800ケルビン（K）であり、太陽表面にある厚さ約500kmの気体の層からは光が出ています。この層を**光球**（こうきゅう）といいます。なお、ケルビンとは分子の運動が止まる**絶対零度**（ぜったいれいど）を基準とした熱力学温度（絶対温度）の単位で、私たちが普段使う温度（セルシウス温度）の0℃が273Kに相当します。望遠鏡で白紙に投影した太

陽の像は、中心部が明るく、周辺部が暗く見えます。この現象を**周辺減光**（しゅうへんげんこう）といいます。

太陽の大気

光球の外側は、光球からの光が強いため、一般の望遠鏡では観測できませんが、**皆既日食**（かいきにっしょく）のときに月が光球を隠すことによって観測することができます。皆既日食は、太陽と地球のあいだに月が入り込むことによって起こります。

皆既日食のとき、光球の外側には、**彩層**（さいそう）と呼ばれるピンク色の薄い大気の層が見えます。彩層の厚さは約2000㎞あります。さらに、彩層の外側には、**コロナ**と呼ばれる真珠色の希薄な大気が広がっています。コロナの平均的な温度は約200万Kと高温であるため、X線が放射されています。

彩層からコロナにかけて、赤い炎のように見えるガスが浮かんでいることがあります。このガスを**プロミネンス**（紅炎（こうえん））といいます。また、光球には**フィラメント**（暗条（あんじょう））と呼ばれる暗く長いすじが見られることがあります。プロミネンスとフィラメントは同じものであり、背景の明るさの違いによって見え方が異なっているのです。夜の灯りは明るく見えますが、昼の灯りはほとんど見えません。これと同じように、宇宙を背景に見たやや明るいガスは見えますが、明るい光球を背景に見たやや明るいガスは暗く見えるのです。

太陽の表面

光球には**黒点**と呼ばれる小さい黒い点が見られることがあります。黒点が黒く見えるのは、黒点からの光が周囲の光球からの光よりも弱いからです。一般に温度が高いほど放射される光は強くなります。黒点の温度は約4000～4500Kであり、周囲の光球の温度（約5800K）よりも低いため、黒点は黒く見えます。

光球には**白斑**（はくはん）と呼ばれる明るい部分が現れることもあります。白斑の温度は約6500Kであり、周囲の光球の温度よりも高いため、白斑は明るく見えます。

太陽表面では、高温のガスが上昇し、低温のガスが沈んでいくような対流が起こっています。この対流によってできた渦が、細かい粒状の模様として太陽表面全体に見えます。これを**粒状斑**（りゅうじょうはん）といいます。粒状斑の明るく見える部分では高温のガスが上昇し、暗く見える部分では低温のガスが太陽内部に沈んでいます。

太陽の自転

太陽表面の黒点を毎日観測すると、黒点は太陽表面を東から西へ移動していくように見えます。これは黒点が移動する方向に、太陽が自転しているからです。

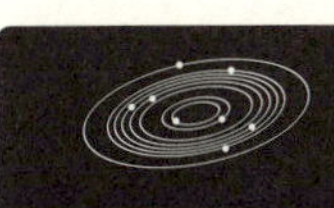

地球の自転周期は約1日（23時間56分4秒）であり、日本もアメリカもどこでも同じ時間で1周します。ところが、太陽の黒点は、低緯度では約27日で1周し、高緯度では約30日で1周します。この黒点の動きから、太陽は場所によって自転周期が異なることがわかりますが、これは太陽がガスでできているために起こる現象です。地球の表面は岩石で覆われていますので一体となって自転しますが、太陽表面はガスであるため、部分的に速く回ることもできます。

太陽活動

黒点の数は、1600年ごろから観測が行われており、約11年周期で増減することがわかっています。また、黒点の数が多いときには、太陽からの放射エネルギーが0・1%程度増加することが観測されています。黒点の数が多いときは太陽活動が活発になり、**太陽活動極大期**（きょくだいき）といいます。一方、黒点の数が少ないときは、**太陽活動極小期**（きょくしょうき）といいます。17世紀後半の黒点の数が少ない時期は**マウンダー極小期**と呼ばれ、ヨーロッパでは寒冷な気候が続きました。

太陽風と地球磁気圏

コロナは非常に高温であるため、水素やヘリウムの原子が、正電荷をもつイオンと負電荷をもつ電子に分かれています。これらの荷電粒子が、約300～800㎞／sの速さで宇宙空間

へ流れ出したものを**太陽風**（たいようふう）といいます。

X線で観測したコロナには、明るい部分と暗い部分があり、特に暗い部分は**コロナホール**と呼ばれています。コロナホールは、密度と温度がまわりよりも低く、太陽風が高速で噴出している部分です。

太陽から放出された荷電粒子は、やがて地球に到達します。太陽風の影響によって、地球の磁場は、昼側では押しつけられ、夜側では引き延ばされています。地球の磁場が閉じ込められている領域を**地球磁気圏**といいます。太陽風は生物にとって危険なものです。地球磁気圏は太陽風が地球に入り込んでくるのを防ぐはたらきをもっているのです。

太陽活動の地球への影響

コロナの一部が1000万K以上に加熱され、その下の彩層が突然輝くことがあります。この現象を**フレア**といいます。フレアが発生すると、強いX線や紫外線が放射されたり、太陽風の荷電粒子の数や速度が増加したりします。

X線や紫外線は、太陽と地球の距離（約1億5000万km）を約30万km／sの速さで伝わりますので、太陽から約500秒で地球に到達します。X線や紫外線は、地球の上空にある電離圏に影響を与え、**デリンジャー現象**と呼ばれる通信障害などを引き起こします。

また、通常よりも強い太陽風によって、地球の磁場が大きく変化する**磁気あらし**が起こることもあります。さらに、荷電粒子が高緯度の大気圏に入り込んで発生するオーロラも起こりやすくなります。このように、地球から約1億5000万㎞も離れたところにあるにもかかわらず、太陽は地球上でさまざまな現象を引き起こしているのです。

太陽のスペクトル

太陽放射には、さまざまな波長の電磁波（赤外線、可視光線、紫外線など）が含まれています。太陽光を**分光器**（プリズム）に通すと、電磁波を波長によって分けることができます。電磁波（光）を波長によって分けたものを**スペクトル**といいます。太陽のスペクトルは連続した光の帯（連続スペクトル）となって現れ、赤や青などのさまざまな波長の**可視光線**を含んでいることがわかります。

太陽のスペクトルの中には、多くの暗線（吸収線）が含まれています（図4-4-1）。これは、ドイツの物理学者ヨゼフ・フォン・フラウンホーファー（1787～1826）によって発見されたので、**フラウンホーファー線**といいます。

太陽の表面（光球）から放射された可視光線は、太陽の大気中（彩層など）を通過してから宇宙空間を伝わり地球に到達します。太陽のスペクトルに暗線が含まれているのは、太陽表面

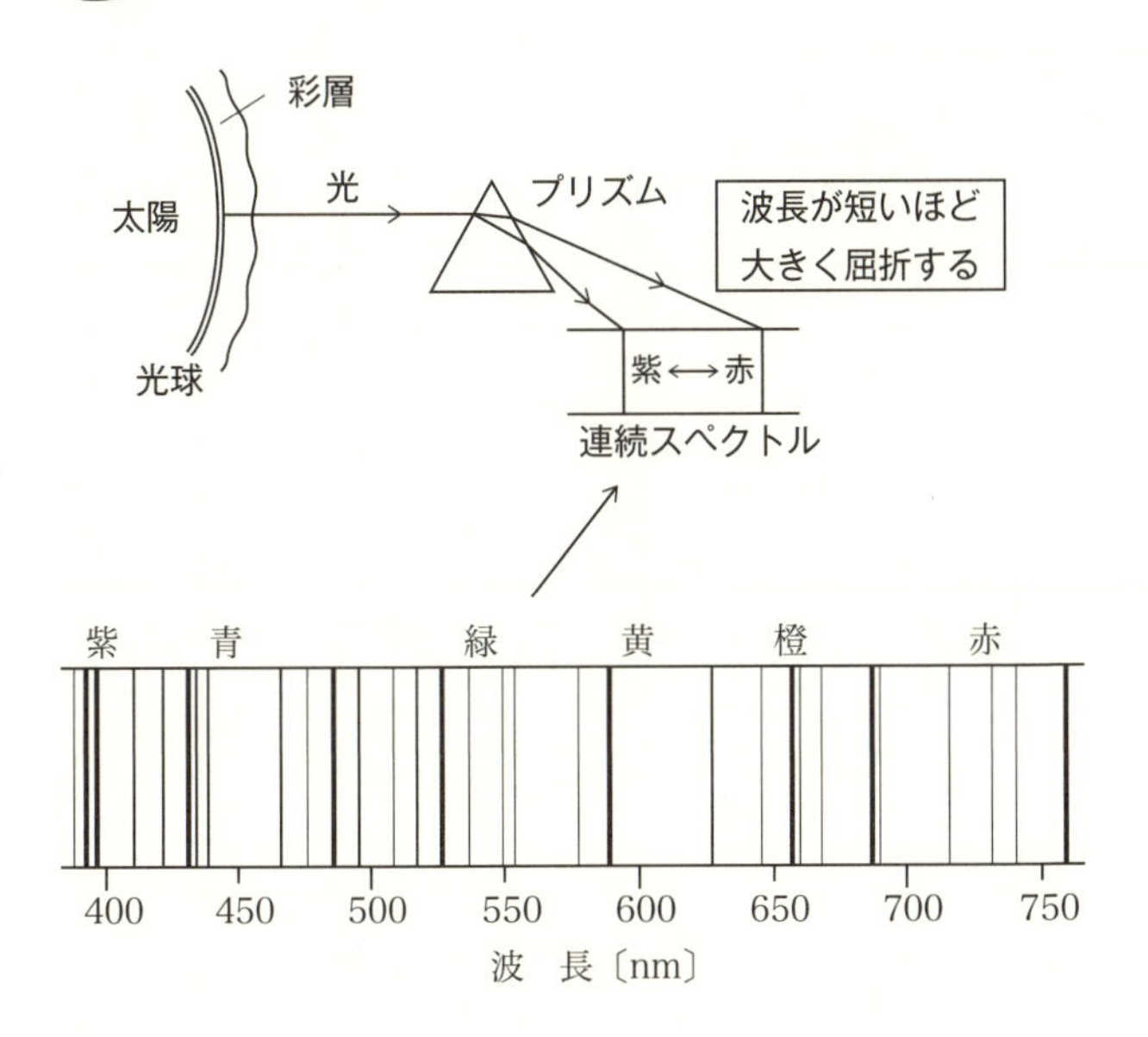

図4-4-1 フラウンホーファー線

からの可視光線が太陽の大気中を通過するときに、特定の波長の可視光線が吸収されて、その可視光線が地球に到達しないためです。たとえば、水素は波長656nm（橙色〜赤色）の可視光線を吸収する性質があります。太陽の彩層では、水素が波長656nmの可視光線を吸収するため、地球で太陽のスペクトルを観測すると、波長656nmの位置に暗線が見られるのです。

太陽の元素組成

太陽のスペクトルに見られる暗線は、太陽の大気中の原子が、特

定の波長の電磁波を吸収してできますので、暗線を調べることによって、太陽の大気中に含まれる元素を知ることができます。暗線の波長から、その波長を吸収する元素の種類がわかり、暗線の強度から、その元素の量が推定できます。すなわち、太陽の大気の元素組成がわかるのです。

太陽全体の元素組成は、太陽の大気の元素組成とほぼ同じと考えられています。また、他の恒星の元素組成もほぼ同じと考えられています。太陽は、原子数の割合で、水素が約92％、ヘリウムが約８％を占めます。太陽には酸素や炭素なども含まれていますが、水素とヘリウム以外の元素は、全部合わせても約０・１％しか存在しません。

太陽のエネルギー源

太陽の中心部の温度は約１６００万Ｋもあります。高温高圧の太陽中心部では、４個の水素原子核が１個のヘリウム原子核に変わる核融合反応が起こっています。

４個の水素原子核の質量よりも１個のヘリウム原子核の質量のほうが小さいので、この核融合反応では質量が失われることになります。この反応で失われた質量がエネルギーとなるのです。太陽の中心部で生成されたエネルギーは、放射や対流によって太陽表面へ運ばれ、太陽表面（光球）から可視光線などの電磁波として宇宙へ放射されています。このエネルギーの一部を地球が受け取っているのです。

4・5 恒星までの距離はどう測る？

恒星までの距離

恒星までの距離を求めるひとつの方法として、2地点からの視差(しさ)を測定する方法があります。視差とは「2地点から星を見たときの見える方向の角度の差」です。近くの星は視差が大きくなり、遠くの星は視差が小さくなります。

地球の公転によって、恒星を見る方向が変わると、天球上の恒星の位置が、遠方の恒星に対して1年周期で変化します。遠方の恒星は視差が小さく、天球上の位置がほとんど変わりませんが、近くの恒星は視差が大きく、天球上の位置が変化します（図4-5-1）。

先述した通り、天球上の恒星が1年周期で動く大きさを示す角度の半分（太陽－恒星－地球を結んでできる角度）を年周視差といいます。恒星までの距離が遠いほど年周視差は小さくな

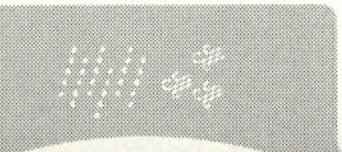

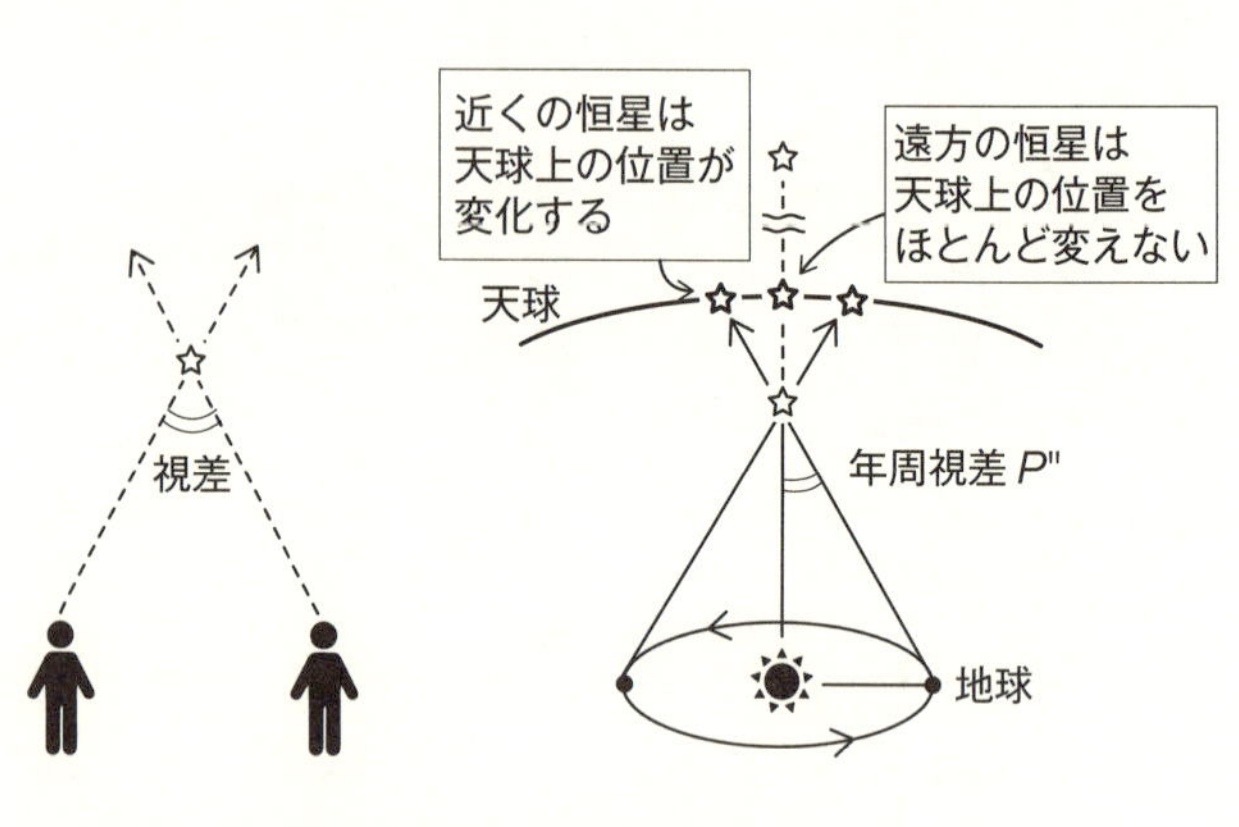

図4-5-1 **年周視差と恒星までの距離**

り、年周視差が1秒になる距離を**パーセク**という単位で表します。1パーセクは3・08×10^{13}kmになります。

恒星までの距離と年周視差には反比例の関係があります（式4-5）。たとえば、年周視差が0・1秒と観測される恒星までの距離は10パーセクになります。太陽に最も近い恒星であるケンタウルス座α星の年周視差は0・76秒と観測されていますので、この星までの距離は約1・3パーセクになります。

一方、恒星までの距離は、**光年**（こうねん）という単位で表すこともあります。光が1年間に進む距離は約9・46×10^{12}kmであり、これを1光年といいます。また、1パーセクの距離を光が進むのに約3・26年の時間を要するので、1パーセクは約3・26光年になります。ケンタウルス座α星までの距離を光年という単位で表すと、約4・3光年になります。

年周視差を観測できれば、恒星までの距離を求める

恒星までの距離 d は、次の式で表される。

$$d = \frac{1}{p}\text{〔パーセク〕} = \frac{3.26}{p}\text{〔光年〕}\quad(p\text{：年周視差})$$

年周視差が 0.76″と観測されているケンタウルス座 α 星までの距離 d は、

$$d = \frac{1}{0.76} \fallingdotseq 1.3\text{〔パーセク〕} \text{ または } d = \frac{3.26}{0.76} \fallingdotseq 4.3\text{〔光年〕}$$

式4-5　年周視差を用いた恒星までの距離の計算

ことができますが、太陽に最も近い恒星でも年周視差は１秒もありません。遠方の恒星では年周視差が小さすぎて観測できませんので、この方法で距離を求められるのは、地上からの観測では約１００パーセク以内、人工衛星での観測では数万パーセク以内の恒星に限られています。

恒星の明るさ

星の明るさを表す単位が**等級**（とうきゅう）です。等級は、５等級小さくなると明るさは１００倍になります。１等星は６等星よりも５等級小さいので１００倍明るく見えます。また、１等級小さくなると、明るさは約２・５倍になります。１等星は２等星よりも約２・５倍明るく見えます。

特に、地球から見たときの星の等級を**見かけの等級**（実視等級）といいます。太陽の見かけの等級はマイナス26・8等級であり、地球から見ると太陽は宇宙で一番明るい星になります。ところが、星までの距離が近いほど明るく見えるため、太陽が実際に宇宙で一番明るい星とは言えません。

星までの距離によって明るさが変化しますので、本来の星の明るさを比較するためには、星を同じ距離から見る必要があります。そこで、星の実際の明るさを比較するときには、星を10パーセクの距離から見たときの等級が使われています。この等級を**絶対等級**といいます。

太陽を10パーセクの距離から見ると絶対等級は4・8等級になります。また、北極星の見かけの等級は2・0等級ですが、10パーセクの距離から見るとマイナス3・6等級になります。太陽と北極星を絶対等級でくらべると、北極星のほうが8等級以上小さいので、実際には北極星は太陽よりも1500倍以上明るい星なのです。

距離と明るさの関係

星の見かけの明るさと星までの距離には一定の関係があります。星までの距離が2倍になると、光が4倍の面に広がるため、単位面積あたりの明るさは1／4倍になります。また、星までの距離が3倍になると明るさは1／9倍になります。すなわち、星の見かけの明るさは、星までの距離の2乗に反比例します（図4－5－2）。

たとえば、100パーセクの距離にある恒星の見かけの等級が6等級であるとき、この恒星

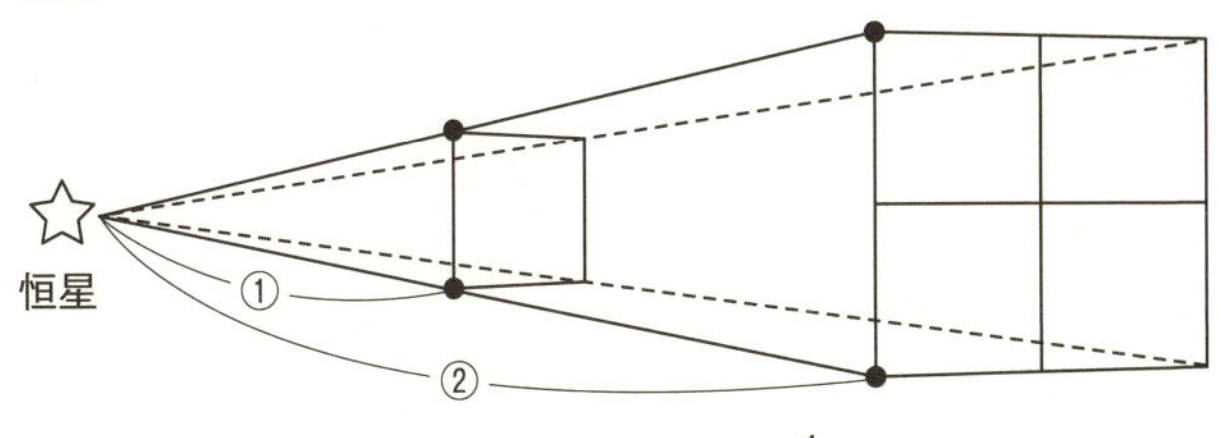

距離が２倍になると、明るさは $\frac{1}{4}$ 倍になる

10 パーセク　　　　100 パーセク

地球

距離が 1/10 倍になると、明るさは $\frac{1}{\left(\frac{1}{10}\right)^2}$ =100 倍になる

図 4-5-2　**見かけの明るさと距離の関係**

絶対等級を M 、見かけの等級を m 、

恒星までの距離を d〔パーセク〕とすると、

次の関係式が成り立ちます。

$$M = m + 5 - 5\log_{10}d$$

上の例では、この式に m=6 、d=100 を代入して、

$$M = 6 + 5 - 5\log_{10}100 = 1 \text{ 等級}$$

と計算することもできます。

式 4-6　**1 等級**

を10パーセクの距離に近づけて見ると、距離が1／10倍になりますので、明るさは100倍になります。100倍明るくなるということは、5等級小さくなりますので、10パーセクの距離から見たときの明るさ（絶対等級）は1等級となります。

4・6 なぜ恒星はカラフルなのか

恒星の色

夜空を眺めると、赤色の星、黄色の星、白色の星などがあり、青白い星が見えることもあります。恒星の色はさまざまですが、これは恒星の表面温度の違いによるものです。表面温度の低い星は、波長の短い青い光よりも波長の長い赤い光を強く放射しますので、赤い色に見えます。一方、表面温度の高い星は、赤い光よりも青い光を強く放射しますので、青白い色に見えます。

恒星の表面温度T〔K〕と放射エネルギーが最大となる波長λ（ラムダ）〔μm〕には反比例の関係があ

ウィーンの変位則

恒星の表面温度 T〔K〕と放射エネルギーが最大となる波長 λ〔μm〕の関係は、次のように表される。

$$\lambda T = 2900$$

太陽放射の波長別のエネルギーは波長約0.50μmで最大となるため、太陽の表面温度を T〔K〕とすると、

$0.50T = 2900$ より、$T = 5800\mathrm{K}$

式4-7　ウィーンの変位則

ります。これを**ウィーンの変位則**といいます（式4－7）。恒星の表面温度が高いほど、波長の短い光を強く放射するようになるため、恒星が青く見えるようになるのです。

恒星のスペクトル型

太陽のスペクトルに暗線（フラウンホーファー線）が見られたように、恒星のスペクトルにも暗線が見られます。恒星の大気中の原子が、恒星表面から放射される光を吸収することによって暗線ができますが、原子による光の吸収は温度によって変化します。そのため、恒星の表面温度が異なると、スペクトル中の暗線の現れ方も異なります。スペクトル中の暗線の現れ方を**スペクトル型**といいます。

スペクトル型は、表面温度の高いほうから順に、O型、B型、A型、F型、G型、K型、M型に分けられています。さらに各スペクトル型は0～9の10段階に区分されています（表4－2）。太陽は、表面温度が約5800Kであ

スペクトル型	O5	B5	A5	F5	G5	K5	M5
表面温度（K）	45000	15000	8300	6600	5600	4400	3300

表4-2 **恒星のスペクトル型と表面温度**

り、スペクトル型はG2型になります。

HR図

絶対等級を縦軸にとり、スペクトル型を横軸にとった恒星の分布図を**HR図**（ヘルツシュプルング・ラッセル図）といいます（図4-6-1）。多くの恒星は、HR図の左上から右下への帯状の領域に分布します。この領域に分布した恒星を主系列星といいます。太陽もこの領域に分布しますので、主系列星に分類されます。

一方、HR図の右上に分布する恒星は**赤色巨星**（せきしょくきょせい）と呼ばれています。赤色巨星は表面温度が低く、絶対等級が小さい（明るい）星です。また、HR図の左下に分布する恒星は**白色矮星**（はくしょくわいせい）と呼ばれています。白色矮星は表面温度が高く、絶対等級が大きい（暗い）星です。

恒星の表面温度が等しい（スペクトル型が同じ）とき、恒星の半径（表面積）が大きいほど、恒星は明るく（絶対等級が小さく）なります。また、恒星の明るさ（絶対等級）が等しいとき、表面温度が低いほど、半径は大きくなります。すなわち、HR図では右上ほど半径が大きく、左下ほど半径が小さくなりま

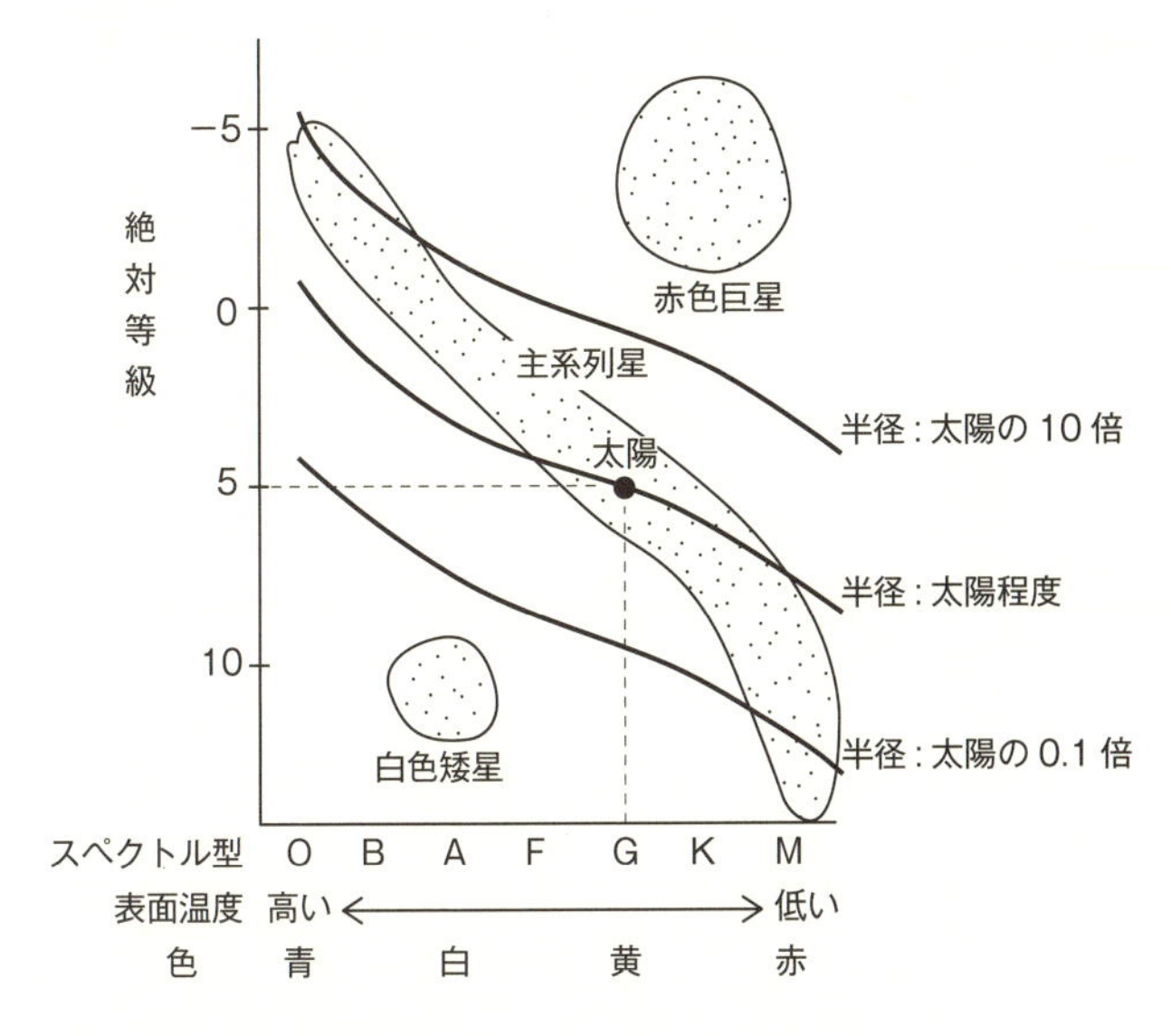

図4-6-1 HR図（ヘルツシュプルング・ラッセル図）

す。

赤色巨星の半径は、太陽の半径の10倍以上もあり、白色矮星の半径は、太陽の半径の0.1倍以下しかありません。一方、主系列星の大きさは、太陽の半径の約10倍から約0.1倍の範囲にあります。

連星

宇宙には、ふたつの恒星が互いの共通重心のまわりを公転しているような天体があります。このような天体を**連星**（れんせい）といいます。連星のうち、明るいほうを**主星**（しゅせい）といい、暗いほうを**伴星**（ばんせい）といいます。連星のふたつの恒星はほぼ同じ位置にありますの

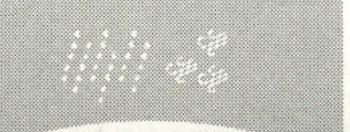

で、肉眼で見るとひとつの恒星にしか見えません。おおいぬ座の**シリウス**もひとつの恒星にしか見えませんが、ふたつの恒星が存在しています。

食連星

恒星の明るさを観測することによって、連星であるとわかる場合があります。連星の公転面と平行な方向から見ると、一方の恒星が他方の恒星を隠すことがあるため、連星の明るさの周期的な変化が観測されます。このような連星を**食連星**（しょくれんせい）といいます（図4-6-2）。

暗い伴星が明るい主星と地球とのあいだにくると、地球からは明るい主星の一部が見えなくなりますので、明るさが大きく低下します。一方、暗い伴星が明るい主星の後方にくると、地球からは暗い伴星が見えなくなりますので、明るさが少しだけ低下します。また、地球から見て主星と伴星が横に並んでいると、主星と伴星の両方が見えていますので、連星

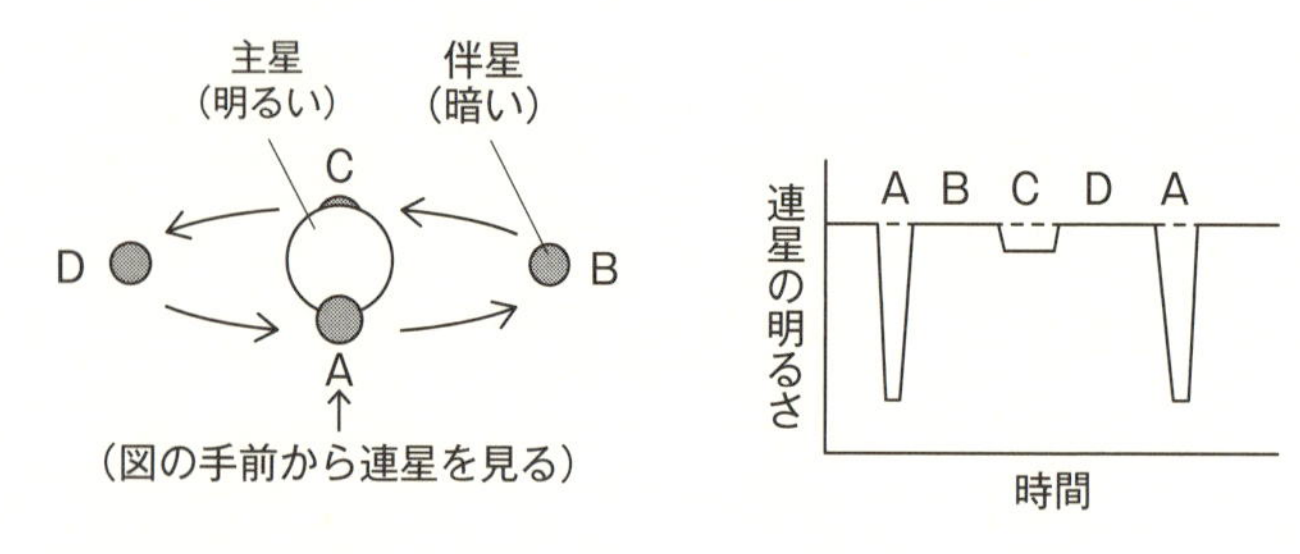

図4-6-2 食連星

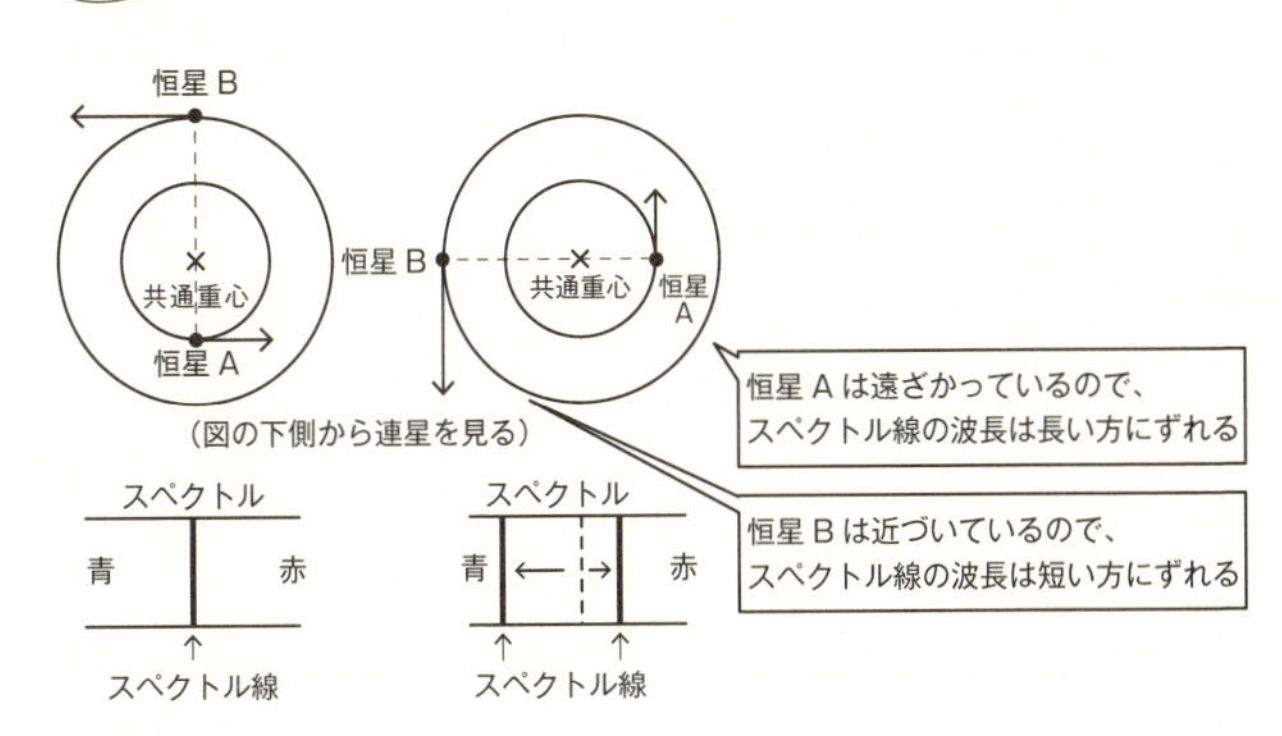

図4-6-3　**分光連星**

が最も明るく見えます。このように、連星が互いの共通重心のまわりを公転することによって、一方の恒星が他方の恒星を隠すことがありますので、連星全体の明るさが時間とともに変化して見えるのです。

分光連星

観測者（地球）に対して、運動している物体（恒星）からの光の波長は、本来の波長からずれて観測されます。物体が観測者に近づくときには、波長が短いほうにずれ、物体が観測者から遠ざかるときには、波長が長いほうにずれます。このように波長が変化する現象を**ドップラー効果**といいます。

連星は互いの共通重心のまわりを公転していますので、地球に対して近づいたり遠ざかったりします。連星が視線方向に対して直角な方向に運動しているときは、連星は観測者に近づいたり遠ざかったりしていま

せんので、スペクトル線の波長が本来の波長として観測されます。しかし、恒星が遠ざかっているときには、そのスペクトル線の波長は本来の波長よりも長いほう（赤色）にずれ、恒星が近づいているときには、そのスペクトル線の波長は本来の波長よりも短いほう（青色）にずれて観測されます（図4-6-3）。

1本のスペクトル線が、波長の長いほうと短いほうに分かれて観測されるのは、2個の恒星が存在し、一方の恒星は観測者から遠ざかり、他方の恒星が観測者に近づいているということです。このように、スペクトル線を観測して、連星とわかるものを**分光連星**（ぶんこうれんせい）といいます。

4・7 恒星の誕生と進化

星間物質

本章の冒頭でも触れたように、恒星と恒星のあいだの宇宙空間には、星間物質が存在します。星間物質は、水素やヘリウムを主成分とする星間ガスと星間塵（固体微粒子）で構成され

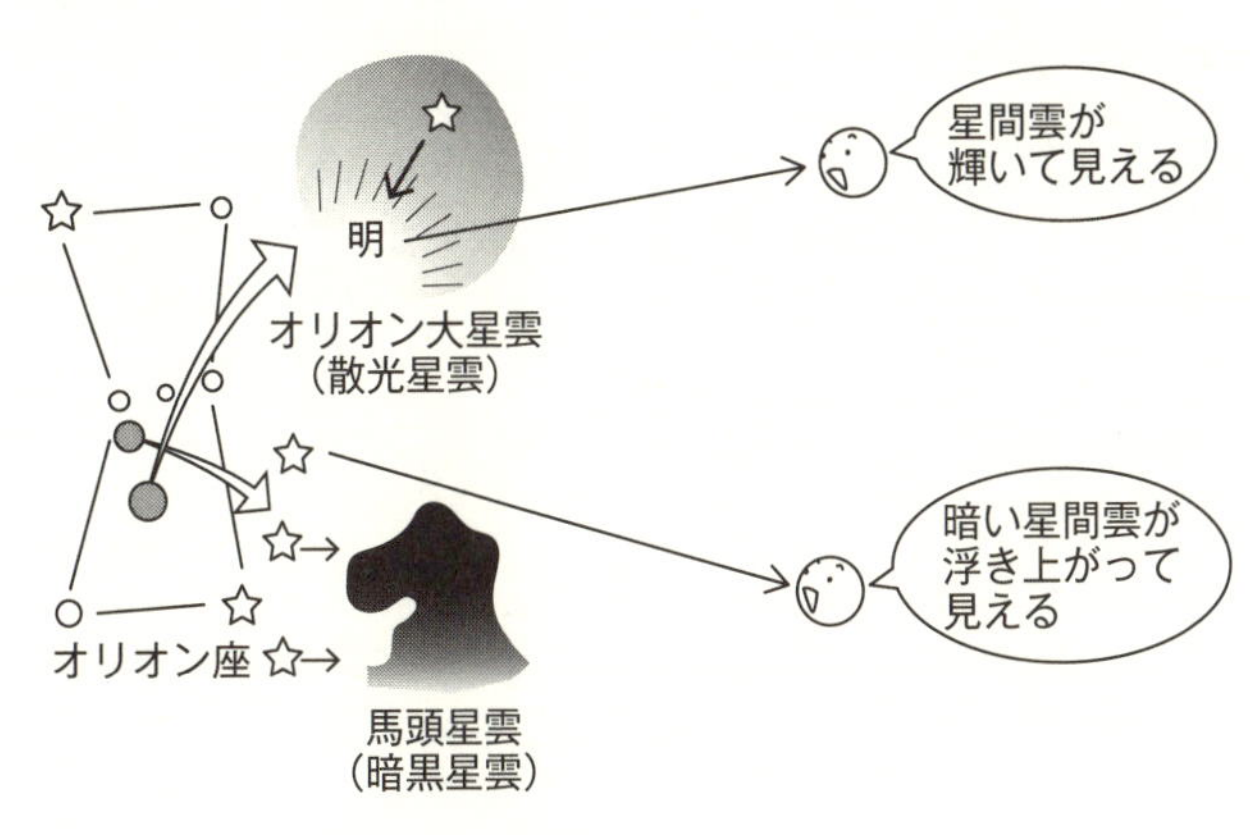

図4-7-1　**オリオン大星雲と馬頭星雲**

ています。宇宙空間の水素原子の数は、1cm^3あたりに1個程度しかありません。

星間雲

星間物質は非常に希薄ですが、その分布は一様ではありません。星間物質の密度が周囲よりも高くなっている部分を**星間雲**（せいかんうん）といいます。

オリオン座には比較的観測しやすい星間雲があります。**オリオン大星雲**と**馬頭星雲**（ばとうせいうん）です（図4-7-1）。オリオン大星雲は、近くの明るい恒星からの光を受けて輝いています。このような星間雲を**散光星雲**（さんこうせいうん）といいます。また、馬頭星雲は、背後の恒星からの光を遮ることによって、黒い星間雲が浮き上がって見えます。このような星間雲を**暗黒星雲**（あんこくせいうん）といいます。

星間雲の中には、水素（H_2）や一酸化炭素

(CO)などの分子が含まれているものがあります。星間雲の中で特に分子が多く集まっている部分を**分子雲**といいます。オリオン座には数百光年の大きさをもつ巨大な分子雲が発見されています。

恒星の誕生

星間雲の密度の高い部分が収縮すると、**原始星**(げんしせい)が誕生します。原始星は重力によって収縮し、温度が上昇して輝く天体です。原始星は星間雲に包まれているため、一般に原始星を肉眼で観測することはできませんが、やがて周囲の星間雲は少なくなっていきます。

原始星の収縮によって、中心部の温度が1000万K以上になると、中心部で水素の核融合反応が始まり、**主系列星**(しゅけいれつせい)となります。太陽だけでなく、多くの恒星は中心部での水素の核融合反応によってエネルギーをつくっています。

主系列星では膨張しようとする力(圧力)と収縮しようとする力(重力)がつり合っています。原始星はゆっくりと収縮している状態にありますが、主系列星は膨張したり収縮したりしていませんので、大きさがほぼ一定に保たれています。

恒星は一生の大部分を主系列星として過ごします。原始星の期間は1億年もありませんが、太陽と同じ大きさの恒星であれば、主系列星として約100億年の期間を過ごします。太陽は今から約46億年前に原始星（原始太陽）として誕生し、1億年も経過しないうちに主系列星となり、現在も主系列星として輝き続けています。

主系列星の寿命

主系列星は、質量が大きいほど中心部の温度が高く、**核融合反応**が活発に起こり、多くのエネルギーをつくるため、**光度**（放射エネルギー）が大きくなります。主系列星の光度は恒星の質量の約4乗に比例します。この関係は**質量光度関係**と呼ばれています。たとえば、太陽の2倍の質量をもつ恒星の光度は、太陽の約2^4＝16倍になります。

恒星が放射するエネルギーは、中心部での水素の核融合反応によってつくられていますので、明るい恒星は中心部での水素の消費量が多くなります。主系列星の光度が質量の約4乗に比例するという質量光度関係は、核融合反応での単位時間あたりの水素の消費量が、恒星の質量の約4乗に比例することを意味しています。先ほどの例でいうと、太陽の2倍の質量をもつ主系列星は、単位時間あたりの水素の消費量が、太陽の約2^4＝16倍になるということです。

質量の大きい主系列星は、核融合反応の燃料として使える水素がたくさんありますが、単位時間あたりの水素の消費量が多く、核融合反応で使用できる水素が短い時間でなくなりますので、主系列星としての寿命は短くなるのです。核融合反応で使用できる水素の質量は恒星の質量に比例し、単位時間あたりの水素の消費量は恒星の質量の約4乗に比例しますので、主系列星の寿命は質量の約3乗に反比例します。たとえば、太陽の2倍の質量をもつ主系列星の寿命は、太陽の寿命の約1／2^3＝1／8しかないのです。

夜空を見上げると、青白い主系列星はあまり多くは見られません。青白い主系列星は、HR図の左上に分布し、太陽よりも半径が大きく、質量も大きいため、主系列星として輝く期間（寿命）が短いからです。

恒星の進化

主系列星としての寿命を終えると、恒星は質量によって異なる終末を迎えます。太陽質量の0・5倍程度より小さい恒星は、核融合反応が起こらなくなり、収縮して白色矮星となります。太陽質量の0・5倍以上の恒星は、中心部に水素の核融合反応でできたヘリウムが増加し、ヘリウムの核ができると、その周囲で水素の核融合反応が起こるようになります。このとき、恒星の外層が膨張を始め、表面温度が低下し、主系列星は赤色巨星へと進化します。

一方、恒星の中心部は収縮し、温度が上昇します。中心部の温度が約1億Kを超えると、ヘリウムの核融合反応が始まり、炭素や酸素が生成されます。質量の大きい恒星では核融合反応が進んで、中心部ではさらに重い元素ができます。恒星の中心部で生成される最も重い元素は

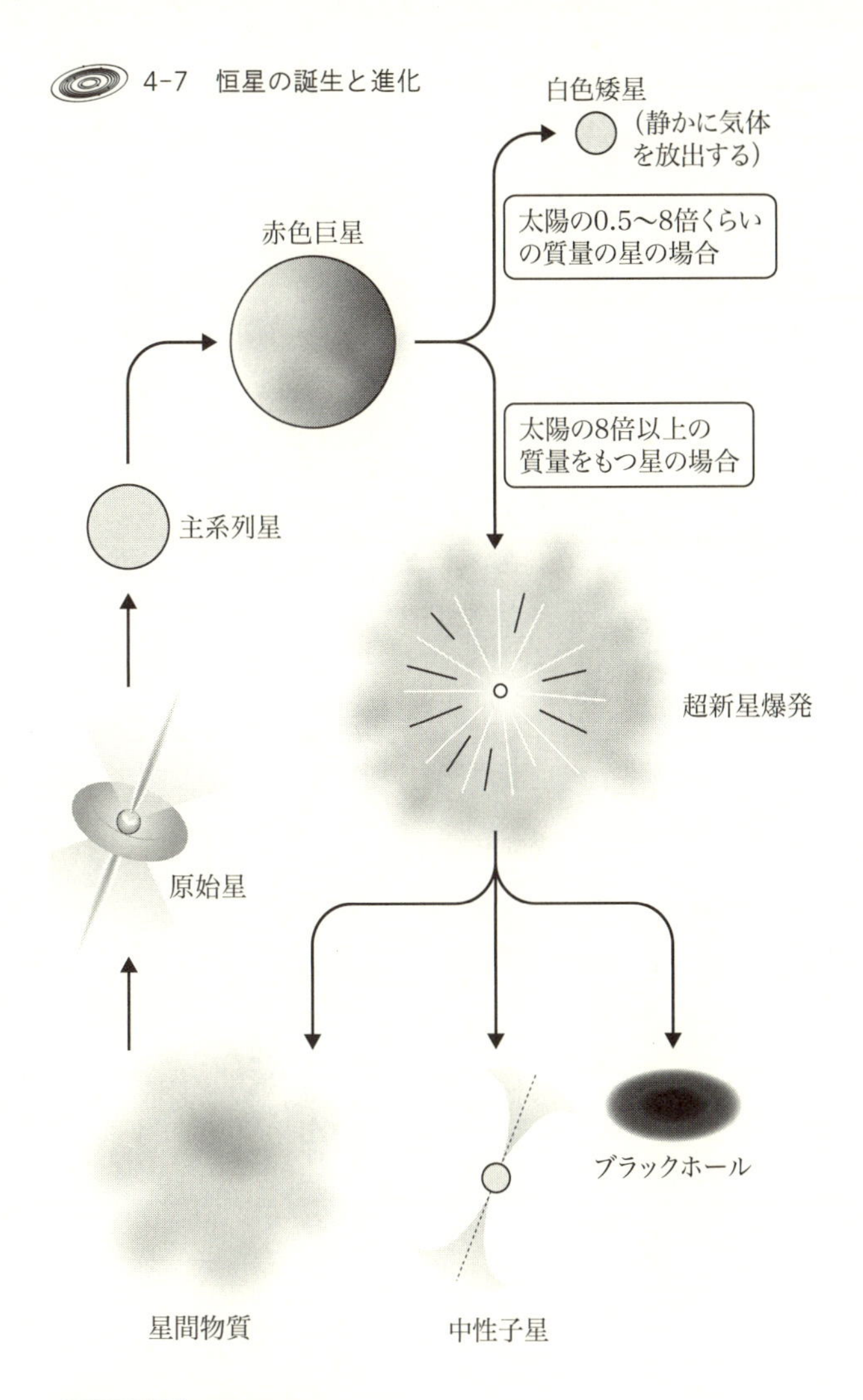

図 4-7-2　**恒星の進化**
恒星の質量によって進化が異なる。

鉄です。

恒星の終末

太陽質量の0・5〜8倍の恒星は、赤色巨星となった後、外層のガスを放出し、残された中心部は収縮して白色矮星になります。一方、放出されたガスは**惑星状星雲**（わくせいじょうせいうん）として観測されます。こと座の**環状星雲**（かんじょう）、こぎつね座の**亜鈴星雲**（あれい）、みずがめ座の**らせん星雲**などは惑星状星雲であり、これらの中心部には白色矮星が存在します。白色矮星では核融合反応は起こりませんので、やがて暗くなっていきます。

現在の太陽は主系列星として輝いていますが、今から数十億年後に赤色巨星となり、その後、外層のガスを放出して白色矮星となります。このようにして太陽は恒星としての一生を終えると考えられています。

太陽質量の8倍以上の恒星は、赤色巨星となった後、**超新星爆発**を起こします（図4-7-2）。超新星爆発によって、恒星全体が飛び散ることもありますが、中心部に**中性子星**や**ブラックホール**が形成されることもあります。中性子星は中性子を主成分とする高密度の天体です。一方、ブラックホールは重力が非常に大きく、光を外に出すことができない天体です。

超新星爆発によって星の一生は終わりますが、飛び散った物質は、再び星間物質となって宇宙を巡り、新たな恒星となることもあります。主系列星や赤色巨星の中心部で起こる核融合反応によって次々と重い元素ができますので、星間物質に含まれる重元素（ヘリウムよりも重い元素）の割合は、時間とともに増加していくことになります。

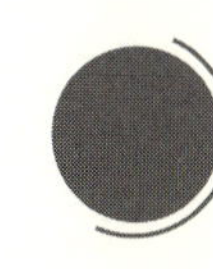

4・8 星団

恒星の集団

恒星は星間雲が収縮して誕生しますが、星間雲の内部では複数の恒星がほぼ同時に誕生することがあります。つまり、星は集団で誕生するため、星団という星の集団ができるのです。

散開星団

まばらに分布する100〜1000個の恒星の集団を**散開星団**（さんかいせいだん）といいます。代表的な散開星団として、おうし座の**プレアデス星団**（すばる）やかに座の**プレセペ星団**などがあります。プ

レアデス星団は肉眼でも見ることができます。

散開星団には、黄色や赤色の主系列星だけでなく青白い主系列星が含まれていることが多く、赤色巨星の数が少ないという特徴があります。HR図の左上に分布する青白い主系列星は、質量が大きく寿命が短い恒星です。寿命の短い恒星が含まれていることから、散開星団の年齢が若いということがわかります。また、主系列星として長い期間を過ごした後にできる赤色巨星が少ないことは、星団が誕生してから長い時間が経過していないことを示しています。

一般に散開星団は年齢の若い恒星が集まっており、おうし座のプレアデス星団の年齢は約1億2000万年です。人の一生とくらべると非常に古いように思うかもしれませんが、宇宙は約138億年前に誕生しましたので、宇宙の星の中では非常に若い天体といえます。年齢の若い星団であるため、恒星の周囲には星間雲が残っていることもあります。

赤色巨星の内部では、核融合反応によってヘリウムよりも重い元素がつくられ、超新星爆発によって重い元素が宇宙に放出されますので、時間とともに星間雲には重い元素が増えていきます。年齢の若い恒星は、そのような星間雲から誕生しますので、年齢の古い恒星よりも重い元素の割合が多くなっています。散開星団の恒星のように、年齢が若く、ヘリウムよりも重い元素を多く含む恒星を**種族Ⅰの星**といいます。太陽も種族Ⅰの星です。

球状星団

直径約100光年の空間に、球状に密集した数十万〜数百万個の恒星の集団を**球状星団**といいます。球状星団には、りょうけん座の**M3**やさそり座の**M80**などがあります。

球状星団には、青白い主系列星は含まれておらず、寿命の長い主系列星や赤色巨星が多く含まれています。寿命の短い青白い主系列星は、星団が誕生したときには存在していたと考えられますが、長い時間が経過することによって一生を終えたため、星団の中には存在しなくなりました。また、主系列星として長い期間を過ごした後にできる赤色巨星が多く含まれていることは、星団が誕生してから長い時間が経過したことを示しています。

球状星団の年齢は約100億年であり、古い恒星が集まっています。古い恒星はヘリウムよりも重い元素をほとんど含んでいない星間雲から誕生しましたので、若い恒星よりも重い元素の割合が少なくなっています。球状星団の恒星のように、年齢が古く、ヘリウムよりも重い元素の少ない恒星を**種族Ⅱの星**といいます。

4・9 銀河系

銀河系の構造

数十万光年離れた宇宙から太陽を眺めることができれば、太陽は約2000億個の恒星と集団を形成しているように見えることでしょう。これらの恒星と星間物質の集団を**銀河系**（天の川銀河）といいます（図4-9-1）。

銀河系の中心付近には、多くの恒星が半径約1万光年の領域に集まり、膨らんだ部分を形成しています。この領域を**バルジ**（bulge）といいます。

バルジのまわりには、多くの恒星や星間物質が円盤状に集まった**円盤部**（ディスク）があります。円盤部の半径は約5万光年であり、太陽系も円盤部に含まれています。日本では夏の夜にいて座を見ることができますが、いて座の方向の約2・8万光年の距離に銀河系の中心があると考えられています。

電波は可視光線よりも波長が長く、星間物質に吸収されにくいため、電波を観測すること

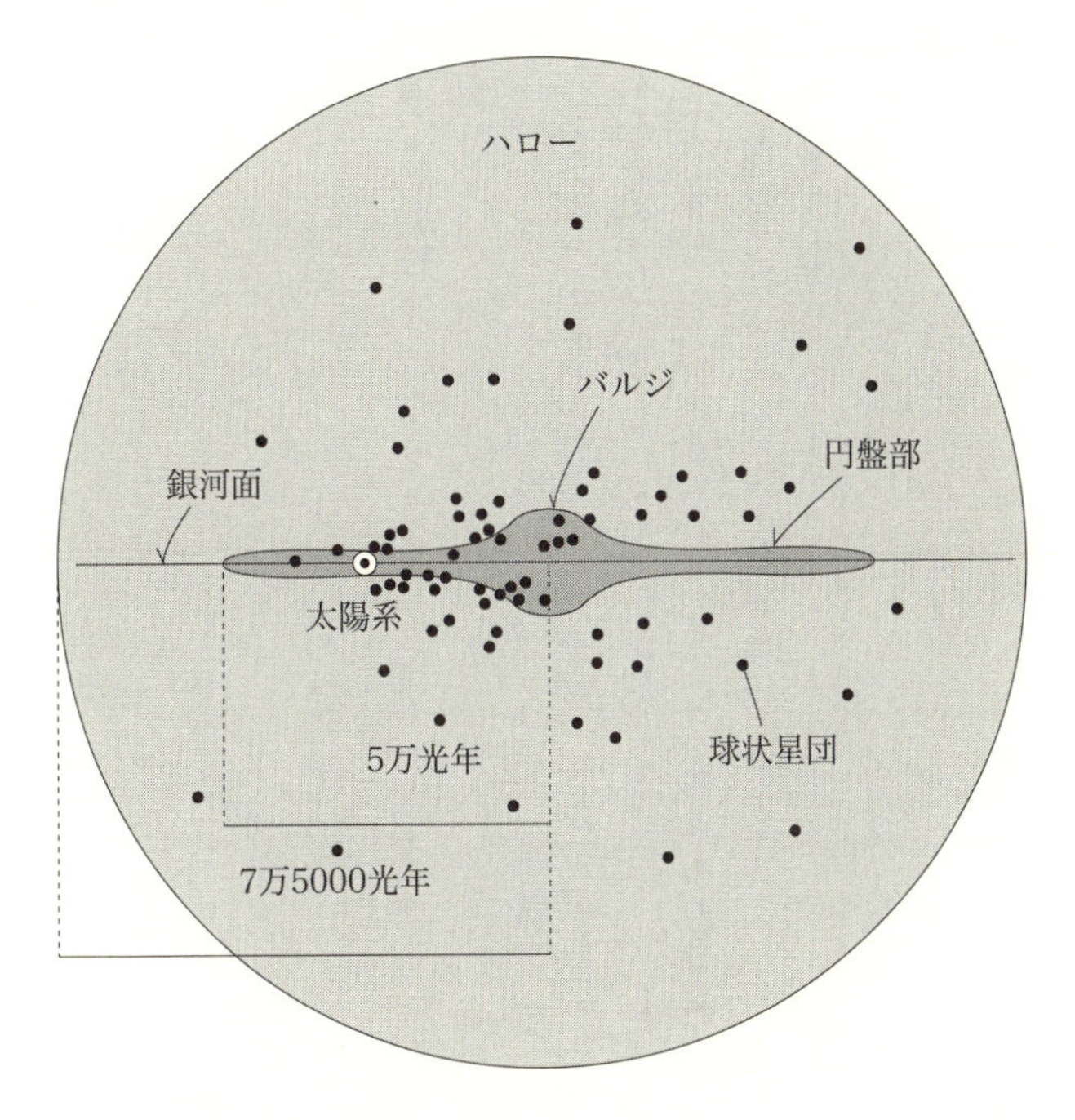

図 4-9-1　**銀河系の構造**

で、銀河系の広い範囲を観測することができます。星間物質の主成分である中性水素原子（電離していない水素原子）は、波長21㎝の電波を放射していますので、この電波を観測することで、銀河系の中性水素原子が円盤部に多く分布していることがわかります。

円盤部には多くの恒星が集まり、地球も円盤部の中にありますので、円盤部の恒星が地球を取り巻いて帯状に集まっているように、私たちには見えます。これが**天の川**です。夜空に星が帯状に集まって見える天の川は、銀河系の円盤部の恒星なのです。また、円盤部には星間物質が多く含まれているため、恒星が誕生する場でもあります。年齢の若い散開星団は、円盤部に分布しています。

さらに、バルジや円盤部を取り囲む半径約7.5万光年の球形の領域を**ハロー**（halo）といいます。ハローには、約150個の球状星団が分布しています。

脈動変光星

銀河系の天体の分布を知るためには、その天体までの距離を求めなければなりません。ハローに分布する球状星団までの距離は、**脈動変光星**（みゃくどうへんこうせい）の観測によって求められました。

脈動変光星は、星自身が収縮と膨張をくり返すことによって、明るさが周期的に変化する天体です。脈動変光星のうち、**ケフェウス座δ**（デルタ）**型変光星**、**おとめ座W型変光星**、**こと座RR型変光星**などには、変光周期と絶対等級のあいだに一定の関係があります。これを**周期光度関係**といいます（図4-9-2）。

脈動変光星の変光周期を観測すると、周期光度関係より、絶対等級を推定できます。たとえば、こと座RR型変光星の変光周期が1日であれば、周期光度関係より、絶対等級は0等級と推定できます。また、見かけの等級は観測できますので、推定された絶対等級との差によっ

て、脈動変光星までの距離を求めることができます。変光周期が1日のこと座RR型変光星の見かけの等級が10等級であるとすると、このこと座RR型変光星までの距離は1000パーセクであると求められます（式4－8）。球状星団までの距離は、星団に含まれること座RR型変光星を観測することによって求められ、銀河系内の球状星団の分布がわかったのです。

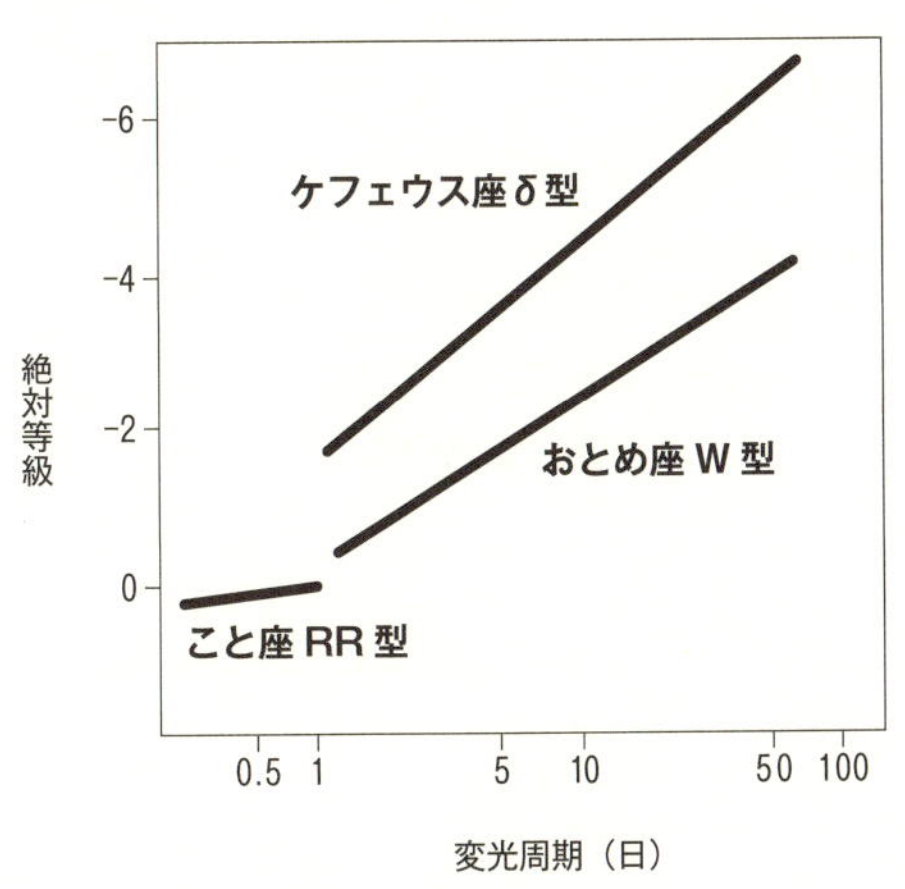

図4-9-2　脈動変光星の周期光度関係

銀河回転

太陽系の惑星が太陽のまわりを公転しているように、銀河系の円盤部の恒星や星間物質は、銀河系の中心のまわりを回転しています。このような天体の運動を**銀河回転**といいます。太陽も円盤部の恒星とともに銀河系の中心のまわりを回転しています。このような天体の運動によって、銀河系の円盤部には渦巻き構造が形成されています。

太陽の銀河回転の速さは約220㎞／sで

こと座ＲＲ型変光星の見かけの等級が 10 等級、周期光度関係より推定された絶対等級が 0 等級であれば、

$M = m + 5 - 5\log_{10} d$ より、

$0 = 10 + 5 - 5\log_{10} d$

であるから、変光星までの距離は、

$d = 1 \times 10^3$ パーセク（約 3300 光年）

と計算できます。

式 4-8 脈動変光星までの距離

太陽が銀河系中心のまわりを円軌道で回っているとすると、太陽が銀河系を 1 周する距離は、

$2 \times 3.14 \times 2.8 \times 10^4 \times 9.46 \times 10^{12} \fallingdotseq 1.66 \times 10^{18}$ km

になります。1 年を 3.15×10^7 秒 とすると、

太陽の銀河回転の速さは、

$220 \times 3.15 \times 10^7 = 6.93 \times 10^9$ km／年

になります。したがって、太陽が銀河系を 1 周する時間は、

$$\frac{1.66 \times 10^{18}}{6.93 \times 10^9} \fallingdotseq 2.4 \times 10^8 \text{ 年}(2.4\text{ 億年})$$

になります。

式 4-9 銀河回転

す。太陽は銀河系の中心から約2・8万光年の距離にあり、1光年は約9・46×10^{12}㎞であるため、太陽が銀河系を1周する距離は約1・7×10^{18}㎞になります。この距離を、太陽は地球とともに約2・4億年かけて回っています（式4−9）。

ダークマター

銀河回転の速さは、天体にはたらく万有引力と遠心力のつり合いによって決まります。また、万有引力は銀河系の質量によって決まります。そのため、銀河系の質量は、銀河回転の速さから求めることができます。

このようにして求められる銀河系の質量は、天体からの光を観測して求められる質量よりもかなり大きい値になります。このことから、光では観測できない物質が銀河系には大量に存在すると考えられます。このような物質を**ダークマター**（dark matter）といいます。

ダークマターの候補として、核融合反応が起こらない**褐色矮星**（かっしょくわいせい）、光を放出しない**ブラックホール**、質量をもつ**ニュートリノ**（素粒子）などが検討されてきましたが、まだその正体はわかっていません。

4・10 宇宙はどのように誕生した？

銀河の形

銀河系と同じような恒星の大集団を**銀河**といいます。一般に銀河には、数千億個の恒星が含まれています。銀河は宇宙にたくさんあり、形によって、**楕円**(だえん)**銀河**、**渦巻**(うずま)**き銀河**、**棒**(ぼう)**渦巻き銀河**、**不規則**(ふきそく)**銀河**などに分類されることがあります（図4-10-1）。銀河系の近くにある**アンドロメダ銀河**は、渦巻き銀河に分類されています。

活動銀河

銀河には一般的な銀河よりも強いエネルギーを放射する**電波**(でんぱ)**銀河**、**セイファート銀河**、**クェーサー**などが存在します。電波銀河は、一般的な銀河よりも非常に強い電波を放射している巨大な銀河で、多くは楕円銀河です。セイファート銀河は、非常に明るい中心核があり、強い赤外線を放射していて、多くは渦巻き銀河です。クェーサーは、非常に遠くにあるため、恒

図 4-10-1　**銀河の形**

星のような小さい光源に見え、一般的な銀河の約1000倍のエネルギーを放射している銀河です（1-6、P86〜87参照）。これらの銀河の中心にはブラックホールがあり、そこに落ち込む物質の重力がエネルギー源になっていると考えられています。

銀河の分布

約5000万光年よりも近い銀河は、銀河に含まれる脈動変光星を観測し、周期光度関係を用いて、銀河までの距離を求めることができます。銀河までの距離がわかれば、銀河の分布もわかるようになります。銀河の分布から、銀河は宇宙に一様に存在しているのではなく、集団を形成していることがわかっています。数十個の銀河の集団を**銀河群**といい、数百〜数千個の銀河の集団を**銀河団**といいます。

われわれの銀河系も、アンドロメダ銀河、**大マゼラン雲**、**小マゼラン雲**などの数十個の銀河と集団を形成しています。この銀河の集団を**局部銀河群**といいます。アンドロメダ銀河は銀河系から約

230万光年の距離にあり、局部銀河群は約600万光年の範囲に広がっています。

さらに銀河群や銀河団が集まっているところを**超銀河団**といいます。超銀河団は網目状に連なっていることがわかっています。一方、宇宙には銀河がほとんど存在しない領域があり、この部分を**ボイド**といいます。

このような銀河の分布は、銀河系から数十億光年の距離まで続いており、銀河の分布が形成している構造は、宇宙の大規模構造と呼ばれています。銀河がほとんど存在しないそれぞれのボイドは泡のように見え、その泡の周囲に超銀河団が形成されているように見えるため、宇宙の大規模構造は**泡構造**と呼ばれることもあります。石鹸(せっけん)で手を洗うと小さな泡がたくさんできますが、その泡がボイドであり、泡の膜面に超銀河団があると考えれば、手のひらの上に宇宙をイメージすることができるかもしれません。

宇宙の膨張

銀河の光のスペクトルを観測すると、ほとんどの場合、スペクトル線の波長が本来の波長よりも長いほうにずれて観測されます。この現象を**赤方偏移**(せきほうへんい)といいます。これは、銀河が私たちから遠ざかっているために、**ドップラー効果**によって、光の波長が長くなったと考えられます。また、銀河の遠ざかる速度(後退速度)が速いほど、波長が長いほうにずれますので、赤

赤方偏移：$z=\dfrac{\Delta\lambda}{\lambda}$

（λ：本来の波長、$\Delta\lambda$：波長のずれ）

銀河の後退速度：$v = cz$（c：光速度）

式4-10　赤方偏移と銀河の後退速度

ハッブル・ルメートルの法則

銀河の後退速度 v は、銀河までの距離 r に比例する。

$v = Hr$　（ハッブル定数：H = 21(km/s)／100万光年）

式4-11　ハッブル・ルメートルの法則

方偏移は大きくなります。すなわち、赤方偏移を観測することによって、銀河の後退速度を求めることができます（式4-10）。

1929年に、アメリカの天文学者エドウィン・ハッブル（1889〜1953）は、銀河の後退速度が銀河までの距離に比例することを発見しました。これを**ハッブル・ルメートルの法則**といいます。遠くの銀河ほど後退速度が速く、距離が100万光年遠ざかるごとに、銀河の後退速度が21km／s速くなることがわかっています（式4-11）。

このように銀河が遠ざかっていることは、宇宙が膨張していることを示しています。逆に時間をさかのぼると、ある時点で銀河が1点に集まることになります。すなわち、宇宙はある時点から膨張を始めたと考えられます。宇宙は今から約

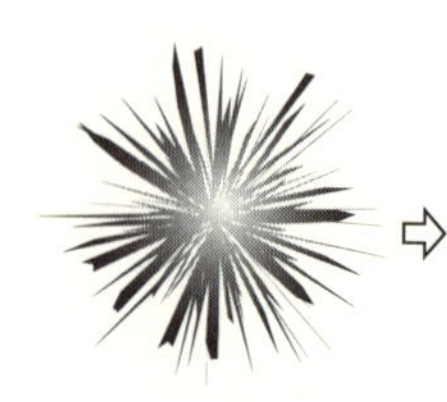

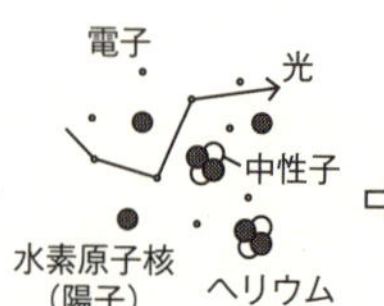

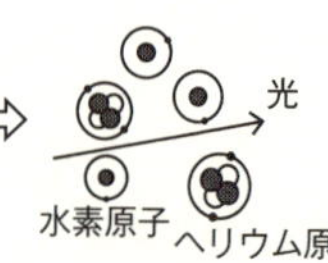

図 4-10-2 **宇宙の誕生**

１３８億年前にきわめて急激な膨張を始めたと考えられているのです（「**インフレーション**」といいます）。

宇宙の誕生

今から約１３８億年前に、宇宙は超高温で超高密度の状態から始まりました。宇宙誕生直後の高温・高密度の宇宙が爆発的に膨張することを**ビッグバン**（big bang）といいます。宇宙誕生直後には、陽子（水素原子核）と中性子ができ、宇宙誕生の約３分後には宇宙の温度が約10億Kまで下がり、陽子と中性子が結合して**ヘリウム原子核**ができました。宇宙は、水素原子核、ヘリウム原子核、電子などが混ざった状態であり、電子が光を散乱するため、光は直進できませんでした（図４－10－２）。

宇宙誕生から約38万年後には、宇宙の膨張によって温度が約３０００Kまで下がりました。このとき、原子核と電子が結合して水素原子やヘリウム原子ができました。電子が原子

に取り込まれたため、宇宙の電子が少なくなり、光が直進できるようになりました。この現象を**宇宙の晴れ上がり**といいます。

宇宙誕生から数億年後には、最初の恒星が誕生し、その後、銀河が誕生したと考えられています。宇宙誕生の約92億年後（今から約46億年前）には、太陽が誕生し、太陽系のさまざまな天体が形成されました。

時を同じくして、微惑星の衝突・合体によって地球も誕生し、その歴史が私たちの暮らす現代にまでつながっていくのです。

おわりに　高校地学のエッセンス

高校地学は第二次世界大戦後、高校の教科「理科」の1科目として設定されました。なお、高校理科は、「物質・エネルギー」（物理科目）、「粒子・反応」（化学科目）、「生命・進化」（生物科目）、「地球・宇宙」（地学科目）の4つの科目で構成されており、それぞれがかなりの程度で独立しています。

地球のような巨大なものを考えるときは、「長尺の目」という大きなスケールで物事を見る必要があります。たとえば、第3章でも述べたように、短期的に見れば二酸化炭素の増加で地球は温暖化に向かっていますが、長尺の目で見るとむしろ逆です。まえがきにも記したように、「過去は未来を解く鍵」という視点で過去の温度変化を見ていくと、地球は確実に氷期に向かっています。このように、自然界の現象は、常にマクロ・ミクロの両方で見ることが大切なのです。

では今後、地球はどうなっていくのでしょうか？　太陽はどんどん大きく熱くなっていき、今から10億年後には地球の水はすべて干上がってしまいます。それまでに人類は別の星に移住しなくてはなりません。現在、世界中で系外惑星の探査が行われていますが、太陽系の外に地球のように住める星があるかどうかを探すことが重要なミッションです。いわば、「不動産の物件探し」と同じで、将来人類が引っ越していける場所を必死に探している最中と言えるでしょう。

住む家を探すときには明日の暮らしを考えることも大切ですが、子どもたちが大きくなった日のことも視野に入れる必要があります。「長尺の目」で見るとは、いま現在の居心地を考えるだけではなく、もっと長い目で物事を見つめることです。

こうした視座の大切さを、本書で「高校地学」を学びなおすことによって身につけていただきたいと願っています。人類の地球という「居場所」を考えるうえで、地学は大きなヒントを与えてくれるからです。

高校地学の学び方

高校地学はたいへん広い領域の現象を扱いますが、他の科学分野とは違う特徴を持っています。そのひとつは、高校生に学問の最先端の内容をすぐ教える、という点です。

高校の数学は17世紀までに発達した微積分などの内容が教えられています。また、化学は19世紀までに発見された内容が、また物理では20世紀初頭に展開された原子核物理学の最初くらいまでが教科書の内容に入るでしょう。さらに生物では少し時代が下って20世紀後半に進歩した免疫まで教えられています。

これに対して、地学の内容は、なんと21世紀に展開中の地球温暖化問題や磁場の消滅やプルームテクトニクスまで教科書で扱われているのです（鎌田浩毅著『やりなおし高校地学』ちくま新書、『地学のツボ』ちくまプリマー新書などを参照）。

よって、私たちが授業で扱うときも、先週発表された論文に書いてある内容を紹介したりすることがあります。その第一の理由は、地学は地震・火山・気象・天文・宇宙など、われわれの生活に身近な材料が多いからです。これは数学などではまず考えられないことでしょう。

そのせいでもあるのか、他の教科とくらべて、地学ではかなりの数の用語や概念が出てきます。しかし、こうした内容をやみくもに暗記しようとしても、地学は身につきません。オススメなのは、テーマを決めて学ぶことです。物理や数学に見られるような分野間のつながりが比較的薄いので、テーマごとに別々に学習してもいいのです。

一番大事なことは、自然現象をどのように見るかであり、この過程で考える作業が必要になります。つまり、地球や宇宙について、個々の現象をバラバラに暗記することではなく、現象同士がどのように関連して、その結果、何が起きるかを理解することが重要なのです。

たとえば、本書にも出てきますが、地球科学に革命をもたらしたプレートテクトニクスでは、「なぜプレートが動くのか？」を考えることで、地上と地下の運動がスムーズに理解できるようになりました。

このときに、地学では図や表に表して、さまざまな現象を考えます。たとえば、地質図は、地表に残された物質を時間的・空間的に把握する地学独特の方法です。これを読み解くことで、ある地域の地球の歴史がたちどころに分かるのです。本書でも、理解の助けにするため100点以上の図表を用いました。

このように地学で出てくる図や式は、ただ眺めたり覚えたりするのではなく、自分でその意味を考えながら描いたり計算したりしてみましょう。地学の勉強は頭の中だけでするのではなく、実際に手を動かしてみると理解度が格段に上がります。

「ある程度の理解」で進んでみよう

地学の学び方に関して、もうひとつポイントを紹介しておきましょう。まず勉強法のコツとして、地学学習の「傾向と対策」を知ることはとても大事です。

たとえば、大学入学共通テストや国公立大学の個別試験でも、多くの問題が分野別に出題されています。まずはひとつの分野をしっかりと学習し、受験生であればその分野の過去問を解いてみるとよいでしょう。その過程で、多くの自然現象が独立に起こるのではなく、互いに関連し合っていることに気がつくと思います。これは大人の学びなおしにもとても有効なやり方です。

地震や火山活動は、プレートが動いているために起こる現象です。地震や火山活動という現象が、プレートの運動という現象と関連があるということは、それぞれの現象を断片的に学習するのではなく、どのような関連があるのかを考えながら学習することによって、それぞれの現象の理解を深めることができるのです。

逆に、ひとつの現象について、ある程度の理解ができていなければ、それに関連する他の現象も理解できなくなるという危険があります。プレートがどのように動いているのかを分かっていなければ、どうして地震が起こるのか、どうして火山活動が起こるのか、ということも理解できなくなるでしょう。そのため、ひとつひとつの現象を曖昧にせず、ある程度の理解をしながら学習を進めることが重要になります。

ここで、「ある程度の理解」という表現にしたのは、完全に理解することが難しい場合があるからです。ある現象が別の現象を引き起こすというだけでなく、複数の現象から引き起こされる現象もありますし、お互いに影響を及ぼし合うような現象もあるからです。

一例を挙げましょう。赤道太平洋の貿易風が弱まると、赤道太平洋の東部と西部の海面水温の差が小さくなります。このような海面水温の変化に伴って、赤道太平洋の東部と西部の海面気圧の差も小さくなりますので、さらに貿易風は弱まります。こうした相互作用によって、東部の海面水温が上昇した状態が長く持続するエルニーニョ現象がおきます（3－9を参照）。このように、大気の変動が海洋に影響し、さらに海洋の変動が大気に影響するわけです。

すなわち、大気中の現象を理解しようとして大気だけを学習しても、大気の変動を十分に理解できないのです。海洋の学習も必要になります。そのため、ある程度の理解ができたら先の内容に進んでください。その後、もう一度繰り返し学習することによって、1回目の学習で十分に理解できなかったことが、2回目の学習では容易に理解できるということもあるのです。したがって、地学の学習では、1回の学習だけで完結することを目指すのではなく、繰り返し学習することにも大きな意味があるのです。

みなさんが身の回りの現象に興味を持ち、それを理解して日常がより有意義なものになるように、学習したことを役立てていただければたいへん嬉しく思います。

特に地学では、地震、火山、気象など日常生活と関わりの深い現象も学習するので、日々のニュースや天気予報からも多くの地学的な情報が得られます。その他、地球や宇宙を扱ったテレビ番組を見たり、自然の不思議を紹介する科学雑誌に目を通したり……地学にはたくさんのアプローチがあります。

さらに、岩石や地層を実際に観察したり、地学で使われる実験の目的や結果を考察したりすることによって、自然現象を考える力が身につきます。たとえば、各県にある科学館や博物館を見学したり、講演会に出掛けたりするのも大変役に立つでしょう。いずれも高校地学の土台を作っている活きた知識が得られるはずです。ぜひ足を運んでみてください。

日本列島で生き延びるための知恵

序章でもくわしく紹介したように、日本列島は「大地変動の時代」に突入してしまいました。その具体的なストーリーを知るとちょっと怖くなりますが、心配は無用です。日本はこれまでに幾度となく大地震に見舞われ、そのたびに復興してきたからです。

これは安定大陸に文明が発達した西洋にはあまりないことで、日本人は揺れる大地の上で上手に生きる技術と思想を持っているのです。地震や火山研究も、日本は世界的に見ても非常に進んでいます。たとえば、地下のマグマが動くときに起きる地震や地殻変動を観測することで、実用的な噴火の予知がある程度可能になりました。

すなわち、「大地変動の時代」にあっても、地学を学ぶことで前もって避難できるし、被害を最小限にすることができるのです。自然災害の多い国に長年暮らしてきたがゆえに日本人が得た「智恵」により、私たちは災害を未然に防いだり、大幅に減らしたりできるのです。

一方、日本は石油や石炭などの資源もなく、地震が多くて火山も噴火して頻繁に台風も襲ってきます。居場所としてはかなり不利な条件ですが、その中で「人材」を拠りどころに生存してきました。

つまり、何もなくても人が学んで知識を身につけ賢くなることで、自然界に起こる「想定外」の諸条件を撥(は)ねのけて発展してきたのです。国土が狭く、災害が多く、資源がないゆえに発展できたというのは、これも地学を学ぶ面白い視点ではないかと考えています。

地学を学ぶ機会のなかった人へ

最後に、本書の成り立ちについても簡単に記したいと思います。共著者である鎌田と蜷川が最初に知り合ったきっかけは、2019年に刊行された『Geoワールド　房総半島　楽しい地学の旅』(mihorin企画)でした。同書は、千葉を拠点に教育活動をされている松山美穂子さんの呼び掛けに応じて地学の専門家たちが結集し、房総半島の地学を論じた一冊です。その制作中に初めて話した私たちは、ある共通の問題意識をめぐって、たちまち意気投合しました。

高校地学には、「大地変動の時代」の日本列島を知り、脱炭素やカーボンニュートラルの時代に地球環境の基礎を知るという、崇高な目標があります。ところが、それとは裏腹に、高校で地学を学習する生徒はたいへん少ないのが実態です。全国の履修率の調査では、地学をフルで学ぶ生徒は全体の1%くらいという数字が出ています。

その理由の第一は、大学入試で地学を受験科目に採用しない大学が多いことです。事実、地学で受験できるのは、国立大学と一部の公立大学、そして私立大学のごく一部の学部に限られます。その結果、多くの日本人は残念なことに、義務教育の中学校で教えられる内容までしか、地学を学べていません。その一方で、高校で地学を学ぶ機会がなかったが、地球や宇宙に興味を持っており、いつかきちんとその内容を学びたいという人も少なくありません。

私たちは、日本人全員の「教養」として、地学は必要な学問だと考えています。予備校と大学という異なる職場に勤める私たちでしたが、「もっと地学を知ってもらいたい！」という思いはまったく一緒でした。そこで、高校で地学を学ぶ機会はなかったけれど、地球や宇宙に興味を持っており、いつかきちんとその内容を学びたいという人が楽しみながら自習できるよう、ふたりの知見を総動員した入門書を書こうと約束しました。その成果が本書です。ぜひ繰り返し読んでいただけますと幸いです。

最後になりましたが、本書の企画・構成から文章の彫琢を経て完成に至るまで、大変お世話になったブルーバックス編集部の楊木文祥さん、長年「科学の伝道師」を支援してくださっているブルーバックス編集長の青木肇さん、原稿に貴重なコメントをいただいた福田伊佐央さん、くすのき舎の二瓶香代子さん、素敵なカバーイラストを描いてくださったヤギワタルさん、『地学ノススメ』に続いて本文デザインをご担当いただいた齋藤ひさのさん、ＤＴＰの西田岳郎さん、図版を制作していただいたＫＰＳのみなさんに厚くお礼申し上げます。本当にありがとうございました。

２０２４年11月

鎌田浩毅・蜷川雅晴

―――――― 鎌田浩毅の著作

『M9地震に備えよ　南海トラフ・九州・北海道』PHP新書、2024

『首都直下　南海トラフ地震に備えよ』SB新書、2024

『47都道府県・地質景観／ジオサイト百科』丸善出版、2024

『知っておきたい地球科学――ビッグバンから大地変動まで』
岩波新書、2022

『揺れる大地を賢く生きる　京大地球科学教授の最終講義』
角川新書、2022

『地震はなぜ起きる？』岩波ジュニアスタートブックス、2021

『やりなおし高校地学――地球と宇宙をまるごと理解する』
ちくま新書、2019

『富士山噴火と南海トラフ――海が揺さぶる陸のマグマ』
講談社ブルーバックス、2019

『地球とは何か――人類の未来を切り開く地球科学』
サイエンス・アイ新書、2018

『日本の地下で何が起きているのか』岩波科学ライブラリー、2017

『地学ノススメ』講談社ブルーバックス、2017

『地球の歴史　上・中・下』中公新書、全三巻、2016

『西日本大震災に備えよ――日本列島大変動の時代』PHP新書、2015

『火山はすごい――千年ぶりの「大地変動の時代」』PHP文庫、2015

もっと学びたい人へ

『生き抜くための地震学――京大人気講義』ちくま新書、2013

『地学のツボ――地球と宇宙の不思議をさぐる』
ちくまプリマー新書、2009

『マグマの地球科学――火山の下で何が起きているか』
中公新書、2008

『火山噴火――予知と減災を考える』岩波新書、2007

『地球は火山がつくった――地球科学入門』岩波ジュニア新書、2004

――――― 蟾川雅晴の著作

『大学入学共通テスト 地学基礎の点数が面白いほどとれる本　改訂版』
KADOKAWA、2024

『激変する地球の未来を読み解く　教養としての地学』
PHP 研究所、2023

『地学基礎早わかり一問一答　改訂版』KADOKAWA、2022

――――― 高校地学の教科書・参考図書

磯﨑行雄ほか『高等学校　地学』啓林館、2023

磯﨑行雄ほか『高等学校　地学基礎』啓林館、2023

天野一男ほか『地学基礎』実教出版、2022

中村 尚ほか『高等学校　地学基礎』数研出版、2022

西村祐二郎ほか『高等学校　地学基礎』第一学習社、2022

大路樹生ほか『地学基礎』東京書籍、2022

数研出版編集部『新課程 視覚でとらえる フォトサイエンス 地学図録』
数研出版、2023

マ行

ヤ行

ラ行

ワ行

アルファベット・数字

ハ行

ナ行

タ行

サ行

さくいん

※図版の説明文に記載されたものは*斜体*で示した

ア行

カ行

N.D.C.450　342p　18cm

ブルーバックス　B-2279

みんなの高校地学（こうこうちがく）

おもしろくて役に立つ、地球と宇宙の全常識

2024年12月20日　第1刷発行
2025年3月7日　第3刷発行

著者　鎌田浩毅（かまたひろき）
　　　蜷川雅晴（にながわまさはる）
発行者　篠木和久
発行所　株式会社講談社
　　　〒112-8001 東京都文京区音羽2-12-21
電話　出版　03-5395-3524
　　　販売　03-5395-5817
　　　業務　03-5395-3615
印刷所　（本文印刷）株式会社ＫＰＳプロダクツ
　　　（カバー表紙印刷）信毎書籍印刷株式会社
製本所　株式会社国宝社

定価はカバーに表示してあります。

ISBN978-4-06-537797-0

発刊のことば

科学をあなたのポケットに

二十世紀最大の特色は、それが科学時代であるということです。科学は日に日に進歩を続け、止まるところを知りません。ひと昔前の夢物語もどんどん現実化しており、今やわれわれの生活のすべてが、科学によってゆり動かされているといっても過言ではないでしょう。

そのような背景を考えれば、学者や学生はもちろん、産業人も、セールスマンも、ジャーナリストも、家庭の主婦も、みんなが科学を知らなければ、時代の流れに逆らうことになるでしょう。

ブルーバックス発刊の意義と必然性はそこにあります。このシリーズは、読む人に科学的に物を考える習慣と、科学的に物を見る目を養っていただくことを最大の目標にしています。そのためには、単に原理や法則の解説に終始するのではなくて、政治や経済など、社会科学や人文科学にも関連させて、広い視野から問題を追究していきます。科学はむずかしいという先入観を改める表現と構成、それも類書にないブルーバックスの特色であると信じます。

一九六三年九月

野間省一